Strom und Wärme

Wege zum energieautarken Haus

Autor:
Dr. Johannes Spruth ist Diplom-Physiker und war langjähriger Energieberater der Verbraucherzentrale NRW.

1. Auflage, Mai 2016, 5.000 Exemplare

© Verbraucherzentrale NRW, Düsseldorf

ISBN 978-3-86336-066-5

Printed in Germany

Inhalt

Einführung

Laut einer repräsentativen Umfrage unter 2.000 Bundesbürgern halten es 37 Prozent für wahrscheinlich, im Jahr 2030 zu Hause einen Teil ihres Strombedarfs selbst zu erzeugen. 31 Prozent gaben an, dann außerdem einen Batteriespeicher zu nutzen (www.iwr.de/druckansicht.php?id=29989).

Wollen auch Sie sich von den großen Energieversorgern unabhängiger machen? Wollen Sie Ihre eigene Energiewende starten? Wollen Sie möglichst viel erneuerbare Energie einsetzen? Möchten Sie zum Klimaschutz beitragen? Dies Buch gibt Ihnen Hinweise, diese Ziele zu erreichen. Ob Strom oder Wärme – es stehen zahlreiche neue technische Systeme zur Verfügung, die ein wirtschaftliches Ergebnis bei der Eigenerzeugung ermöglichen.

Dieses Buch begleitet drei Beispielfamilien auf ihrem Weg zum energieautarken Haus. Mit Ihren eigenen Daten und Zielen können Sie diesen Weg mitgehen. Zu Beginn bestimmen und bewerten Sie Ihren aktuellen Energieverbrauch für Strom und Wärme. Dann lernen Sie Techniken kennen, wie Sie die Energiequellen auf Ihrem Grundstück nutzen können –sei es die direkte Sonneneinstrahlung, sei es der Wind, sei es die Umweltwärme. Die drei Beispielfamilien bauen diese Anlagen ein. Es gibt dabei mehrere Varianten mit unterschiedlichen Anlagengrößen. Sie erfahren etwas über Kosten, Einsparungen und welcher Autarkiegrad erreicht werden kann. Und Sie lernen die wichtige Rolle von Speichern für Strom und Wärme kennen.

Es wäre reiner Zufall, wenn eine der Beispielfamilien genau Ihrer Situation entspräche. Im Buch wird daher mit Beispielen erläutert, wie Sie die Ergebnisse auf Ihr eigenes Haus umrechnen können. Zahlreiche Annahmen beeinflussen die Ergebnisse, insbesondere die zukünftige Energiepreisentwicklung. Deswegen werden Sie keine exakten Zahlenangaben finden, sondern Bandbreiten, wie sie sich durch Variation der Annahmen ergeben: Beispielsweise ein Wert für die Einsparung bei einer Strompreissteigerungsrate von null Prozent und einer bei Steigerungsrate von vier Prozent pro Jahr. Die Wirklichkeit wird dann höchstwahrscheinlich irgendwo zwischen diesen Extremen liegen.

Es ist schwierig, mit vertretbarem Aufwand vollständige Autarkie zu erzielen. Sie werden deswegen im letzten Kapitel des Buches Hinweise und Abschätzungen finden, wie durch optimierte Nutzung und Effizienztechniken der Weg zum energieautarken Haus für die Beispielfamilien und Sie einfacher wird. Die Beispielfamilien können am Schluss einen sehr hohen Autarkiegrad erreichen – und Sie?

Am Ende jeder Variante finden Sie ein oder mehrere Symbol(e), zur Verdeutlichung des erreichten Autarkiegrades. Im Kapitel „Strom selber erzeugen" (ab Seite 23) gibt die blaue „Torte" die Stromautarkie an und die rote „Torte" die Gesamtautarkie bezogen auf Strom und Wärme. In den beiden letzten Kapiteln gibt es nur noch rote „Torten" für die Gesamtautarkie.

Beispiel: Diese Variante erzielt eine Stromautarkie von 50 Prozent, die Gesamtautarkie in Bezug auf Strom und Wärme erreicht jedoch nur fünf Prozent.

Das Buch will und kann keine Energieberatung bei Ihnen zu Hause oder gar eine Planung ersetzen – es soll Ihnen Wege aufzeigen. Wenn Sie in einem Ein- oder Zweifamilienhaus wohnen, dann ist dieses Buch für Sie geschrieben. Auch wenn Sie planen, solch ein Haus zu bauen, werden Sie Hinweise finden. Für größere Gebäude und wenn Sie es genauer wissen wollen, sollten Sie sich an einen Energieberater, Architekten oder Fachingenieur wenden – es gibt geförderte Energieberatung. Die Energieberatung der Verbraucherzentralen finden Sie unter www.verbraucherzentrale-energieberatung.de

Die zahlreichen Techniken werden nur insoweit beschrieben und erklärt, als es für das Verständnis des effektiven Einsatzes nötig ist – hier gibt es genügend fundierte Fachliteratur oder Informationen im Internet – Verweise finden Sie in den entsprechenden Kapiteln und im Anhang.

Das Buch beschreibt Möglichkeiten, Wärme, Warmwasser oder elektrische Anwendungen bereitzustellen und zeigt, wie diese Energiedienstleistungen mit möglichst geringen Kosten und Klimabelastung erbracht werden können. In Checklisten werden die Vor- und Nachteile dargestellt, um Ihnen die Entscheidung zu erleichtern, es wird dargelegt, wie Sie an die nötigen Informationen kommen, was bei Angeboten zu beachten ist, welche Anforderungen die Energieeinsparverordnung stellt, welche Fördermöglichkeiten bestehen – entscheiden müssen Sie dann aber selbst.

Die Bedingungen für Investitionen in Ihr Haus sind zurzeit günstig: Kreditzinsen sind niedrig und die Förderung ist hoch. Investieren Sie jetzt in Energieautarkie. Dann können Sie gelassen den künftigenEnergiepreissteigerungen entgegensehen.

Das Ziel:
Ein energieautarkes Haus

Totale Energieautarkie bedeutet eine Versorgung des eigenen Hauses mit Strom und Wärme allein aus den auf dem Grundstück vorhandenen Energiequellen. Dafür sprechen gute Gründe. Dieses Kapitel stellt dazu drei konkrete Beispielfamilien vor, die Sie durch das Buch begleiten. Zudem werden in diesem Kapitel die unterschiedlichen Baustandards samt ihren energieautarken Dimensionen erläutert. Und Sie erfahren, wie sich Ihr Energieverbrauch konkret einschätzen lässt – denn so können Sie Ihren Weg zum energieautarken Haus besser planen und realisieren.

Gründe für Energieautarkie

Bereits in den 1970er Jahren wurde „Energieautarkie" zum Beispiel im „Centre for alternative Technology" in Wales großgeschrieben. Bei diesem Projekt hatte sich das Centre mithilfe von Eigenstromerzeugung komplett von der öffentlichen Netzversorgung abgekoppelt (http://www.cat.org.uk). Mehrere Häuser und Gewerbebetriebe in einem alten Schiefersteinbruch werden seitdem allein über eigene Wasserkraft, Windenergie und Photovoltaikanlagen mit Strom versorgt.

Energieautarke Dörfer gibt es seit einiger Zeit auch in Deutschland. Das vermutlich bekannteste ist das Bioenergiedorf Jühnde im Landkreis Göttingen. Mit regenerativen Energien – insbesondere Biogas – wird der gesamte Wärme- und Strombedarf gedeckt und es kann sogar noch Strom an das Umland abgegeben werden. Dadurch besteht weiterhin eine Netzverbindung.

In diesem Buch geht es um Ein- und Zweifamilienhäuser. Dafür sind Wasserkraft- oder Biogasanlagen kaum geeignet. Es gibt jedoch mittlerweile energieautarke Häuser „von der Stange" (siehe Seite 171). Diese Neubauten sind meist mit großen Photovoltaikanlagen, Wärmepumpen und Stromspeichern ausgestattet. Doch was tun, wenn man in einer „alten Hütte" wohnt? Deutschland ist schon gebaut: Etwa drei Viertel aller Gebäude wurden vor der ersten Wärmeschutzverordnung von 1977 errichtet. Und auch für viele dieser „Bestandsgebäude" gibt es Möglichkeiten einer energieautarken Versorgung. Wir stellen sie in den folgenden Kapiteln ausführlich und mit vielen Beispielen vor.

Für die meisten Häuslebesitzer gibt es **drei gute Gründe,** sich von der allgemeinen Energieversorgung abzukoppeln und die auf das Grundstück fallende Sonnenenergie in allen ihren Formen wie Sonnenstrahlung, Wind, Biomasse zu nutzen.

1. Finanzielle Gründe:
Sonnenenergie steht allen kostenlos zur Verfügung, für Energielieferungen müssen Sie hingegen bezahlen. Zwar ist der Ölpreis mittlerweile wieder gesunken, im langjährigen Trend zeigt sich jedoch ein Anstieg der Energiekosten (siehe Abb. 1).

2. Umweltschutz:
Werden fossile Energieträger (Öl, Gas) verbrannt oder wird Strom im Kohlekraftwerk

Beispiel
In einem typischen unsanierten Einfamilienhaus, Baujahr 1962, leben vier Personen. Auf ein Jahr gesehen benötigen die vier zwischen 20.000 und 30.000 kWh Wärmeenergie und zusätzlich etwa 3.000 bis 5.000 kWh Strom. Das bedeutete im Jahr 1998 Energiekosten von etwa 1.100 bis 1.600 €. 2015 sind sie auf 2.100 bis 3.000 € gestiegen. Damit arbeiten Durchschnittsverdiener heutzutage mindestens einen Monat lang nur für die Energiekosten. Wäre es da nicht sinnvoller, dieses Geld für energetische Maßnahmen im eigenen Haus zu investieren? Zumal Geldanlagen in Niedrigzinsphasen keine attraktive Alternative sind.

erzeugt, entsteht Kohlendioxid (CO_2). Der Kohlendioxidgehalt in der Atmosphäre nimmt zu. Aus wissenschaftlicher Sicht ist das der entscheidende Faktor für den fortschreitenden Klimawandel: Satellitendaten zeigen, dass die Masse des Grönland-Eises jedes Jahr um

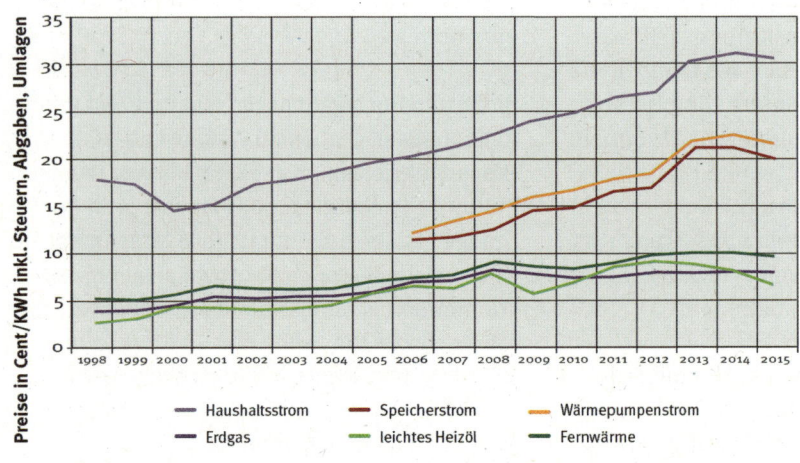

Abbildung 1: Energiepreisentwicklung von 1998 bis 2016

Gut zu wissen

Das ppm (parts per million) ist ein Maß für das Mischungsverhältnis, die Konzentration, hier von CO_2 in Luft. Wie das Prozent ein Hundertstel bedeutet und das Promille ein Tausendstel, ist das ppm ein Millionstel. 400 ppm wären also ein Verhältnis von 0,04 Prozent CO_2 in Luft. Noch in den 1960er Jahren lag dieser Wert unter 320 ppm. Je höher die Konzentration des CO_2, desto höher steigt die Durchschnittstemperatur durch den Treibhauseffekt: Sonnenstrahlung kann die Atmosphäre durchdringen und die Erde erwärmen, aber das CO_2 hält die Wärmestrahlung zurück. Es gibt Kipp-Punkte, die unbedingt vermieden werden sollten, wenn beispielsweise der Permafrostboden in Sibirien auftaut und weitere Treibhausgase freisetzt. Klimawissenschaftler vermuten, dass dies spätestens bei einer weltweiten Erwärmung um 2 Grad geschieht, wovon bisher bereits etwa 1 Grad erreicht wurde.

Beispiel

Eine vierköpfige Familie erzeugt mit ihrer Gasheizung und ihrem Stromverbrauch eine Kohlendioxid-Belastung von etwa 6,8 bis 9,8 Tonnen jährlich. Bei einer Ölheizung wären es 8,2 bis 12 Tonnen. Zum Vergleich: Die durchschnittliche Kohlendioxid-Belastung beträgt in Deutschland circa 10 Tonnen pro Person jährlich, zusammengerechnet aus den Werten für Energieeinsatz in der Wohnung, für Nahrungsmittelerzeugung, für Mobilität, für Konsumgüter. Bei vier Personen sind es demnach etwa 40 Tonnen. Durch verringerten Energieeinsatz allein lassen sich etwa 5 bis 10 Tonnen Kohlendioxid jährlich einsparen, demnach bis zu einem Viertel der Kohlendioxidbelastung dieser Familie. Darüber hinaus entstehen bei der Verbrennung je nach Energieträger Schwefeldioxid- und Stickoxid-Emissionen, die bei der Nutzung der Sonnenenergie ebenfalls entfallen.

knapp 240 Milliarden Tonnen schmilzt (Stand 27.11.2015). Laut der Weltorganisation für Meteorologie (WMO) waren die Jahre 2011 bis 2015 weltweit gesehen die bisher wärmsten Jahre mit vielen extremen Wetterereignissen. Und die CO_2-Konzentration – als einer der Auslöser – überschritt im Frühjahr 2015 erstmals die Grenze von 400 ppm (siehe Kasten).

Eine deutschlandweite Studie, finanziert durch das Bundesumweltministerium (BMUB 2015), zeigt, dass sich die Folgen des Klimawandels auch in Deutschland verstärkt bemerkbar machen werden – mit der Gefahr von Hochwassern und Hitzewellen. Der Ausweg ist die Abkehr von den herkömmlichen Energieträgern hin zur Nutzung von erneuerbaren Energien. Der Schritt zum energieautarken Haus ist also auch der Schritt zur privaten Energiewende und zum Klimaschutz.

3. Sicherheit:

Im November 2005 gab es im Münsterland ein Schneechaos: Unter der Last von Schnee und Eis brachen reihenweise die Strommasten. Einige Orte waren tagelang von der Stromversorgung abgeschnitten: Heizungsanlagen, Kühlgeräte, Elektroherde und die Kommunikationstechnik fielen aus und es gab keine elektrische Beleuchtung mehr. Ähnliches könnte auch in Ihrem vollelektrifizierten Haushalt geschehen, bräche die Stromversorgung zusammen. Dann wäre es doch beruhigend, eine Eigenstromversorgung mit Notstromfunktion zu besitzen.

Der Weg zum energieautarken Haus ist nicht einfach. Damit es Ihnen leichter fällt, werden in den folgenden Kapiteln Techniken beschrieben, die dafür eingesetzt werden können – mit ihren Vor- und Nachteilen, Kosten und Nutzen.

Haustypen – kurz erklärt

Es gibt eine Reihe von Begriffen, die den energetischen Standard eines Hauses beschreiben. Doch was ist darunter zu verstehen? Gibt es klare Festlegungen oder handelt es sich eher um Werbebegriffe?

Die Wärmeschutzverordnung von 1977 brachte erstmals klare Vorgaben – zunächst nur für den Neubau. Diese Vorgaben wurden stufenweise bis 1995 verschärft. Daneben traten mit den Heizungsanlagenverordnungen Anforderungen an die Heizungssysteme in Kraft (Abb. 2). 2002 verschmolzen die Wärmeschutzverordnung und die Heizungsanlagenverordnung zur Energieeinsparverordnung (EnEV). Hinzu kommen laufend EU-Vorgaben, die ins nationale Recht übernommen werden müssen. So erfolgten mehrere Anpassungen der EnEV bis zur aktuellen EnEV 2014. In der Grafik sind diese Anforderungen in einen spezifischen Primärenergiebedarf für Heizwärme umgerechnet worden. Die oberste, stufige Linie zeigt diese gesetzlichen Vorgaben.

Daneben gab und gibt es Gebäudestandards, die über das Maß der jeweiligen Verordnung hinausgehen (siehe Abbildung 2, untere Linie „Forschung/Demovorhaben"). Zunächst kam

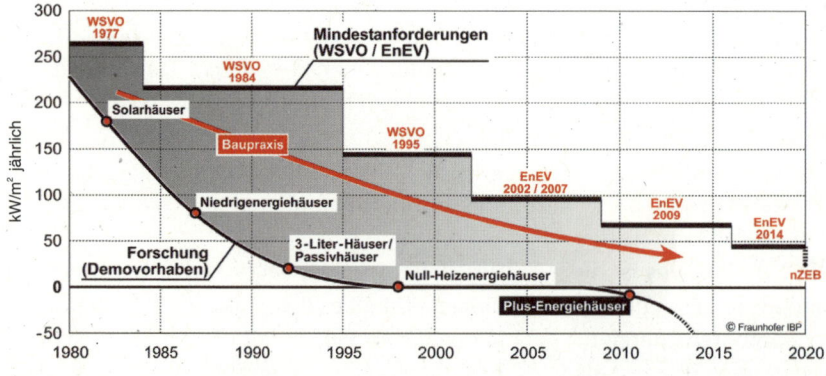

Abbildung 2: Entwicklung des energiesparenden Bauens.

in den späten 1980er Jahren, angeregt durch den Baustandard in den skandinavischen Ländern, der Begriff des **Niedrigenergiehauses** auf – umgesetzt durch einen erheblich verbesserten Wärmeschutz gegenüber dem damaligen Baustandard und durch den häufigen Einbau von Wohnungslüftungsanlagen. Allerdings wurde auch irreführend mit dem Begriff Niedrigenergiehaus geworben, obwohl kein Niedrigenergiehaus drinsteckte. Es gibt hier leider keine rechtsverbindliche Definition.

Wird der bauliche Wärmeschutz so sehr verbessert, dass die benötigte Heizwärme über passive Sonneneinstrahlung durch die Fenster und Zuheizen in der Lüftungsanlage erfolgen kann, spricht man von einem **Passivhaus.** Ein klassisches Heizsystem ist hier dann nicht mehr erforderlich. Ein Passivhaus funktioniert jedoch nur, wenn bestimmte bauphysikalische Bedingungen eingehalten werden, was in der Planungsphase mit speziellen Softwareprogrammen überprüft wird. Für die Realisierung eines Passivhauses kommt es auf eine sorgfäl-

Tipp

Vom Passivhaus-Institut (www.passiv.de) gibt es zertifizierte Bauelemente, sowohl für den Neubau als auch für die Altbausanierung. Bei der Auswahl der Elemente sollten Sie auf diese Zertifizierung achten.

tige Ausführung in der Bauphase und die passende Auswahl der Komponenten an.

Ein Passivhaus ist zwar noch kein energieautarkes Haus, doch dank seines geringen Energiebedarfes sind die Ausgangsbedingungen günstig. Wird nun zusätzlich zur passiven Sonnenenergienutzung aktive Technik eingebaut, zum Beispiel Solarkollektoren und Photovoltaikanlagen, so kann der Standard eines **Nullenergie-** oder **Plusenergiehauses** erreicht werden. Bei dieser Klassifizierung wird der gesamte Energieverbrauch eines Jahres mit der im gesamten Jahr erzielten Sonnenenergienutzung verglichen. Ist beides gleich, so handelt es sich um ein Nullenergiehaus. Wird mehr Sonnenenergie gewonnen, als das Haus

Anforderungen an ein Passivhaus

- Heizlast höchstens 10 Watt pro Quadratmeter
- Heizwärme höchstens 15 Kilowattstunden pro Quadratmeter jährlich
- Luftdichtheit besser als 0,6 Luftwechsel pro Stunde
- Primärenergie für Heizung, Warmwasser, Stromanwendungen höchstens 120 Kilowattstunden pro Quadratmeter jährlich.
- Nachgewiesen durch die Software: Passivhaus-Projektierungs-Paket

Diese Anforderungen werden erreicht durch

- sehr gute Wärmedämmung bis ins Detail, um Wärmebrücken zu vermeiden.
- Dreifachwärmeschutzverglasung in gedämmten Fensterrahmen.
- lückenlose, luftdichte Ausführung und Lüftungsanlage mit Wärmerückgewinnung.

Gut zu wissen

Das EEG schreibt vor, dass Strom aus erneuerbaren Energien, zum Beispiel Solarstrom, vom Netzbetreiber vorrangig ins Netz aufgenommen und mit vorgegebenen Vergütungssätzen pro Kilowattstunde eingespeistem Strom bezahlt wird. In den Anfangszeiten des EEG lag der Satz bei etwa einem Euro pro Kilowattstunde Solarstrom. Doch Photovoltaikanlagen sind mittlerweile viel preiswerter, der Solarstrom lässt sich wesentlich kostengünstiger produzieren. Daher wurde der Vergütungssatz auf derzeit etwa 12 Cent pro Kilowattstunde gesenkt. Er liegt damit erheblich unter den Kosten des Haushaltsstromes.

Tipp

Die Kreditanstalt für Wiederaufbau (KfW) ist die Förderbank des Bundes. Sie vergibt für energiesparendes Bauen und Sanieren zinsgünstige Kredite oder bei Ein- und Zweifamilienhäusern auch Zuschüsse.

Neben Einzelmaßnahmen und Maßnahmenpaketen werden **Effizienzhäuser** gefördert. Die Definition der Effizienzhäuser, die damit zusammenhängende aktuelle Förderhöhe und die Beschreibung des Antragsverfahrens finden Sie auf **www.kfw.de**, Rubrik „Privatpersonen", dann weiter zum gewünschten Förderprodukt.

benötigt, so wirkt das Plusenergiehaus als Kraftwerk.

Zu Zeiten einer hohen Einspeisevergütung war es wirtschaftlich attraktiv, eine sehr große

Photovoltaikanlage zu installieren und damit die Mehrkosten der aktiven Technik zu decken. Das ist bei heutigen Vergütungssätzen des EEG (Erneuerbare-Energien-Gesetz, siehe Kasten oben), die weit unter den Netzstromkosten

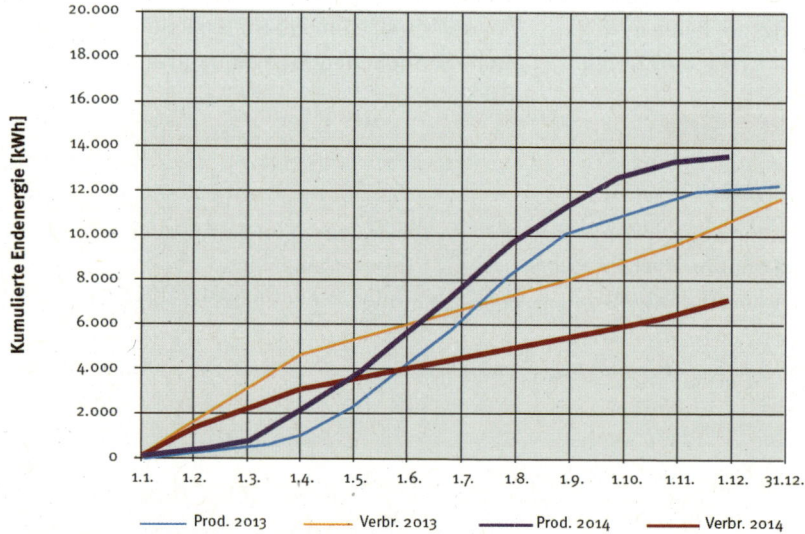

Abbildung 3: Jahresgang von Energieproduktion und Energieverbrauch beim Effizienzhaus plus des Bundesumweltministeriums.

Baustandards – auf einen Blick

Neubau: Die Anforderungen der jeweils aktuellen Energieeinsparverordnung (EnEV) müssen eingehalten werden. EnEV 2014 mit den Werten ab 2016: Heizwärme etwa 30 bis 40 Kilowattstunden pro Quadratmeter

Niedrigenergiehaus: Kein definierter Standard, Heizwärme etwa 50 bis 70 Kilowattstunden pro Quadratmeter

Passivhaus: Definierter Standard mit zugehörigem Softwareprogramm, Heizwärme unter 15 Kilowattstunden pro Quadratmeter

Nullenergiehaus: Im Jahresdurchschnitt erzeugen die aktiven Komponenten des Hauses so viel Wärme und Strom, wie im Haus benötigt wird.

Nullheizenergiehaus: Die Bilanz wird lediglich auf die Heizwärme bezogen.

Plusenergiehaus: Das Haus ist im Jahresdurchschnitt ein Kraftwerk und erzeugt mehr, als es braucht.

Effizienzhaus Plus: Bundesweite Forschungsinitiative für Plusenergiehäuser mit definierten Bedingungen.

KfW-Effizienzhäuser: Von der Förderbank KfW definierter Standard, der sich am Neubaustandard orientiert

liegen, nicht mehr in jedem Fall gegeben. Nach wie vor wird aber angestrebt, einen besseren Standard als das Passivhaus zu erzielen. Die bundesweite Forschungsinitiative „Effizienzhaus Plus" betreut etliche Projekte in Deutschland (http://www.forschungsinitiative.de/effizienzhaus-plus/).

Die Grafik (Abb. 3) zeigt, wie sich bei einem Plusenergiehaus in den zwei Jahren 2013 und 2014 Produktion und Verbrauch entwickelt haben. Es ist deutlich zu sehen, dass zu Beginn des Jahres die Solarproduktion den Verbrauch nicht decken kann. Erst einige Monate später (2013 im Juli, 2014 bereits im Mai) schneiden sich die Kurven und gegen Ende des Jahres wurde mehr produziert als verbraucht. Es handelt sich demnach um ein **Plusenergiehaus in der Jahresbilanz,** aber nicht um ein

energieautarkes Haus. Denn um den Bedarf im Winter zu decken und die sommerlichen Überschüsse einzuspeisen, ist ein Netzaustausch nötig.

Die KfW (siehe Tipp Seite 12) orientiert ihre Effizienzhaus-Förderungen an Baustandards. Sie hat zu diesem Zweck die **KfW-Effizienzhäuser** definiert. In der jeweils gültigen EnEV ist der Neubaustandard festgelegt. Die Zahl am Effizienzhaus gibt nun an, inwieweit die Neubau- oder Sanierungsplanung den Neubaustandard erreicht. Sie möchten zum Beispiel Ihr Haus so sanieren, dass es zu einem „Effizienzhaus 85" wird. Dann müssen Sie unter anderem nachweisen, dass der zukünftige Primärenergieverbrauch höchstens 85 Prozent eines entsprechenden Neubaus beträgt.

Beispielfamilien

Ein Energieberater (siehe Seite 187) achtet darauf, dass die vorgeschlagenen Maßnahmen möglichst gut zu Ihrer Ausgangslage passen. Jedes Haus ist aber anders, sodass es eine Vielzahl an Ausgangslagen gibt. Drei Beispielfamilien begleiten Sie daher durch das Buch. Deren Planungen dienen zur anschaulichen Darstellung der Techniken in den drei folgenden Buchkapiteln. Für mehrere Varianten finden Sie Angaben zu Kosten, Nutzen, Autarkiegrad und Umweltentlastung. Welche Familie entspricht Ihrer eigenen Situation am ehesten? Suchen Sie sich das zu Ihrem Strom- und Wärmeverbrauch passende Beispiel aus. Abweichungen zu Ihrer Ausgangslage können Sie mit Korrekturfaktoren (siehe Seite 21) berücksichtigen.

Bei jeder Variante finden Sie ein oder mehrere Symbol(e), um den jeweils erreichten Autarkiegrad zu verdeutlichen: blaue „Torten" für die Stromautarkie und rote „Torten" für die Gesamtautarkie bezogen auf Strom und Wärme.

Familie Meier – unsanierter Altbau

Familie Meier wohnt in einem Einfamilienhaus mit 120 m² Wohnfläche. Die 30 Jahre alte Ölheizung übernimmt auch die Warmwasserversorgung. Die Kinder sind mittlerweile groß und aus dem Haus. Nun soll das Haus energetisch saniert werden, jedoch sind keine Wärmedämmmaßnahmen vorgesehen. Meiers möchten jetzt investieren, um in Zukunft ihre Rente mit möglichst geringen Energiekosten zu belasten.

Familie Schulte – sanierter Altbau

Die Schultes sind eine junge vierköpfige Familie. Vor Kurzem haben sie ein Einfamilienhaus mit 140 m² Wohnfläche erworben. Im Zuge des Umbaus wird die Außenfassade gedämmt und die Fenster werden erneuert. Ein neues Kühlgerät und eine neue Waschmaschine sollen gekauft werden.

Schultes wollen Ihre Umweltbelastung möglichst gering halten, um ihren Kindern eine lebenswerte Welt zu erhalten.

Familie Jansen – Neubau als Passivhaus

Jansens haben vor Kurzem geheiratet. Nun soll ihr zweiter Traum in Erfüllung gehen: ein Passivhaus (siehe Seite 11) mit 120 m² Wohnfläche. Sie denken an die Zukunft und haben zwei Kinder bereits eingeplant. Dank stromsparender Geräte und sparsamer Nutzung ist der Strombedarf der Jansens niedrig. Allerdings benötigt die Haustechnik, insbesondere die Lüftungsanlage, Strom. Ein Stromausfall wäre unangenehm. Dies soll durch Eigenstromerzeugung möglichst vermieden werden.

Strom- und Wärmebedarf

Ohne Strom funktioniert kein Haushalt. Und Wärme – ob zum Heizen, Duschen, Baden oder Spülen – ist unverzichtbar. Doch wie viel Strom, Gas, Öl oder Holz benötigen Sie zurzeit? Im Folgenden zeigen wir, wie Sie Ihren individuellen Wärme- und Energieverbrauch einschätzen können. Das Ergebnis ist dann eine wichtige Grundlage für Ihre „Eigenversorgungs"-Pläne.

Die Medien setzen meist die „Energiewende" mit einer „Stromwende" gleich. Doch die Grafik zeigt, dass im Bundesdurchschnitt die Haushalte wesentlich mehr Energie für Wärme (Heizung und Warmwasser) als für Strom benötigen. Eine „Wärmewende" ist unbedingt nötig. Damit ist aber nicht eine „Stromwende" vom Tisch, denn Strom ist vergleichsweise teuer.

Strom kostet etwa vier- bis fünfmal so viel wie die Wärmeenergieträger Gas oder Öl. Beim

wertvollen Strom ist es leichter, wirtschaftlich erneuerbare Energien einzusetzen, als bei der Wärme. So decken sie bundesweit beim Strom mittlerweile etwa 30 Prozent, bei der Wärme jedoch nur knapp 10 Prozent. Das führt zu Überlegungen, Strom für Wärmezwecke einzusetzen – was vor einigen Jahren noch als größte Umweltsünde galt. (Mehr zu den entsprechende Techniken sowie deren Vor- und Nachteile finden Sie ab Seite 91). Die Einsparung von Strom ergibt eine erheblich größere Kohledioxideinsparung als diejenige von Brennstoffen. So müssen Sie fast 2,5 Kilowattstunden Gas einsparen, um dieselbe Umweltentlastung zu erzielen wie durch eine Kilowattstunde Strom.

Erst wenn Sie Ihren Wärme- und Energieverbrauch berechnet haben, können Sie überlegen, wie dieser Bedarf möglichst weitgehend mit den auf dem Grundstück vorhandenen

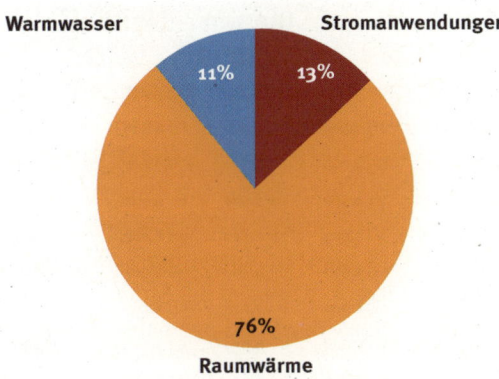
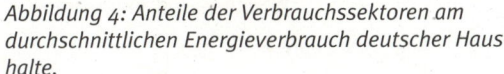

Abbildung 4: Anteile der Verbrauchssektoren am durchschnittlichen Energieverbrauch deutscher Haushalte.

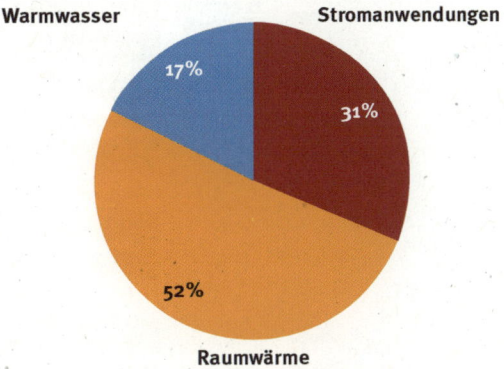

Abbildung 5: Aufteilung der Energiekosten mit einer erheblichen Ausweitung des Stromsektors.

Ein Paar lebt im eigenen Haus. Ihre letzte Anschaffung war vor drei Jahren ein energiesparender Kühlschrank. Das Paar kann davon ausgehen, dass danach Verbrauchsschwankungen im Wesentlichen auf Wettereinflüssen beruhen. Eine Mittelung über die letzten drei Jahre gleicht dies aus:

Rechnung 2013:
Verbrauch 2.577 kWh in 360 Tagen,

Rechnung 2014:
Verbrauch 2.365 kWh in 366 Tagen,

Rechnung 2015:
Verbrauch 2.800 kWh in 380 Tagen.

Die Verbrauchswerte von 2013 und 2014 können direkt als Jahresverbräuche dienen. Für 2015 ergibt die Umrechnung: 2.800 kWh * 365 Tage/ 380 Tage = 2.689 kWh. Der Mittelwert beträgt somit 2.544 kWh jährlich.

Das Paar bereitet sein Warmwasser mit einer Gastherme. Es sucht nun in der Tabelle im oberen Teil (Warmwasser ohne Strom) bei 2 Personen seinen Jahresverbrauch. Dieser liegt nur knapp über 2.500 kWh in der Klasse B und ist demnach gering.

Energiequellen gedeckt werden kann, um Energieautarkie zu erzielen. Im Schlusskapitel (siehe Seite 183) finden Sie zudem, wie Sie Ihre vielleicht zu hohen Energieverbräuche senken können.

Stromverbrauch

In Ihrer Stromrechnung – meist auf der zweiten Seite – finden Sie einen Kasten mit Angaben zum Jahres- und Vorjahresverbrauch in Kilowattstunden (kWh) mit den zugehörigen Tagen. Wenn hier etwas zwischen 360 und 370 Tage steht, so können Sie den Verbrauchswert ohne Umrechnung nutzen. Bei größerer Abweichung rechnen Sie folgendermaßen:

Gebäudetyp	Warmwasser	Personen im Haushalt	Verbrauch in Kilowattstunden (kWh) pro Jahr						
			Gering						Sehr hoch
			A	B	C	D	E	F	G
Ein- oder Zweifamilienhaus	ohne Strom	1	bis 1.500	bis 2.100	bis 2.700	bis 3.200	bis 3.500	bis 4.200	über 4.200
		2	bis 2.100	bis 2.500	bis 3.000	bis 3.300	bis 3.800	bis 4.500	über 4.500
		3	bis 2.600	bis 3.200	bis 3.500	bis 4.000	bis 4.500	bis 5.500	über 5.500
		4	bis 3.000	bis 3.500	bis 4.000	bis 4.500	bis 5.000	bis 6.000	über 6.000
		5+	bis 3.500	bis 4.300	bis 5.000	bis 5.500	bis 6.500	bis 8.000	über 8.000
	mit Strom	1	bis 1.800	bis 2.400	bis 3.000	bis 3.600	bis 4.300	bis 6.000	über 6.000
		2	bis 2.500	bis 3.000	bis 3.500	bis 4.000	bis 4.700	bis 6.500	über 6.500
		3	bis 3.200	bis 4.000	bis 4.400	bis 5.000	bis 6.000	bis 7.500	über 7.500
		4	bis 3.500	bis 4.400	bis 5.000	bis 5.800	bis 6.600	bis 8.200	über 8.200
		5 +	bis 4.500	bis 5.400	bis 6.300	bis 7.300	bis 8.900	bis 11.300	über 11.300

Abbildung 6: Klassifizierung des Stromverbrauchs bei Ein- und Zweifamilienhäusern nach Daten des Stromspiegels Deutschland 2016.

Beispiel

Ein Paar mit Kind lebt seit einem Jahr im neuerworbenen Haus mit Nachtspeicherheizung und elektrischer Warmwasserbereitung. Ihre letzte Jahresrechnung lautet nach Ablesungswerten des Zweitarifzählers: 15.566 kWh NT und 2.560 kWh HT-Strom.

Für die Abrechnung zieht der Energieversorger 15 Prozent des HT-Stroms vom NT-Strom ab und es werden 15.182 kWh nach NT-Tarif und 2.944 kWh nach HT-Tarif berechnet.

Die drei Bewohner achten darauf, Waschmaschine und Trockner nur während der Freigabezeit des HT-Tarifs einzuschalten. Zur Korrektur wird deswegen ein Viertel des HT-Verbrauchs zum Haushaltsstromverbrauch addiert, sodass sich ein Verbrauch von 3.200 kWh pro Jahr ergibt.

Die Familie schaut in den unteren Teil der Tabelle (Warmwasser mit Strom) bei drei Personen und erkennt, dass ihr Verbrauch bis 3.200 kWh jährlich in der Klasse A liegt und demnach „gering" ist.

Gut zu wissen

In den meisten Haushalten wird der gesamte Stromverbrauch nach **einem** Tarif abgerechnet, das heißt, es gibt **einen** Arbeitspreis pro Kilowattstunde und **einen** Grundpreis pro Jahr, die sich allerdings bei Preisanpassungen während eines Jahres ändern können.

Gibt es nun beispielsweise eine Nachtspeicherheizung oder eine Wärmepumpe, so kann dafür der Strom über einen **Sondertarif** günstiger bezogen werden. Dann gibt es zwei Möglichkeiten: Der gesamte Haushaltsstrom und der Sondertarifstrom werden über einen Zähler abgerechnet. Oder es gibt zwei getrennte Zähler: einen für den Haushalt und einen für die Sonderabnehmer, beispielsweise für die Nachtspeicherheizung. Der Elektrizitätsversorger legt fest, wann der Sondertarif, der Niedertarif, kurz **NT-Tarif** gilt. In diesen Zeiten wird ein Signal an den Rundsteuerempfänger im Verteilerkasten gegeben und so der Strom über den NT-Zähler geleitet. Oder es wird bei einheitlicher Messung mit einem **Zweitarifzähler** das NT-Zählwerk eingeschaltet. Außerhalb der Freigabezeiten läuft der Strom über den Haushaltszähler beziehungsweise das Haushaltstarif-Zählwerk und wird nach dem Haushaltstarif, kurz **HT-Tarif** abgerechnet.

Jahresverbrauch ist angegebener Verbrauch mal 365 geteilt durch angegebene Tage.

Haben Sie einen Eintarifzähler? Dann gibt Ihnen Abbildung 6, die auf mittleren Werten der bundesdeutschen Haushalte beruht, eine erste Einschätzung Ihres Stromverbrauchs. Hat es keine größeren Veränderungen in der Geräteausstattung und in der Bewohnerzahl während der letzten Jahre gegeben? Dann bilden Sie den Mittelwert der Jahresverbräuche der letzten zwei bis vier Jahresrechnungen. Haben Sie Neugeräte angeschafft oder sind nun mehr oder weniger Personen in Ihrem

Damals wurde fast ausschließlich durch Großkraftwerke Strom erzeugt. Mit dem NT-Tarif sollte ein Anreiz geboten werden, den Stromverbrauch in Zeiten mit geringerem Absatz zu verlegen, hauptsächlich die Nacht, daher der Name „Nachtspeicherheizung". Dieses „Nachttal" gibt es zwar nicht mehr, doch treten beim heutigen Strom-Mix ab und zu Zeiten mit über dem Bedarf liegender Erzeugung auf, beispielsweise wenn viel Wind weht und die herkömmlichen Kraftwerke ihre Leistung nicht schnell genug herunterregeln können. Es gibt deswegen Überlegungen, die Strompreise vom Wind- und Solarangebot abhängig zu machen.

Haushalt? Dann nehmen Sie nur den aktuellen Verbrauch.

Einen Zweitzähler müssen Sie nicht berücksichtigen, wenn darüber kein Haushaltsstrom, sondern zum Beispiel nur die Nachtspeicherheizung abgerechnet wird. Ansonsten addieren Sie bitte die Werte.

Bei einem Zweitarifzähler wird es komplizierter; denn in diesem Fall wird ein Teil des Haushaltsstromverbrauchs mit dem NT-Tarif abgerechnet (bei Nachtspeicherheizungen ist das meistens der Fall). Es ist nun sehr stark von Ihrer Nutzung abhängig, wie groß dieser Anteil ist. Die Energieversorger setzen oft einen Anteil von 15 bis 25 Prozent des HT-Verbrauchs zusätzlich als Haushaltsstromverbrauch an. Diesen „korrigierten" Wert für den Haushaltsstromverbrauch finden Sie dann in der Rechnung und können damit in der Abbildung 6 die Einschätzung vornehmen. Ansonsten addieren Sie etwa ein Fünftel Ihres HT-Verbrauchs zum HT-Verbrauch dazu und bewerten auf dieser Grundlage Ihren Haushaltsstromverbrauch. Falls Sie allerdings Ihre Haushaltsgroßgeräte gezielt in der NT-Freigabezeit einsetzen, sollten Sie den HT-Verbrauch um ein gutes Viertel des HT-Verbrauchs erhöhen.

Heizenergie

Anhand des Energieeinsatzes für Heizung und Warmwasser lassen sich der bauliche Wärmeschutz – Wände, Dach, Fenster, Türen etc. – und die Heiztechnik insgesamt bewerten. Eine getrennte Bewertung dieser Bereiche ist so jedoch nicht möglich. Dies könnte nur im Rahmen einer Vor-Ort-Energieberatung erfolgen. Die hier vorgestellte erste Bewertung erfolgt in mehreren Schritten:

Der End-Energieverbrauch wird ermittelt:
End-Energie ist die, an der Grundstücksgrenze abgenommene, Energiemenge an Öl, Gas, Strom und Holz. Energieverluste beim Transport und der Gewinnung werden nicht berücksichtigt.

Bei einer reinen Gas- oder Stromheizung ist es einfach: Hier finden Sie den Verbrauch in kWh in Ihrer Energierechnung.

Bei einer Ölheizung müssen Sie berücksichtigen, dass nicht unbedingt vollgetankt wurde. Der Jahresverbrauch ergibt sich dann aus der Rest-Ölmenge zu Beginn des Jahres zuzüglich aller in diesem Jahr getankten Mengen abzüglich der am Jahresende vorhandenen Restmenge. Sinngemäß können Sie so auch den Verbrauch über mehrere Jahre ermitteln und dann durch die Zahl der Jahre teilen:

Die Ölmenge in Litern mal zehn ergibt dann näherungsweise die kWh Endenergie.

Wird Ihr Haus durch mehrere unterschiedliche Energieträger mit Wärme versorgt, so werden diese Endenergien zusammengezählt.

Ein Beispiel: Das Erdgeschoss hängt an einer alten Ölheizung, im Obergeschoss ist eine Gastherme installiert und im Anbau eine Elektro-Nachtspeicherheizung. Dann addieren Sie den Gas- und NT-Stromverbrauch und rechnen dazu die aus dem Liter-Ölverbrauch umgerechnete Ölenergie.

Ein Sonderfall ist das Heizen mit Holz. Anhand der Abbildung 7 können Sie die Holzmenge in Raummetern in die daraus gewonnene Heizenergie in kWh umrechnen.

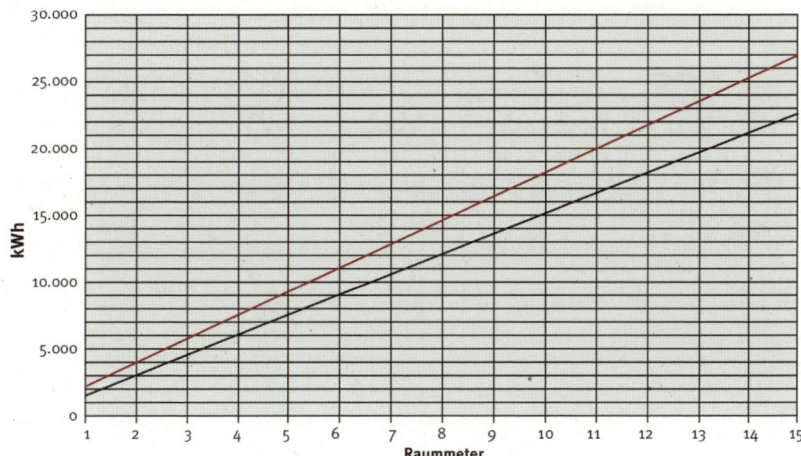

Abbildung 7: Diagramm zur Abschätzung des Energiegehaltes von Holz.

Ein Beispiel: Sie verfeuern zusätzlich vier Raummeter Holz in einem Kaminofen. Dann rechnen Sie zu der bereits ermittelten Heizenergie 6.000 bis 7.200 kWh hinzu. Diese Spannbreite beruht auf einer unterschiedlichen Qualität und dem Trocknungsgrad des Holzes. Kaufen Sie Ihr Holz als Schüttraummeter, so nehmen Sie diesen Wert mal 0,6 bis 0,7 und erhalten die Raummeter.

Der Endenergie-Kennwert wird ermittelt:
Um unterschiedlich große Häuser vergleichen zu können, wird der Endenergie-Kennwert betrachtet. Wie etwa beim Auto der Verbrauch auf 100 Kilometer bezogen wird, so wird hier der Heizenergieverbrauch auf die beheizte Fläche umgelegt. Dieser Wert erinnert an die Energiekennzahl des Energieausweises. Allerdings liegen beiden Werten unterschiedliche Berechnungsverfahren zugrunde, sodass sie nicht vergleichbar sind. Die Bewertung des Endenergie-Kennwertes erfolgt anhand der folgenden Grafik (Abb. 8).

Die vollständige Bewertungstabelle finden Sie im Anhang (siehe Seite 201). Zur Erläuterung hier ein Ausschnitt daraus (Abb. 9). In dieser Tabelle wird berücksichtigt, wenn in der Heiz-

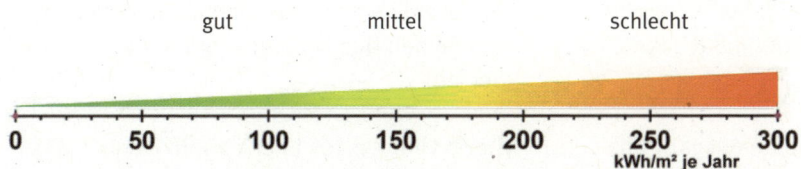

Abbildung 8: Bewertung des Endenergie-Kennwertes

Wohnfläche (m²)	Bewertung	Personen, die aus der Heizungsanlage mit Warmwasser versorgt werden				
		0	1	2	3	4
80	gut	6400	7700	8500	9300	10100
	mittel	12000	15300	16100	16900	17700
	schlecht	20000	25800	26600	27400	28200
100	gut	8000	9300	10100	10900	11700
	mittel	15000	18300	19100	19900	20700
	schlecht	25000	30800	31600	32400	33200
120	gut	9600	10900	11700	12500	13300
	mittel	18000	21300	22100	22900	23700
	schlecht	30000	35800	36600	37400	38200
140	gut	11200	12500	13300	14100	14900
	mittel	21000	24300	25100	25900	26700
	schlecht	35000	40800	41600	42400	43200

Abbildung 9: Ausschnitt aus der Bewertungstabelle für die Heizenergie (siehe Seite 201).

energiemenge auch die Warmwasserbereitung enthalten ist, wie beispielsweise bei einer Gastherme, einem Ölkessel mit nebenstehendem Speicher oder auch einer Gasheizung mit separatem Gas-Durchlauferhitzer. Wird das Wasser mit einem Elektro-Durchlauferhitzer erwärmt, wählen Sie als Personenzahl „null". Und so finden Sie Ihre Bewertung: Wählen Sie zunächst die Zeilen, die Ihrer Wohnfläche am nächsten kommen. Suchen Sie dann in der Spalte mit der zutreffenden Personenzahl den Endenergieverbrauch, der Ihrem Verbrauch am nächsten kommt. Der Bewertung „gut" entspricht ein Endenergie-Kennwert von 80 Kilowattstunden pro Quadratmeter jährlich, bei „mittel" sind es 150 und bei „schlecht" 250 Kilowattstunden pro Quadratmeter jährlich.

Beispielfamilien

Im Folgenden geht es um die Ausgangslage der drei Beispielfamilien (siehe Seite 14).

 Familie Meier
Die Meiers haben einen durchschnittlichen Stromverbrauch von 4.000 kWh jährlich.

Nach Abbildung 6 (2 Personen, Warmwasser ohne Strom) ist dieser Verbrauch als „hoch" zu bezeichnen. Im Kapitel vier (Seite 191) versuchen Meiers, den Stromverbrauch zu verringern. Nun zur Wärme. Schritt eins: Meiers hatten Anfang 2013 einen Ölrestbestand von 1.000 Litern festgestellt. Dann haben sie 2.165 Liter im Februar 2013 getankt, im März 2014 waren es 2.480 Liter und im April 2015 nochmals 2.355 Liter. Als Endstand lasen Sie am 31. Dezember 2015 500 Liter ab. Sie errechnen somit einen Durchschnittsverbrauch über die drei Jahre:

(1.000 Liter + 2.165 Liter + 2.480 Liter + 2.355 Liter − 500 Liter) / 3 = 2.500 Liter. Dieser Heizölverbrauch entspricht 25.000 kWh Wärme.

In der Tabelle (Abb. 9) finden Meiers ihre 120 Quadratmeter Wohnfläche und in der Spalte mit zwei Personen liegt ihr Verbrauch etwas über demjenigen mit der Einschätzung „mittel". Demnach beträgt ihr Endenergie-Kennwert etwa 150 Kilowattstunden pro Quadratmeter jährlich. Im Kapitel 4 geht es auch um die Verringerung des Wärmebedarfs.

Familie Schulte

Schultes haben einen Energieberater mit einer Beratung bei ihnen zu Hause beauftragt. Er hat abgeschätzt, dass Schultes in Zukunft mit einem neuen Brennwertgerät etwa 15.000 kWh Gas und durch Ihre neuen Geräte auf einen Stromverbrauch von etwa 3.000 kWh pro Jahr kommen werden. Der Stromverbrauch ist für vier Personen ohne Strom für Warmwasserbereitung nach Tabelle (Abb. 6) „gering". Die Tabelle (Abb. 9) zeigt – wie zu erwarten nach Energiesparmaßnahmen – ein „gut" für den Wärmeverbrauch. Im Kapitel vier wird auch bei Schultes der Strom- und Wärmeverbrauch noch weiter verringert.

Familie Jansen

Jansens Architekt hat mit dem Passivhaus-Planungs-Paket einen Heizwärmebedarf von 1.800 kWh errechnet. Der Warmwasserwärmebedarf wird bei 3.700 kWh jährlich liegen. Dank stromsparender Geräte und sparsamer Nutzung ist der Strombedarf der Jansens niedrig. Allerdings benötigt die Haustechnik, insbesondere die Lüftungsanlage Strom, sodass Jansens wie Familie Schulte 3.000 kWh Strom jährlich benötigen werden. Die Einschätzung des Stromverbrauchs entspricht auch derjenigen von Familie Schulte. Der Wärmebedarf der Jansens liegt natürlich

Anpassung

Es wäre reiner Zufall, wenn Ihre Verbrauchsdaten denjenigen der Beispielfamilien entsprächen. Sie können jedoch die Werte durch einen Faktor anpassen. Faktor = Ihr Verbrauch / Verbrauch der Beispielfamilie.

Sie interessieren Sie sich für eine Photovoltaikanlage und eine Wärmepumpe? Sie wohnen in einem sanierten Altbau? Demnach passt die Familie Schulte zu Ihnen.

Ihr Stromverbrauch beträgt 3.770 kWh und Ihr Wärmebedarf 13.500 kWh jährlich.

Die Schultes liegen bei einem Stromverbrauch von 3.000 kWh und einem Wärmeverbrauch von 15.000 kWh.

Im Kapitel zwei finden Sie bei „Photovoltaik" für Familie Schulte: Eine sinnvolle Anlagengröße läge bei drei Kilowatt-Peak (kWp). Wie groß müsste sie bei Ihnen sein?

Ihr Anpassungsfaktor für Strommaßnahmen errechnet sich zu 3.770 kWh/3.000 kWh=1,257 (gerundet). Für Sie wäre demnach die passende Leistung der Photovoltaikanlage 3 kWp * 1,257 = 3,8 kWp.

Im Kapitel drei wird die Wärmepumpe behandelt und für Familie Schulte eine Wärmepumpenleistung von 7,5 Kilowatt (kW) angegeben.

Schultes haben einen Wärmebedarf von 15.000 kWh, Sie aber nur 13.500 kWh. Ihr Anpassungsfaktor für Wärmemaßnahmen beträgt so 13.500/15.000 = 0,9. Die Ihren Verhältnissen angemessene Wärmepumpe hätte dann eine Leistung von 7,5 kW * 0,9 = 6,8 kW.

weit unterhalb der Tabellenwerte von Abbildung 9. Wie Sie in Kapitel vier lesen werden, „geht auch bei Jansens noch was".

Strom selber erzeugen

Bisher wurde Ihr Haushalt problemlos versorgt, da mussten Sie sich keine Gedanken machen – nur bezahlen. Nun möchten Sie selber Stromerzeuger werden – da gibt es einiges zu bedenken.

Stromversorgung

Strom ist ein ganz besonderer Saft. In diesem Kapitel finden Sie zunächst grundlegende Begriffe und Bedingungen, die Sie als Selbstversorger wissen sollten. Danach werden die eigenen Kraftwerke vorgestellt: Photovoltaikanlage, Kleinwindanlage und Blockheizkraftwerk. Ihre jeweiligen Eigenheiten werden dann anhand unserer drei Beispielfamilien (siehe Seite 14) besprochen. Wasserkraftanlagen und landwirtschaftlich genutzte Biogasanlagen werden nicht berücksichtigt, da es hierzulande nur sehr wenige Menschen betrifft.

Für eine Selbstversorgung mit Strom ist es notwendig, die Stromerzeugung nach dem Strombedarf auszurichten. Das ist jedoch allein mit den eigenen Kraftwerken nicht zu jedem Zeitpunkt möglich. Beispielsweise produziert eine Photovoltaikanlage in der Nacht keinen Strom, Sie brauchen aber welchen, zum Beispiel für Beleuchtung und Kühlschrank. Darum ist bei einer Selbstversorgung auch ein Stromspeicher unverzichtbar. Darauf gehen wir später ausführlich ein (siehe Seite 44).

Zurzeit ist Ihr Haushalt am öffentlichen Netz angeschlossen. Sie werden über den Hausanschlusskasten versorgt, danach kommen ein oder mehrere Stromzähler und die Haus-

Unterverteilung mit den Sicherungen für die einzelnen Stromkreise. Beispielsweise gibt es einen eigenen Stromkreis für die Beleuchtung im Wohnzimmer, einen weiteren für die Steckdosen und weitere für die Küchengeräte. Der Haushaltsstrom ist Drehstrom mit einer Spannung von 230 Volt und einer Netzfrequenz von 50 Hertz (siehe Kasten unten).

Ihre Geräte sind zu unterschiedlicher Zeit eingeschaltet und die Leistungsabnahme aus dem Netz ist entsprechend.

Gut zu wissen

Gleichstrom: Die Ladungsträger fließen immer in die gleiche Richtung. Es gibt einen Plus- und einen Minuspol (Beispiel: Batterie). Photovoltaikanlagen und Brennstoffzellen liefern in jedem Fall Gleichstrom, der dann – kurz gesagt – zu Wechselstrom gerichtet wird. Oft ist das auch bei Kleinwindanlagen so.

Wechselstrom: Der Stromfluss wechselt im Takt hin und her. Ist die Anfangsrichtung wieder erreicht, so ist eine Schwingung vollendet. Die Anzahl dieser Schwingungen pro Zeiteinheit ist die **Frequenz**. Sie wird in Schwingungen pro Sekunde angegeben – Einheit Hertz (Hz). Die Netzfrequenz ist sehr stabil und darf nur wenig unter- oder überschritten werden – sonst bricht das Netz zusammen. Einer der Pole des Wechselstromnetzes – der **Nullleiter** – ist normalerweise spannungsfrei, nur der zweite – die **Phase** – steht unter Spannung gegenüber der Erde. Der dritte Kontakt ist über den **Schutzleiter** mit der Erde verbunden. Kommt es zu einem Fehler innerhalb eines Elektrogerätes und fließt dadurch Strom über den Schutzleiter, so schaltet der **Fehlerstromschutzschalter** (FI-Schalter) den Haushalt vom Netz ab.

Drehstrom: Für den Betrieb eines Elektroherds oder eines elektrischen Durchlauferhitzers reicht die Wechselstromversorgung nicht aus. Ein solches Gerät ist über drei Phasen angeschlossen. Dabei ist der Spannungsverlauf in diesen drei Phasen gegeneinander zeitversetzt, was die Konstruktion von sehr einfachen Motoren erlaubt. Die Stromkreise in Ihrem Haushalt sind Wechselstromkreise und gleichmäßig auf diese drei Phasen verteilt. Ihr Zähler ist ein Drehstromzähler, der den Verbrauch auf allen drei Phasen erfasst. Der Unterschied zwischen den Belastungen der drei Phasen – die Schieflast – ist in der Höhe begrenzt. Blockheizkraftwerke mit Motor haben grundsätzlich einen Drehstromgenerator.

Spannung: Die treibende Kraft für den Stromfluss: Je höher die Spannung, desto höher beim selben Gerät der Stromfluss – Einheit Volt (V). Die Spannung in Ihrem Haushalt darf nur wenig von den 230 Volt abweichen – sonst gibt es Fehlfunktionen.

Strom: Die Bewegung der Ladungsträger aufgrund der vorhandenen Spannung – Einheit Ampere (A). **Stromflüsse von wenigen Tausendstel Ampere sind tödlich. Sie können bei Spannungen oberhalb von 50 Volt auftreten.**

Deshalb gehören Arbeiten an der Elektroanlage immer in die Hände von Fachkräften!

Leistung: Die Leistung ist die Eigenart eines Gerätes, bei einer anliegenden Spannung eine bestimmte Stromstärke zuzulassen – Einheit Watt (W), größere Einheit Kilowatt (kW), 1 kW = 1.000 W. Beispiele für 230 V: Energiesparlampe 11 W, Stromfluss 0,048 A; Föhn 1 kW, Stromfluss 4,4 A, Waschmaschine 3,3 kW, Stromfluss 14 A, Durchlauferhitzer 24 kW, Stromfluss 3 mal 35 A. Die Stromkreise im Haushalt sind üblicherweise mit 16 A abgesichert, sodass Sie pro Stromkreis jeweils 3,7 kW Anschlussleistung zur Verfügung haben. Ihr Hausanschlusskasten enthält Sicherungen von 50 bis 80 A pro Phase. Sie können demnach im Haushalt gleichzeitig Geräte mit 34 bis 55 kW betreiben.

Energie: Der Stromverbrauch eines Gerätes hängt ab von der Leistung und der Zeit, während der das Gerät eingeschaltet ist – Einheit Kilowattstunde (kWh). Beispiele:
- Energiesparlampe leuchtet 10 Stunden lang – Verbrauch 0,011 kW * 10 h = 0,11 kWh,
- Föhn läuft 10 Minuten lang – Verbrauch 1 kW * 10/60 h = 0,17 kWh,
- ein Waschgang bei 60 Grad: Eine Waschmaschine enthält viele einzelne Geräte (Motoren, Heizstäbe). Diese sind nur zeitweise in Betrieb; deshalb kann aus der Einschaltdauer der Waschmaschine und der maximalen Anschlussleistung nicht auf den Verbrauch geschlossen werden. Dieser wird mit einem entsprechenden Messgerät zu 1,2 kWh bestimmt. Dem entspricht eine Einschaltdauer von 22 Minuten mit der Maximalleistung 3,3 kW. (Ein Waschgang kann auch mehrere Stunden dauern.)
- Der Durchlauferhitzer läuft 10 Minuten lang: Verbrauch 24 kW * 10/60 h = 4 kWh.

In der unteren Grafik sehen Sie den sogenannten Lastgang der vierköpfigen Familie
Korte, wie er mit einem am Stromzähler ange-
brachten Datenlogger gemessen wird. Diese
„Fieberkurve" zeigt, zu welcher Tageszeit die
Familie welche Leistung aus dem Netz bezogen hat (siehe Abb. 10). Morgens kurz vor acht
Uhr beginnen die vier mit dem Frühstück, sie
schalten Wasserkocher und Kaffeemaschine
ein. Kurz vor neun Uhr wird eben einmal durch-
gesaugt. Mittags kommen die Kinder aus der
Schule und das Mittagessen wird gekocht. An
diesem Tag betreibt die Familie kein Großgerät.
Abends sitzen die Eltern vor dem Fernsehgerät,
die Tochter macht ihre Hausaufgaben am Com-
puter, der Sohn telefoniert mit einer Freundin
und das Haus ist beleuchtet. Kurz vor Mitter-
nacht gehen alle zu Bett. Auffällig ist aber,
dass danach trotzdem eine Leistung von etwa

> **Tipp**
>
> Bestimmung der Grundlast: Lesen Sie direkt vor
> dem Zubettgehen Ihren Stromzähler bis auf die
> letzte Stelle ab. Notieren Sie diesen Wert zusam-
> men mit der Uhrzeit und machen Sie das Ganze
> auch direkt nach dem Aufstehen. Teilen Sie dann
> den Verbrauch über Nacht durch die verstrichene
> Zeit. Beispiel: Kortes gehen um null Uhr zu Bett:
> Zählerstand 23.423,7 kWh. Sie stehen um sie-
> ben Uhr auf: Zählerstand 23.429,3 kWh. Kortes
> Grundlast beträgt 0,8 kW (5,6 kWh/7 h = 0,8
> kW).

0,8 kW – die Grundlast – verbleibt. Dieser Wert
ist höher als der in einem Haushalt übliche
Wert von 0,2 bis 0,3 kW für Kühlgeräte und Heizungspumpen. Erklärlich ist das, da die Kortes
im Garten einen Koi-Teich haben, in dem rund
um die Uhr Pumpen und Filter in Betrieb sind.

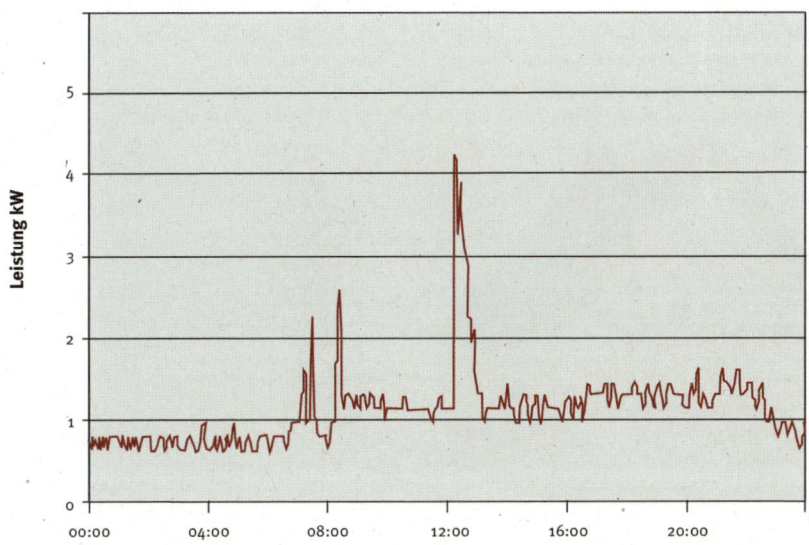

Abbildung 10: Strom-Lastgang der Familie Korte an einem Donnerstag im Juni.

Dieses Beispiel verdeutlicht, wie stark der Stromverbrauch während des Tages schwanken kann. Die maximal benötigte Leistung ist keinesfalls diejenige, die der Haushalt maximal aus dem Netz ziehen könnte, nämlich 34 bis 55 kW, sondern nur gut 4 kW (siehe Grafik). Es gibt außerdem eine Grundlast, die rund um die Uhr im Haushalt benötigt wird.

Wie die Verhältnisse bei Ihnen liegen? Möglicherweise haben Sie bereits einen „intelligenten" Zähler – ein Smart-Meter, das Ihnen einen Lastgang liefert? Sie können auch ein Ingenieurbüro oder Ihren Stromversorger mit der Erstellung des Lastgangs beauftragen. Oder Sie bestimmen zumindest Ihre Grundlast (siehe Kasten, siehe Seite 25).

Photovoltaikanlagen – Strom von der Sonne

Noch vor einigen Jahren galt Photovoltaik als unbezahlbarer Luxus für „Gesinnungstäter". Durch die massiv gesunkenen Anlagenpreise hat sich dies grundlegend geändert. Photovoltaik ist für die Stromerzeugung im Ein- und Zweifamilienhaus die wirtschaftlichste Tech-

nik geworden. Zusammen mit dem Einsatz von Stromspeichern kann damit weitgehend Stromautarkie erzielt werden. In diesem Abschnitt geht es zunächst um Photovoltaikanlagen ohne Speicher.

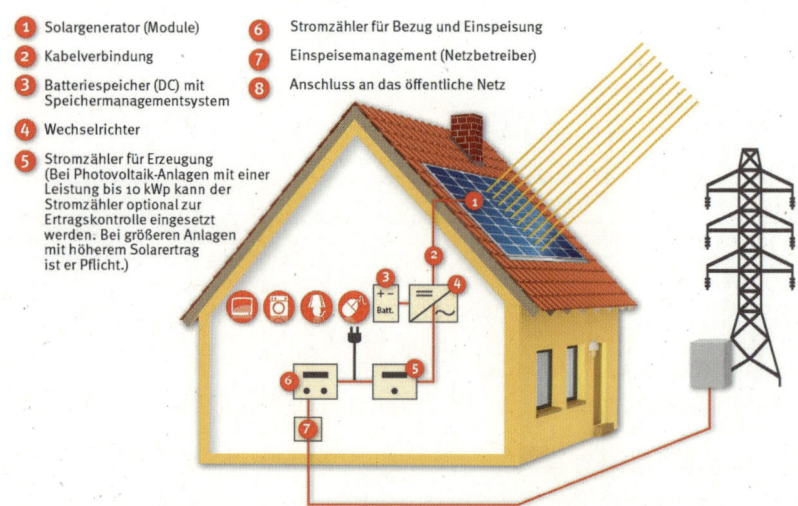

Abbildung 11: Anlagenkomponenten einer Photovoltaikanlage mit Eigenverbrauchsdeckung.

So funktioniert eine Photovoltaikanlage

Bei den heutigen Verhältnissen zwischen Stromkosten (28 Cent pro kWh) und Einspeisevergütung (12,31 Cent pro kWh für ins Netz eingespeisten Strom) ist es sinnvoll, möglichst viel Photovoltaikstrom im eigenen Hausnetz zu nutzen. Im Schema (Abb. 11) sind die wichtigsten Anlagenkomponenten dargestellt: Die Sonne scheint auf die Solarmodule und diese produzieren dadurch Gleichstrom. Weil die Spannung eines einzelnen Moduls zu gering ist, werden mehrere Module hintereinander zu einem Solargenerator zusammengeschaltet – so wie bei einer Taschenlampe mehrere Batterien hintereinandergelegt werden. Die Spannungen addieren sich dann zu einer hohen Gleichspannung. Der Wechselrichter wandelt diese in den im Hausnetz benötigten Wechselstrom. Der nur von der Solaranlage kommende Wechselstrom wird mit dem Erzeugungszähler gemessen. Bei den im Ein- und Zweifamilienhaus üblichen Anlagengrößen unter zehn Kilowatt-Peak (kWp, siehe Kasten) ist dieser Zähler nicht erforderlich, da die Erfolgskontrolle auch durch den im Wechselrichter ohnehin vorhandenen Zähler erfolgen kann. Ein Teil des erzeugten Stromes wird direkt im Hausnetz genutzt, Überschüsse gehen über den Einspeisezähler ins öffentliche Netz. Dieser Zähler – ein Zweirichtungszähler – misst außerdem, wenn wegen zu geringer Solarstromproduktion Strom aus dem Netz genutzt wird. Unter Umständen ist noch eine Steuerung für das Einspeisemanagement nötig.

Die mittlere jährliche Sonneneinstrahlung in Deutschland auf die waagerechte Fläche (die Globalstrahlung ist die Summe aus direkter und indirekter Strahlung) liegt im Norden

Gut zu wissen

Das Erneuerbare-Energien-Gesetz (EEG) legt in § 9 fest, dass bei Anlagen mit einer Leistung bis zu 30 **Kilowatt-Peak** das vereinfachte Einspeisemanagement gilt. Mit Kilowatt-Peak (kWp) wird die unter Standardbedingungen bestimmte Leistung eines Solargenerators bezeichnet – in etwa die Leistung, die bei voller Sonneneinstrahlung vorliegt. Sie können bei diesen Anlagen wählen, ob die Leistung dauerhaft auf 70 Prozent der Maximalleistung begrenzt wird oder der Netzbetreiber bei Bedarf von außen über einen Rundsteuerempfänger die Anlage abschalten kann.

Im ersten Fall entstehen keine Investitionskosten, aber eventuell eine etwa fünfprozentige Ertragseinbuße. Beispiel: Ihre Anlage hat eine Leistung von fünf Kilowatt-Peak. Dann darf sie maximal 0,75 * 5 kW = 3,5 kW ins Netz einspeisen. Möglicherweise gibt es gar keine Einbuße, da Sie die 30 Prozent im eigenen Haus verbrauchen oder eben fünf Prozent weniger Solarstrom, das bedeutet ein Jahr weniger Ertrag bei einer Anlagenbetriebsdauer von 20 Jahren. Im zweiten Fall kostet Sie die Steueranlage zwischen 300 und 500 € und der Netzbetreiber muss Ihnen den Ertragsausfall durch Abschaltung erstatten. Und: Es ist höchst unwahrscheinlich, dass kleine Anlagen jemals abgeschaltet werden.

www.gesetze-im-internet.de/ eeg_2014/__9.html

Im Gespräch ist der Einbau von intelligenten Zählern (Smart-Meter) als intelligentes Meßsystem, das auch die Abregelung (siehe oben) der Anlage übernehmen kann. Diese sollen ab 2017 verpflichtend eingeführt werden. Ziemlich sicher ist, dass Anlagen unter sieben Kilowatt-Peak Leistung davon ausgenommen sein werden. Ob die etwas größeren Anlagen dann nachgerüstet werden müssen, ist noch nicht abschließend entschieden. (www.pv-magazine.de/nachrichten/ details/beitrag/smart-meter-rollout-geschichte-und-folgen_100021008/).

Deutschlands bei 950 Kilowattstunden pro Quadratmeter. Ganz im Süden sind es 1.260 Kilowattstunden pro Quadratmeter. Sie können den Wert Ihrer örtlichen Strahlung via Internet bestimmen: Laden Sie sich die Globalstrahlungskarte des Deutschen Wetterdienstes herunter (Auflösung 1 km mal 1 km): http://www.dwd.de/DE/leistungen/solarenergie/lstrahlungskarten_mi.html?nn=16102. Mit diesem Wert können Sie die Beispiele auf Ihre Verhältnisse umrechnen (siehe Kasten Seite 34). Für Solarmodule ist die Ausrichtung zur Sonne wichtig. Optimal ist in Deutschland eine Südaufstellung mit etwa 30 bis 40 Grad Neigung gegen die Waagerechte. (Abb. 12) Aber auch eine Ausrichtung zwischen Südost und Südwest mit Neigungen zwischen 20 und 50 Grad ergeben einen guten Ertrag. Erst bei weiterer Abweichung gibt es merkliche Einbu-

ßen. Entscheidend für den Ertrag einer Photovoltaikanlage ist die Verschattung. Da die Module in Reihe geschaltet sind, entscheidet das schwächste Modul über den Ertrag, wie auch nur eine schwache Batterie dazu führt, dass die Taschenlampe nicht mehr leuchtet. So bewirkt bereits kleiner Schattenwurf einen starken Einbruch der Stromproduktion Ihrer Anlage. Es gibt Solaroptimierer, elektronische Schaltungen an den Modulen, die schwache Module überbrücken können – was allerdings mit Zusatzkosten verbunden ist. Sinnvoller ist es, sich einen möglichst unverschatteten Montageort auszusuchen und ausreichend Abstand zu schattenwerfenden Objekten einzuhalten, beispielsweise einer Gaube. Haben Sie ein Schrägdach, so ist damit Ausrichtung und Neigung festgelegt, da die Module meist parallel zur Dachfläche montiert werden. Der zusätzliche Aufwand für eine Aufständerung lohnt nur selten. Auf einem Flachdach haben Sie die freie Wahl – eine Aufständerung ist ohnehin erforderlich. Sie können so die optimale Ausrichtung wählen. Wichtig ist allerdings ausreichender Abstand zwischen den Reihen, die sich sonst verschatten würden. Haben Sie unterschiedlich ausgerichtete Module, so sollten Sie mehrere Wechselrichter beziehungsweise einen Wechselrichter mit mehreren Eingängen nutzen. Viele Wechselrichter im kleineren Leistungsbereich (bis maximal 4,6 Kilowatt) arbeiten einphasig. Sie speisen nur in eine Phase des Drehstromnetzes ein. Das ist unerheblich, wenn es lediglich um die Verrechnung des im Hausnetz genutzten Stromes geht, da Drehstromzähler über alle Phasen messen.

Die Stromerzeugung einer Photovoltaikanlage kann nur über Tag erfolgen. Die erzielte Leistung hängt direkt mit der Maximalleistung

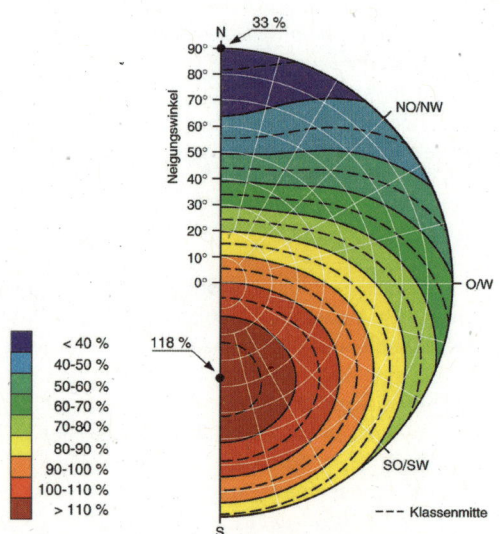

Abbildung 12: Einfluss von Ausrichtung und Neigung auf den jährlichen Ertrag einer Photovoltaikanlage.

der Anlage, der Sonneneinstrahlung und der Modultemperatur zusammen. So gibt es zwar an einem strahlenden Sommertag die höchste Sonneneinstrahlung, allerdings heizen sich die Module auch auf und verlieren dadurch einen Teil der Leistung. Ein klarer, kalter Frühlingstag kann eine höhere Leistung liefern. Abbildung 13 zeigt den Lastgang einer vierköpfigen Familie (siehe Seite 25) und die Stromleistung, welche die Solarstromanlage an einem Sommertag liefert. Sie sehen, dass ein Teil der Grundlast während der Nacht nicht gedeckt werden kann. Der Spitzenbedarf wird vollständig gedeckt; denn der Lastgang liegt bei diesem Beispiel innerhalb der Fläche der Solarstromerzeugung. Es wird sogar erheblich mehr produziert und ins Netz eingespeist. Hätte die Familie den Herd erst um 18 Uhr fürs Abendessen eingeschaltet, so wäre nur noch etwa die

> **Tipp**
>
> Soll Ihre Photovoltaikanlage bei Netzausfall einspringen können, so werden bei einer einphasigen Einspeisung nur noch die Geräte versorgt, die an den Stromkreisen dieser Phase betrieben werden. Für Notstromversorgung ist es sinnvoll, einen dreiphasig arbeitenden Wechselrichter einzusetzen, der ein vom öffentlichen Netz abgekoppeltes Inselnetz aufbauen kann.

Hälfte des dafür benötigten Stroms aus der Solaranlage gekommen. Auch an einem Tag mit geringerer Sonneneinstrahlung reicht die Leistung der Anlage nicht zur vollständigen Deckung des Spitzenverbrauchs. Die folgende Abbildung 14 zeigt einen möglichen Verlauf der Stromeigennutzung übers Jahr: Im Winter gibt es wenig Sonnenstrom, der großteils im

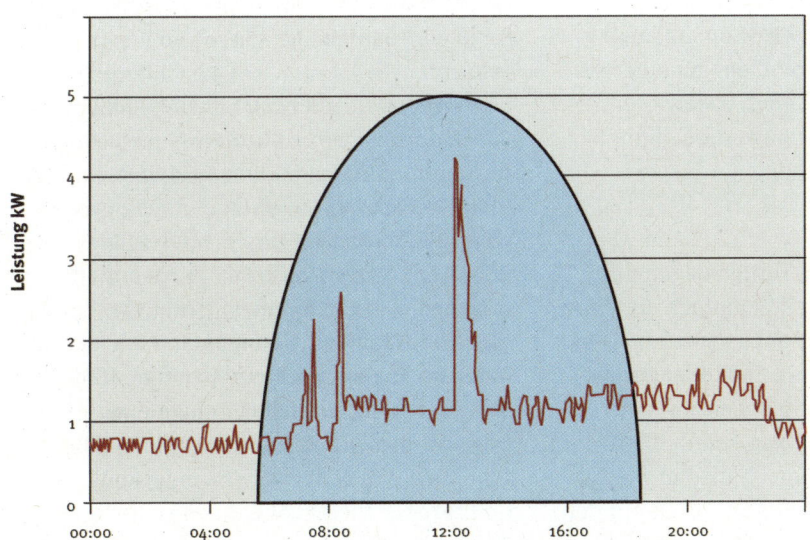

Abbildung 13: Solarstromproduktion (hellblaue Fläche) an einem Junitag im Vergleich zum Strom-Lastgang (rote Kurve) einer vierköpfigen Familie an diesem Tag.

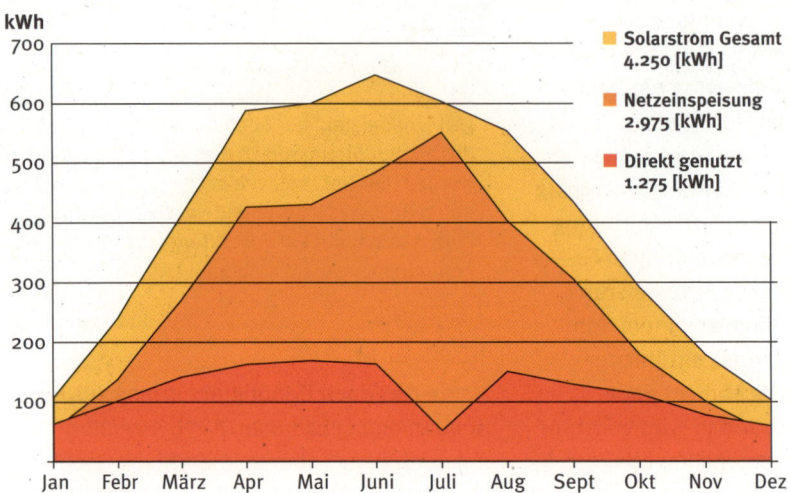

Abbildung 14: Jahresverlauf von Solarstromproduktion, Netzeinspeisung und Eigenverbrauch.

Hausnetz genutzt wird. Zum Sommer hin steigen die Solarstromerzeugung und auch die Eigenstromnutzung. Nur im Juli gibt es wegen Urlaubs einen Einbruch der Stromabnahme. Die Abnahme der täglichen Stromerzeugung zum Winter hin beruht vor allem auf einer geringeren Sonnenscheindauer: etwa 7 Stunden im Januar und Dezember gegenüber mehr als 14 Stunden im Juni und Juli.

Guerilla-PV

Es wird damit geworben, Fertiganlagen mit eingebautem Wechselrichter einfach als „Plug and Play" ans Stromnetz anzuschließen. Dies sollte mit einem versierten Elektriker geschehen. Sie könnten möglicherweise beim Anschließen einen Stromschlag erleiden und die Leitungen im Haus können überlastet werden. Die Haussicherungen merken nämlich nur den Stromfluss vom Zählerkasten her. Wird nun an den Stromkreis eine Guerilla-PV-Anlage angeschlossen, so fließt dadurch zusätzlicher

Strom in dieser Leitung. Es kann zur Überlastung der Leitung und zum Brand kommen. Falls Sie Interesse an einer solchen Anlage haben, lassen Sie sich von einem Fachhandwerker ein Angebot machen.

Eine besondere „Plug and Play"-Anlage ist die „Smartflower POP" (http://www.pv-magazine. de/unternehmensmeldungen/details/beitrag/ die-persnliche-energiewende-im-eigenengarten---smartflower-pop-ersetzt-solar dcher_100021163/). Diese Anlage entfaltet morgens wie eine Blume ihre Module, führt diese über Tag dem Sonnenstand nach und faltet sie abends wieder zusammen. Dadurch soll die 2,3-Kilowatt-Peak-Anlage einen Ertrag von etwa 4.000 Kilowattstunden jährlich erbringen und eine Eigenstromdeckung von 60 Prozent erzielen. Allerdings kostet diese Anlage mindestens 15.000 € einschließlich Mehrwertsteuer und Aufbau. Die geschätzte Amortisationszeit reicht von 16 Jahren (mit

Strompreissteigerung) bis 25 Jahre (ohne Strompreissteigerung gerechnet). Zur Notstromversorgung ist die einphasig arbeitende Anlage trotz der hohen Eigenstromdeckung übrigens nicht geeignet.

Beispielfamilien

Betrachten wir nun die Einsatzmöglichkeit von Photovoltaikanlagen bei unseren drei Beispielfamilien – mit jeweils zwei Varianten für die Auslegung der Anlage: Im ersten Fall hat die Anlage die gleiche Leistung in Watt-Peak wie der Verbrauch des Hauses in Kilowattstunden beträgt. Beim Verbrauch der Meiers von 4.000 Kilowattstunden jährlich sind es 4.000 Wp = 4 kWp. Im zweiten Fall ist die Anlage doppelt so groß. Die angegebenen Kosten sind übliche Werte, Stand März 2016, einschließlich Mehrwertsteuer. Vergleichen Sie mit Ihrem konkreten Angebot. Abweichungen von meh-

Gut zu wissen

Sie müssen als Photovoltaikanlagen-Besitzer die Umsatzsteuer und die Einkommensteuer beachten. Als die Anlagen noch sehr teuer waren, hat es sich gelohnt, die Mehrwertsteuer zurückzufordern, die im Kaufpreis enthalten ist, und Umsatzsteuererklärungen abzugeben. Bei den heutigen Preisen ist dieser Aufwand nicht mehr so sinnvoll, insbesondere, da Sie dann auf den selbstgenutzten Strom Umsatzsteuer zahlen müssen. (http://sonnenkraft-freising.de/blog/pv-ohne-finanzamt-excel-formulargenerator-pressemitteilung/) Die aus der Anlage erzielten Gewinne und Verluste fließen in Ihre Einkommensteuererklärung. Als privater Verbraucher müssen Sie nicht unbedingt ein Gewerbe anmelden, werden aber steuerlich als Unternehmer behandelt. Fragen Sie Ihren Steuerprofi (www.verbraucher zentrale.nrw/staatliche-foerderung-und-versteuerung).

reren Tausend Euro sind durchaus zu erwarten. Sie können das Beispiel dann so anpassen: Amortisationszeit mit Angebotspreis = Amortisationszeit des Beispiels * Kosten des Angebots/Kosten des Beispiels. Die Varianten sind bei allen Beispielfällen gleich. Es handelt sich immer um Anlagen mit kristallinem Silizium, wie sie in den weitaus meisten Fällen eingesetzt werden.

Sie finden für diese Varianten eine Spannbreite der Amortisationszeiten – zwischen dem Wert für derzeitige Stromkosten (28 Cent pro Kilowattstunde) und demjenigen für eine angenommene Strompreissteigerung von vier Prozent jährlich über den Betrachtungszeitraum von 20 Jahren. 20 Jahre, weil die Einspeisevergütung nach EEG über diesen Zeitraum konstant bei 12,31 Cent pro Kilowattstunde bleibt. (Inbetriebnahme bis März 2016 und vermutlich auch noch länger wegen des geringen Zubaus an Anlagen; www.bundesnetzagentur.de, unter „meistgesuchten Seiten" „Photovoltaik" anklicken und dann ganz nach unten scrollen.) Der jährliche Reinerlös ist die Summe von Stromeinsparung und Vergütung für Stromeinspeisung abzüglich der Betriebskosten durch Zählermiete (hier 50 € pro Jahr), Rücklage für Reparaturen und Versicherungskosten (für beides angesetzt mit 1,5 Prozent der Investitionskosten). Die Verrechnung des Reinerlöses mit den Investitionskosten ergibt die Amortisationszeit, das heißt die Zeit, nachdem die Photovoltaikanlage die Anschaffungskosten wieder eingespielt hat. Die Abschätzung vernachlässigt Inflation und Kapitalkosten. Sie geht davon aus, dass der Haushaltsstromverbrauch übers Jahr gleich bleibt. Für jeden Fall wird die Wirtschaftlichkeit untersucht unter optimalen Bedingungen (niedriger Anlagenpreis von 1.800 € pro Kilowatt-Peak und hohe Stromausbeute von 950 Kilowattstunden pro Kilowatt-Peak jährlich) und schlechteren Bedingungen (hoher Anlagenpreis von 1.900 € pro Kilowatt-Peak und niedrige Stromausbeute von 850 Kilowattstunden pro Kilowatt-Peak jährlich).

Eine Anlage mit Süd-Ausrichtung liefert die maximale Leistung zur Mittagszeit. Entsprechend liegt das Maximum bei einer Ost-Ausrichtung am Morgen und bei einer West-Ausrichtung am Abend. Installieren Sie nun sowohl auf Ihrem Ost- als auch dem Westdach Module, so erzeugt die Anlage eine gleichmäßigere Leistung über einen längeren Zeitraum als die Süd-Anlage, allerdings trotz gleicher Gesamtleistung der Module mit einer geringeren Maximalleistung. (Abb. 15) Bei Familie Meier wird untersucht, wie sich das auf Eigenstromnutzung und Amortisationszeit auswirkt. Die

Anlagenerträge wurden monatsweise mit dem Programm der EU „PVGIS" für den Standort „Dortmund" mit einer Globalstrahlung auf die waagerechte Fläche von 1.000 Kilowattstunden pro Quadratmeter jährlich ermittelt (http://re.jrc.ec.europa.eu/pvgis/apps4/pvest.php#).

Familie Meier

Meiers benötigen 4.000 Kilowattstunden Haushaltsstrom jährlich. Die Photovoltaikanlage soll auf dem Süddach montiert werden. Im Keller ist neben dem Hausanschlusskasten ausreichend Platz für den Wechselrichter. Das Dach ist unverschattet und hat eine Neigung von 45 Grad. Die Süddachfläche beträgt 70 m².

Variante 1: Die Vier-Kilowatt-Peak-Anlage kostet zwischen 7.200 und 7.600 € einschließlich Mehrwertsteuer und Montage. Sie benötigt knapp 27 m² Dachfläche, produziert

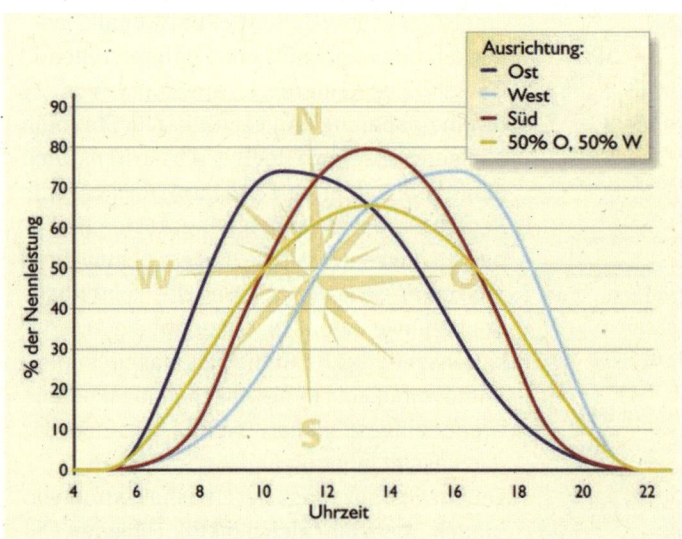

Abbildung 15: Vergleich von Photovoltaikanlagen unterschiedlicher Ausrichtung an einem Sonnentag (8. Juli 2013).

zwischen 3.400 und 3.800 Kilowattstunden Solarstrom jährlich, kann etwa 27 Prozent des Haushaltsstroms liefern und erbringt einen Reinerlös zwischen 420 und 630 € jährlich. Die Amortisationszeit beträgt zwischen 11 (Strompreissteigerung, optimale Bedingungen) und 18 Jahren (keine Strompreissteigerung, schlechtere Bedingungen). Die Umwelt wird um 2 bis 2,3 Tonnen Kohlendioxid jährlich entlastet.

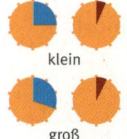 **Variante 2:** Die Acht-Kilowatt-Peak-Anlage kostet zwischen 14.400 und 15.200 € einschließlich Mehrwertsteuer und Montage. Sie benötigt gut 53 m² Dachfläche. Sie produziert zwischen 6.800 und 7.600 Kilowattstunden Solarstrom jährlich, kann etwa 32 Prozent des Haushaltsstroms liefern und erbringt einen Reinerlös zwischen 760 und 1.040 € jährlich. Die Amortisationszeit beträgt zwischen 14 und 20 Jahren. Die Umweltentlastung liegt bei 4,1 bis 4,6 Tonnen weniger Kohlendioxid jährlich.

klein

groß

Variante 3: Bei der kleinen Ost-West-Anlage beträgt die Deckung des Strombedarfs 25 Prozent und bei der großen Ost-West-Anlage 30 Prozent. Diese Abweichung gegenüber der Süd-Anlage ist so gering, dass sich ansonsten in etwa die gleichen Werte ergeben.

Fazit: Die kleinere Anlage kann zwar den Strombedarf etwas weniger decken, ist aber wirtschaftlicher und damit zu empfehlen. Auch eine kleinere Ost-West-Anlage macht Sinn. Es zeigt sich, dass übers Jahr ein Autarkiegrad zwischen 25 und 32 Prozent erzielt wird. Dies deckt sich gut mit Literaturangaben von im Durchschnitt 30 Prozent.

  Familie Schulte und Familie Jansen

Die Familien Schulte und Jansen benötigen jeweils 3.000 Kilowattstunden Haushaltsstrom jährlich. Die Gegebenheiten entsprechen denen bei Meiers. Hier kommt nur eine Süd-Ausrichtung infrage.

Fam. Schulte

Fam. Jansen

Variante 1: Die Drei-Kilowatt-Peak-Anlage kostet zwischen 5.400 und 5.700 € einschließlich Mehrwertsteuer und Montage. Sie benötigt etwa 20 Quadratmeter Dachfläche, produziert zwischen 2.500 und 2.800 Kilowattstunden Solarstrom jährlich, kann etwa 26 Prozent des Haushaltsstroms liefern und erbringt einen Reinerlös zwischen 300 und 450 € jährlich. Damit liegt die Amortisationszeit zwischen 12 und 19 Jahren. Die Umwelt wird um 1,5 bis 1,7 Tonnen Kohlendioxid jährlich entlastet.

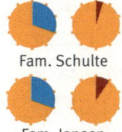
Fam. Schulte

Fam. Jansen

Variante 2: Die Sechs-Kilowatt-Peak-Anlage kostet zwischen 10.800 und 11.400 € einschließlich Mehrwertsteuer und Montage. Sie benötigt etwa 40 m² Dachfläche, produziert zwischen 5.100 und 5.700 Kilowattstunden Solarstrom jährlich, kann etwa 29 Prozent des Haushaltsstroms liefern und erbringt einen Reinerlös zwischen 540 und 740 € jährlich. Damit liegt die Amortisationszeit zwischen 14 und 21 Jahren. Die Umwelt wird um 3,1 bis 3,4 Tonnen Kohlendioxid jährlich entlastet.

Fazit: Die kleinere Anlage kann zwar den Strombedarf etwas weniger decken, ist aber wirtschaftlicher und damit zu empfehlen.

Anpassung der Beispiele an Ihren Stromverbrauch und Ihre Globalstrahlung:

Angenommen, Sie leben in Freiburg in einem Einfamilienhaus und haben einen jährlichen Stromverbrauch von 2.500 Kilowattstunden. Dann passt Familie Schulte zu Ihnen. Es interessiert Sie dabei die zweite Variante mit der größeren Anlage.

Erster Schritt: Anpassung an die Globalstrahlung. Aus der Karte des Deutschen Wetterdienstes entnehmen Sie für Freiburg eine Globalstrahlung von 1.140 Kilowattstunden pro Quadratmeter jährlich. Das Beispiel wurde für die Globalstrahlung in Dortmund mit 1.000 Kilowattstunden pro Quadratmeter jährlich berechnet. Der erste Korrekturfaktor ist demnach 1.140 kWh/1.000 kWh = 1,14. Mit diesem Faktor werden die Ergebnisse von Schultes in der Variante 2 malgenommen: Anlagengröße und Kosten bleiben wie im Fallbeispiel. Der Ertrag pro Kilowatt-Peak und die solare Erzeugung werden um den Faktor höher: 970 bis 1.080 Kilowattstunden pro Kilowatt-Peak und 5.800 bis 6.500 Kilowattstunden pro Jahr. Der Jahresreinerlös wird als Zwischenergebnis nicht umgerechnet, wohl aber die Amortisationszeit. Da es einen höheren Ertrag gibt, erfolgt die Amortisation schneller. Sie müssen demnach die Amortisationszeit des Fallbeispiels durch den Faktor teilen und erhalten als neue Werte 12 bis 18 Jahre.

Zweiter Schritt: Anpassung an Ihren Stromverbrauch. Der zweite Korrekturfaktor beträgt 2.500 kWh/3.000 kWh = 0,833. Mit diesem Faktor nehmen Sie die Photovoltaikleistung und den bereits korrigierten Anlagenertrag

mal, da ja der spezifische Ertrag bereits korrigiert wurde. Sie erhalten fünf Kilowatt-Peak als Anlagengröße und einen jährlichen Ertrag von 5.800 kWh * 0,833 = 4.840 kWh bis 5.410 kWh jährlich. Auch der Anlagenpreis wird um den Faktor geringer: 9.000 bis 9.500 €. Die Amortisationszeit ist von der Anlagengröße unabhängig. Sie wurde bereits auf die bessere Einstrahlung korrigiert und bleibt bei 12 bis 18 Jahren.

Nun können Sie mithilfe der Investitionskosten und der Amortisationszeit den Reinerlös bestimmen: Reinerlös = Investitionssumme durch Amortisationszeit:
Höchster Erlös = 9.000 €/12 a = 750 €/a;
Niedrigster Erlös = 9.500 €/18 a = 530 €/a.

Vorteile/Nachteile: Photovoltaikanlagen

+ In jedem Gebäude einsetzbar
+ Eigenstromproduktion
+ Stromproduktion über Tag mit speziellem Wechselrichter auch bei Netzausfall möglich
+ Hohe Stromproduktion im Sommer
+ Mittlere Investitionskosten
+ Meistens wirtschaftlicher Betrieb möglich

- Ausrichtung zur Sonne und Verschattung beachten
- Keine Stromproduktion in der Nacht
- Nicht jederzeit als Notstromaggregat nutzbar
- Wenig Stromproduktion im Winter
- Förderung nur noch durch Einspeisevergütung und eventuell günstigen Kredit
- Lange Amortisationszeiten verlangen hohe Qualität der Anlage

✔ Checkliste: Photovoltaikanlagen

Es gibt die Möglichkeit, Ihre Planung durch einen Energieberater vor Ort oder in den Beratungsstellen der Verbraucherzentralen überprüfen zu lassen (www.verbraucherzentrale.de/beratung).

☐ Position der Module möglichst verschattungsfrei.

☐ Einsatz von Optimierern zur Verringerung des Einflusses von Verschattung?

☐ Ausrichtung zwischen Südost und Nordwest bei Neigung zwischen 20 und 50 Grad? Oder Ost-West Anlage?

☐ Bei flacher Neigung rahmenlose Module.

☐ Unterschiedliche Ausrichtung der Module? Dann mehrere Strings und mehrere Wechselrichter bzw. Multistringwechselrichter.

☐ Wachstum von Bäumen und spätere Nachbarbebauung beachten.

☐ Zustand des Daches, Wärmedämmung und Statik des Daches berücksichtigen.

☐ Wechselrichter sollte möglichst in kühler Umgebung und zugänglich montiert werden.

☐ Ertragskontrolle durch Zähler im Wechselrichter oder separaten Zähler?

☐ Entspricht der Zählerkasten dem Stand der Technik? Bestandsschutz entfällt bei neuer Anlage.

☐ Vereinfachtes Einspeisemanagement nach § 9 EEG durch Kappung oder Rundsteuerempfänger?

☐ Auslegung der Anlage passend zum Stromverbrauch.

☐ Optimierung des Eigenstromverbrauchs durch Verlagerung? Beispielsweise Waschen bei Sonne.

☐ Optimierung des Eigenstromverbrauchs durch Energiemanagementsystem? Dieses kann im Wechselrichter integriert sein.

☐ Steuerliche Behandlung der Anlage? Umsatzsteuerabzug?

☐ Mehrere Angebote einholen und vergleichen.

☐ Netzbetreiber von der Planung informieren.

☐ Voranfrage beim Bauamt – im Allgemeinen ist keine Genehmigung erforderlich.

☐ Gegebenenfalls Förderantrag stellen – manche Gemeinden geben Zuschüsse und über die KfW ist ein relativ günstiger Kredit zu erhalten. Förderbedingungen beachten.

☐ Anlage versichern.

☐ Wer meldet beim Finanzamt, Netzbetreiber und Bundesnetzagentur an?

☐ Regelmäßige Erfolgskontrolle der Anlage und Vergleich mit Anlagenerträgen beispielsweise auf www.sfv.de. In den ersten zwei Jahren gilt die gesetzliche Gewährleistung, danach die – meistens schwer durchsetzbaren – Garantiebedingungen (www.verbraucherzentrale.nrw/solarstrom).

☐ Qualitätssicherung der Anlage durch RAL-Solar oder BSW Anlagenpass? Weitere Informationen unter: www.solarwirtschaft.de, www.gueteschutz-solar.de

☐ Es liegen Zertifikate für Module und Wechselrichter vor?

☐ Blitzschutz, Überspannungsschutz, Schneefang und Brandschutz sind geklärt?

Mieten von Solarstromanlagen

Photovoltaikanlagen werden auch vermietet. Der Vorteil ist, dass Sie sich um nichts kümmern müssen, kein Risiko eingehen und trotz Strompreissteigerung einen gleichbleibenden Mietpreis zahlen. Nachteil sind meist zu hohe Kosten. Vergleichen Sie die Kosten einer Anlage mit dem jährlichen Mietpreis.

Beispiel: Ihnen wird eine Zwei-Kilowatt-Peak-Anlage zum Mietpreis von 49 € monatlich angeboten, demnach 588 € jährlich.

Sie zahlen dann während der 20 Jahre knapp 12.000 € Miete, wogegen die Anlagenkosten brutto höchstens 4.000 bis 5.000 € betragen. Hinzu kommen jährlich etwa 100 bis 150 € Betriebskosten. Demnach entstehen Ihnen bei der eigenen Anlage während 20 Jahren Gesamtkosten von höchstens 6.000 bis 8.000 € und Sie sparen gegenüber der Mietvarianten 4.000 bis 6.000 €.

Kleinwindanlagen

Sie haben ein zugiges Grundstück? Und Sie haben schon daran gedacht, die Windenergie zu nutzen? Es gibt viele mehr oder weniger seriöse Angebote für Kleinwindanlagen, Anlagen zur unmittelbaren Versorgung einzelner Häuser. Für das Ein- und Zweifamilienhaus kommen Mikrowindenergieanlagen infrage. Das sind Anlagen mit einer Nennleistung unter 5 Kilowatt. Da wird es schon spannend: Was heißt Nennleistung? Für welche Windgeschwindigkeit ist diese Leistung angegeben? Es macht einen enormen Unterschied, ob eine Anlage die Nennleistung von beispielsweise 3 Kilowatt bei 10 Meter pro Sekunde (m/s) oder 12 Meter pro Sekunde Windgeschwindigkeit erreicht. Die Leistung einer Windenergieanlage hängt nämlich in der dritten Potenz mit der Windgeschwindigkeit zusammen, das heißt, eine Verdoppelung der Windgeschwindigkeit ergibt die achtfache Leistung. Im Beispiel erbringt die Anlage mit der höheren Nennwind-geschwindigkeit bei Wind mit nur zehn Meter pro Sekunde lediglich eine Leistung von gut 1,7 Kilowatt und demnach auch nur gut die Hälfte des Stromertrages.

Windanlagen werden nach ihrer Bauform unterschieden. Großwindanlagen haben immer eine horizontale Achse. Im Bereich der Kleinwindanlagen werden aber zahlreiche Modelle mit vertikaler Achse oder Sonderbauformen mit Gehäuse angeboten. Die Hersteller werben mit den tollsten Eigenschaften, können diese jedoch oft nicht mit unabhängigen Daten belegen. Es gibt einige wenige Modelle mit Zertifizierung, da gehen Sie auf Nummer sicher (www.klein-windkraftanlagen.com/technik/test-von-kleinwindanlagen/). Im Allgemeinen kann man sagen: Anlagen mit horizontaler Achse sind leichter und effektiver. Allerdings müssen sie dem Wind nachgeführt werden, benötigen einen Mast und eine Sturmsiche-

Tipp

Ein Hausdach ist an sich ein guter Standort für eine Kleinwindanlage. Dort kann sie über den Hindernissen der Umgebung frei angeströmt werden. Dabei ist eine sorgfältige Entkoppelung zwischen Windanlage und Haus nötig. Sonst gibt es nur zwei Lösungen: Sie verlassen das Haus, weil Sie die Schwingung bei bestimmten Resonanzdrehzahlen nicht aushalten oder die Windanlage verschwindet wieder. Am sichersten ist es, die Windanlage in der Nähe des Hauses auf einen Mast zu stellen. Eine Baugenehmigung ist dafür ein Muss und die Nachbarn sollten befragt werden.

rung. Vertikalachser haben Vorteile bei starken Windverwirbelungen und schnellen Windrichtungswechseln. Allerdings gibt es unvermeidbare Erschütterungen, weil ein Teil des Rotors immer gegen den Wind anlaufen muss.

Windangebot

Zunächst müssen Sie das Windangebot auf Ihrem Grundstück untersuchen (http://www.klein-windkraftanlagen.com/basisinfo/windmessung/). Am besten wäre die Messung von Windgeschwindigkeit und Windrichtung über ein Jahr. Es gibt Ingenieurbüros, die solche Messungen mit Messmasten anbieten – das ist jedoch bei Kleinanlagen oft zu aufwendig. Sie können auch selber aktiv werden und eine eigene Wetterstation dort auf einem Mast anbringen, wo später die Windanlage platziert werden soll. Es gibt solche Messsysteme im Fachhandel für einige Hundert Euro. Im Internet finden Sie eine Karte des Deutschen Wetterdienstes mit Windgeschwindigkeiten in zehn Meter Höhe, mit einer Auflösung ein Kilometer mal ein Kilometer, sodass Sie das Windangebot an Ihrem Ort grob einschätzen können

(www.dwd.de/DE/leistungen/windkarten/windkarten.html, Karte herunterladen und groß zoomen). Diese Auflösung ist zwar schon recht gut, Windstärken können sich jedoch sehr kleinräumig ändern. Eine erste Einschätzung für Ihr eigenes Grundstück können Sie durch eigene Beobachtung erhalten. Hier hilft die folgende Tabelle. Sie wurde vom englischen Admiral Sir Francis Beaufort (1774–1857) entwickelt. Mit dieser Skala wird es möglich, die Windstärke aufgrund von Naturbeobachtung ohne Hilfsmittel zu bestimmen. Die Windgeschwindigkeit in den Wetterkarten wird in Beaufort angegeben (beispielsweise „Windstärke drei"). Für die Ertragsermittlung ist die mittlere Windgeschwindigkeit in Meter pro Sekunde nötig.

Zeigt Ihre Beobachtung, dass öfter Windstärken über drei auftreten, so lohnt sich vermutlich eine Messung, die zwar etwas kostet, Ihnen aber eine Fehlinvestition erspart. Einen günstigen Platz auf dem Grundstück können Sie mithilfe eines Drachens oder einer langen Stange feststellen. Befestigen Sie an der Drachenschnur unterhalb des Drachens (beziehungsweise an der Stange) im Abstand von jeweils einem Meter gut sichtbare Bänder (zum Beispiel Baustellenbänder von circa zwei Meter Länge) und lassen Sie bei gutem Wind den Drachen steigen oder stellen Sie die Stange auf. Die Bänder zeigen Ihnen dann Verwirbelungen. Gehen Sie mit dem Drachen oder der Stange über Ihr Grundstück. Dort, wo die obersten Bänder glatt im Wind liegen, ist ein guter Platz für Ihre künftige Windanlage. So erfahren Sie ebenfalls, wie hoch der Mast sein sollte.

Beaufort-Skala: Windgeschwindigkeiten

Bezeichnung	Erscheinung	Windstärke	Windgeschwindigkeit m/s
Windstille, Flaute	Rauch steigt gerade empor	0	0,0 – <0,3
Leiser Zug	Windfahne zeigt nichts an, aber Rauch	1	0,3 – <1,6
Leichte Brise	Säuseln von Blättern, Windfahne bewegt sich	2	1,6 – <3,4
Schwache Brise	dünne Zweige bewegen sich bereits	3	3,4 – <5,5
Mäßige Brise	Zweige, dünnere Äste bewegen sich, Papier und Staub wird gehoben	4	5,5 – <8,0
Frische Brise	kleinere Laubbäume schwanken	5	8,0 – <10,8
Starker Wind	dicke Äste bewegen sich, Regenschirme kaum zu benutzen	6	10,8 – <13,9
Steifer Wind	Bäume in Bewegung, beim Gehen Widerstand stark merkbar	7	13,9 – <17,2
Stürmischer Wind	Zweige brechen	8	17,2 – <20,8
Sturm	kleine Schäden an Häusern	9	20,8 – <24,5
Schwerer Sturm	Bäume werden entwurzelt, größere Schäden an Häusern	10	24,5 – <28,5
Orkanartiger Sturm	verbreitet Sturmschäden	11	28,5 – <32,7
Orkan	schwerste Verwüstungen	12	≥ 32,7

Wahl der Anlage

Nun kommt die Qual der Wahl unter den zahlreichen Typen. Einen guten Marktüberblick bieten das „Handbuch Kleinwind anlagen" (www.wind-energie.de/shop-hand buch-kleinwindanlagen) und die Broschüre „Kleinwind Marktreport 2015"

(www.klein-windkraftanlagen.com/kauf/ marktbericht-kleinwindanlagen/). Ob die vom Hersteller angegebenen Leistungsdaten realistisch sind, können Sie mit folgender Grafik überprüfen: (Abb. 16) Hier ist die spezifische Windleistung in Abhängigkeit von der Windgeschwindigkeit dargestellt. Die obere Kurve

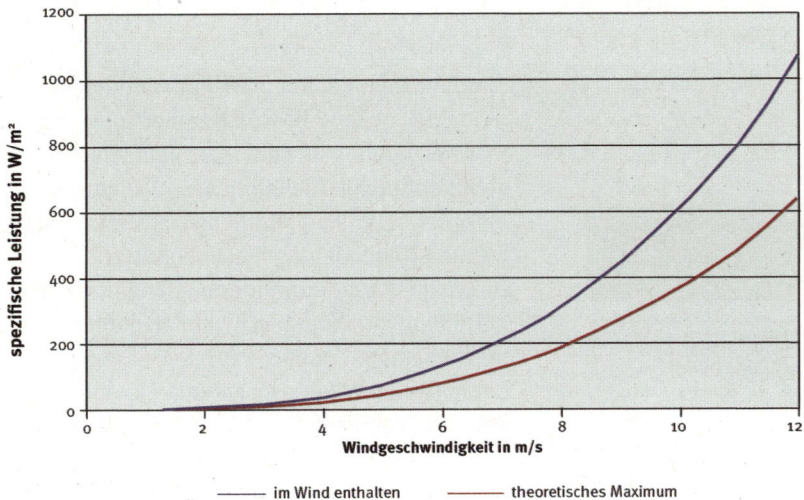

Abbildung 16: Spezifische Leistung einer Windanlage in Abhängigkeit von der Windgeschwindigkeit.

gibt an, welche spezifische Leistung im Wind enthalten, und die untere, welche Leistung maximal aus dem Wind gewinnbar ist.

Beispiel: Sie interessieren sich für eine Windanlage mit horizontaler Achse, welche bei einer Windgeschwindigkeit von zehn Meter pro Sekunde eine Nennleistung von zwei Kilowatt erreichen soll. Der Rotor hat einen Durchmesser von drei Metern. Zunächst errechnen Sie die Rotorfläche; denn die Windenergie wird aus dem gesamten vom Rotor überstrichenen Bereich gewonnen. Fläche = 3,142 * Durchmesser²/4, in diesem Fall Rotorfläche = 3,142 * 3²/4 m² = 7,1 m². Dann teilen Sie die Leistung in Watt durch die Rotorfläche: spezifischer Ertrag = Leistung / Fläche, hier spezifischer Ertrag = 2.000 W/7,1 m² = 283 W/m². Nun suchen Sie in der Grafik auf der waagerechten Achse die Windgeschwindigkeit zehn Meter

pro Sekunde (m/s) und gehen senkrecht bis zur unteren Kurve. Der zugehörige Wert auf der senkrechten Achse liegt bei etwa 350 W/m² und damit über dem ermittelten Wert von 283 W/m². Die angegebenen Daten sind demnach realistisch. Zweites Beispiel: Sie interessieren sich für einen Vertikalachser mit Durchmesser zwei Meter und Höhe zwei Meter. Er soll laut Hersteller bei acht Meter pro Sekunde eine Nennleistung von zwei Kilowatt erreichen. Die Fläche im Wind ist hier die Rechteckfläche Durchmesser mal Höhe, hier 2 m * 2 m = 4 m². Die spezifische Leistung ergibt sich dann zu 2.000 W / 4 m² = 500 W/m². Die untere Kurve liegt bei acht Meter pro Sekunde, jedoch unter 200 W/m². Die Herstellerangabe ist unrealistisch.

Es wird unterschieden zwischen Schwachwindanlagen mit einer spezifischen Leistung zwi-

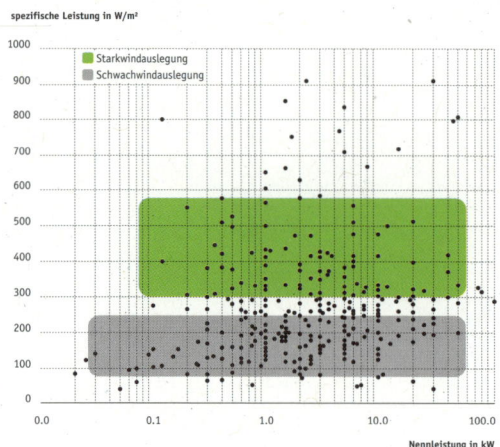

Abbildung 17: Spezifische Leistungen von am Markt verfügbaren Windanlagen.

schen 100–200 W/m² und Starkwindanlagen mit bis 500 W/m² und mehr. Schwachwindanlagen erreichen Ihre Nennleistung dank großer Rotoren schon bei geringerer Windgeschwindigkeit und sind daher für Standorte mit mäßigem Windangebot geeignet. Starkwindanlagen dagegen benötigen Standorte mit sehr hohen Windgeschwindigkeiten (siehe Abb. 17).

Die Abbildung zeigt die spezifischen Leistungen von am Markt verfügbaren Anlagen. Die Punkte oberhalb von 600 W/m² stammen von Sonderbauformen, welche den Wind konzentrieren sollen und vermutlich unrealistische Leistungen versprechen.

Kleinwindanlagen enthalten meistens einen einfach gebauten Drehstromgenerator. Der erzeugte Strom wird dann gleichgerichtet und wie bei einer Photovoltaikanlage auf Netzwechselspannung gebracht – allerdings mit einem speziell für Windanlagen geeigneten Wechselrichter.

Kosten: Kleinwindanlagen sind auf die Leistung bezogen erheblich teurer als große Windanlagen. Rechnen Sie mit mindestens 3.000 bis 5.000 € pro kW Nennleistung. Die Stromerzeugung ist sehr stark vom Windangebot abhängig. Die jährliche Erzeugung wird mithilfe von Volllaststunden errechnet: Stromertrag = Nennleistung mal Volllaststunden. Die Volllaststunden wiederum hängen mit der Verteilung der Windgeschwindigkeiten übers Jahr zusammen und in erster Näherung mit der mittleren Windgeschwindigkeit. Außerdem geht die Windgeschwindigkeit ein, bei der die Anlage die Nennleistung erreicht. Eine Anlage mit zwei Kilowatt Nennleistung bei zwölf Meter pro Sekunde produziert demnach bei 500 Volllaststunden 1.000 Kilowattstunden im Jahr. 500 Volllaststunden werden bei einer mittleren Windgeschwindigkeit von knapp fünf Meter pro Sekunde in Höhe der Windanlage erreicht. Bei sechs Meter pro Sekunde sind es gut 1.000 Volllaststunden. Höhere Werte sind bei Masthöhen unter 30 Meter kaum zu erwarten, es sei denn, Ihr Haus steht in Küstennähe oder auf einem hohen Berg.

Das EEG unterscheidet bei Windanlagen nicht nach der Anlagengröße. Für jede ins Netz eingespeiste Kilowattstunde gibt es 8,9 Cent. Dagegen ersparen Sie sich bei Eigenverbrauch die Haushaltsstromkosten von 28 Cent pro Kilowattstunde. Eine Kleinwindkraftanlage sollte demnach möglichst keinen Strom ins Netz einspeisen und klein dimensioniert werden. Im Bild ist die Leistungskurve und die Stromerzeugung einer Zwei-Kilowatt- Anlage dargestellt, die Ihre Nennleistung bei zwölf Meter pro Sekunde Windgeschwindigkeit erzielt, an einem Standort mit mäßiger mittlerer Windgeschwindigkeit steht und 500 Volllaststunden erreicht.

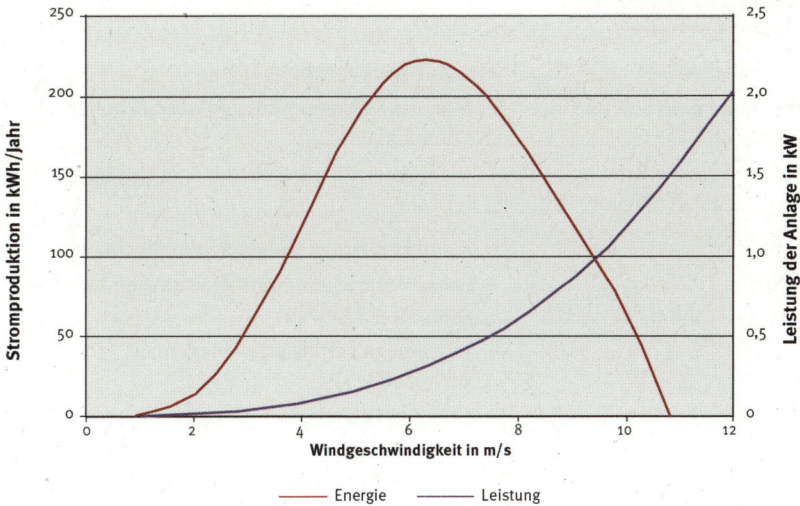

Abbildung 18: Leistung und Energie einer 2-kW-Windanlage in mäßiger Windlage.

Bei den meistens vorherrschenden Windge-schwindigkeiten von unter sechs Meter pro Sekunde liegt zwar ihre Leistungsabgabe unter 250 Watt, aber somit im Bereich der Grundlast, die immer abgenommen werden kann (siehe Abb. 18). An den wenigen windreicheren Tagen jedoch kann der erzeugte Strom nicht voll-ständig im Hausnetz eingesetzt werden. Diese wenigen Tage tragen überproportional zum Gesamtjahresertrag bei.

Beispielfamilien

Schauen wir nun, wie unsere drei Beispielfami-lien Kleinwindkraftanlagen einsetzen können. Grundlage sind dabei zwei mittlere Windge-schwindigkeiten. Im ersten Fall führt das bei niedriger mittlerer Windgeschwindigkeit zu 500 Volllaststunden, im zweiten Fall bei bes-serem Windangebot zu 1.000 Volllaststunden. Die Kosten betragen 3.000 beziehungsweise 5.000 € pro kW und sind übliche Werte, Stand März 2016, einschließlich Mehrwertsteuer. Vergleichen Sie mit Ihrem konkreten Angebot, Anlagenpreis einschließlich aller Zusatzkosten und Montage. Abweichungen von mehreren Tausend Euro sind durchaus zu erwarten. Sie können das Beispiel dann so anpassen: Amor-tisationszeit mit Angebotspreis = Amortisati-onszeit des Beispiels * Kosten des Angebots/ Kosten des Beispiels. Es wird in allen Fällen mit Betriebs- und Versicherungskosten von zu-sammen 120 € jährlich gerechnet. Sie finden für alle Varianten eine Spannbreite der Werte – zwischen dem für derzeitige Stromkosten (28 Cent pro Kilowattstunde) und dem für eine angenommene Strompreissteigerung von vier Prozent jährlich über den Betrachtungszeit-raum von 20 Jahren.

Vorteile/Nachteile: Kleinwindanlagen

+ In wenig besonnten Lagen nutzbar

+ Stromproduktion in Zeiten ohne gute Sonneneinstrahlung, auch in der Nacht

+ Stromproduktion bei Wind mit speziellem
Wechselrichter auch bei Netzausfall möglich

+ Hohe Stromproduktion im Winter

+ Mittlere Investitionskosten

+ In windstarken Gegenden wirtschaftlicher
Betrieb möglich

+ Zertifikat gibt Sicherheit

+ Anlagen mit Langzeiterfahrung erhältlich

+ Ergänzung zur Photovoltaikanlage für sonnenschwache Zeiten

− Gutes Windangebot nötig

− Merkliche Stromproduktion nur bei hohen
Windstärken

− Nicht jederzeit als Notstromaggregat nutzbar

− Wenig Stromproduktion im Sommer

− Keine Förderung, eventuell günstiger Kredit

− Lange Amortisationszeiten verlangen hohe
Qualität der Anlage

− Nur wenige zertifizierte Anlagen auf
dem Markt

− Schwarze Schafe tummeln sich
auf dem Markt

− Bei Kombination mehrere Zähler erforderlich

✔ Checkliste: Kleinwindanlagen

☐ Wie ist das Windangebot? Liegen Messreihen von Windgeschwindigkeit und Windrichtung vor?

☐ Standort mit möglichst wenig Verwirbelung wählen.

☐ Ein höherer Mast sorgt für höheren Ertrag.

☐ Falls Dachanlage geplant: Sehr sorgfältige Entkopplung vom Gebäude! Statik des Daches beachten!

☐ Windanlage so klein dimensionieren, dass möglichst wenig ins Netz eingespeist wird.

☐ Art der Anlage?

☐ Ist die spezifische Leistung plausibel?

☐ Gibt es ein Zertifikat für die Anlage?

☐ Gibt es eine Wirtschaftlichkeitsberechnung von einem unabhängigen Energieberater?

☐ Gibt es Referenzen des Anbieters und Installateurs?

☐ Für Windanlage geeigneter Wechselrichter.

☐ Energiemanagementsystem?

☐ Bei Kleinanlage auf EEG-Vergütung und entsprechende Anmeldung verzichten, dafür Verbrauchszähler
mit Rücklaufsperre installieren lassen.

Familien Meier, Schulte und Jansen

Die Familien möchten den ums Haus wehenden Wind nutzen und planen die Errichtung einer Kleinwindanlage.

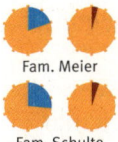

Bei schlechteren Windbedingungen passt für alle Familien eine Anlage mit zwei Kilowatt Nennleistung. Sie erbringt bei 500 Volllaststunden einen jährlichen Ertrag von 1.000 Kilowattstunden. Bei guten Windbedingungen ist diese Anlage zu groß und speist zu viel Strom ins Netz. Hier passt für alle eine Ein-Kilowatt-Anlage, die bei 1.000 Volllaststunden ebenfalls 1.000 Kilowattstunden jährlich erzeugt. Beide Nennleistungen beziehen sich auf eine Nennwindgeschwindigkeit von zwölf Meter pro Sekunde. Der Erlös beträgt in allen Fällen zwischen 120 bis 210 € jährlich und die Umwelt wird jährlich von 0,6 Tonnen Kohlendioxid entlastet. Die Amortisationszeit liegt bei schlechten Windbedingungen zwischen 28 und 49 Jahren (bei niedrigem Anlagenpreis von 6.000 € für die Zwei-Kilowatt-Anlage) beziehungsweise 47 bis 82 Jahren (bei hohem Anlagenpreis von 10.000 €). Bei guten Windbedingungen verkürzt sich die Amortisationszeit auf 14 bis 25 Jahre (niedriger Anlagenpreis von 3.000 € für die Ein-Kilowatt-Anlage) beziehungsweise 23 bis 41 Jahre (hoher Preis von 5.000 €). In allen Fällen werden 800 Kilowattstunden im Hausnetz verbraucht und 200 Kilowattstunden ins öffentliche Netz eingespeist. Die Einspeisevergütung beträgt knapp 18 € jährlich, sodass

sich der Aufwand für einen Zweirichtungszähler und die Abrechnung mit dem Versorger nicht lohnt. Sie benötigen jedoch einen Verbrauchszähler mit Rücklaufsperre. Meiers können mit einer solchen Windanlage 20 Prozent ihres Strombedarfs abdecken. Bei den Familien Schulte und Jansen sind es dank des geringeren Stromverbrauchs 27 Prozent.

Fazit: Eine Windanlage ist in allen Fällen nur bei gutem Windangebot sinnvoll. Diese Ein-Kilowatt-Anlage spielt die Investitionskosten während der Lebensdauer nur ein, wenn Strompreissteigerungen und niedrige Investitionskosten vorliegen.

Tipp

Wenn Sie kein für Photovoltaik oder Windanlage geeignetes Grundstück besitzen, so können Sie sich an einer Bürgerenergieanlage beteiligen und zur erneuerbaren Stromproduktion beitragen. Eine Bürgerenergieanlage ist eine gemeinsam betriebene Photovoltaik- oder Windanlage. Oft wird dafür ein Dach oder Grundstück angemietet.

Wenn sich viele Mitglieder zusammenschließen, ist eine größere Investition möglich. Größere Anlagen sind meistens wirtschaftlicher als Kleinanlagen, es muss allerdings der Eigenverbrauch oder Stromverkauf bedacht werden. Als Mitglied einer Bürgerenergieanlage zahlen Sie einen Beitrag, haben je nach Beteiligungsform ein Stimmrecht und erhalten einen Anteil am Gewinn. (http://www.verbraucherzentrale.nrw/buerger energieanlagen und www.energieagentur.nrw/ finanzierung/buergerenergie/die_plattform_ buergerenergie_energiegenossenschaften).

Stromspeicher

Eine Photovoltaikanlage erzeugt in der Nacht keinen Strom. Eine Windkraftanlage erzeugt nur Strom, wenn der Wind kräftig weht. Sie brauchen aber zu Hause Strom rund um die Uhr, beispielsweise für Ihre Kühlgeräte. Ein BHKW (siehe Seite 60) kann Tag und Nacht Strom erzeugen, allerdings nur mit Wärmespeicher. Eine Photovoltaik- oder Windanlage benötigt dagegen einen Stromspeicher, wenn Sie jederzeit Strom aus einer solchen Anlage gewinnen wollen. Wärme speichern ist nicht sehr aufwendig. Es genügt ein gut wärmegedämmter Wasserspeicher. Er hat eine Haltbarkeit von weit über zehn Jahren. Die Speicherkapazität kostet etwa 50 bis 100 € pro Kilowattstunde. Wie sieht es nun mit Stromspeichern aus? Da

gibt es einen ganzen Zoo, wie die folgende Abbildung 19 zeigt. Die Speicher sind hier eingeteilt nach der Speicherfähigkeit (Speicherkapazität) und der Zeit, während der die Energie gespeichert bleiben kann (Entladedauer).

Elektrizität wird zur Speicherung meistens in eine andere Energieform umgewandelt. Nur Spulen und Kondensatoren benötigen keine Umwandlung. Sie sind in zahlreichen Geräten eingebaut. Für die Überbrückung längerer Zeiten sind sie jedoch ungeeignet. Schwungmassenspeicher sind auch nur als Kurzzeitspeicher nutzbar, technisch sehr aufwendig und für den Hausgebrauch ungeeignet. Mit Batterien sind hier wiederaufladbare Batterien gemeint,

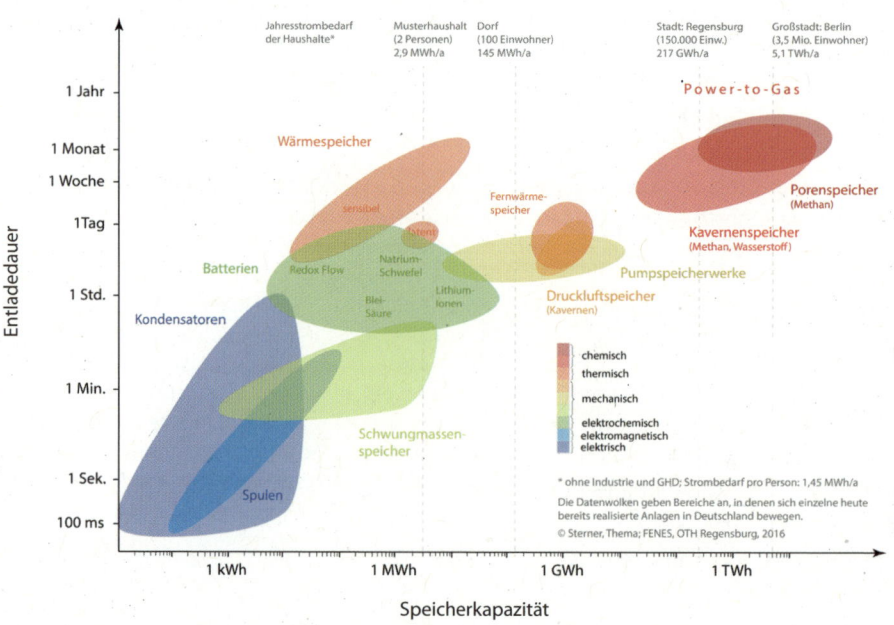

Abbildung 19: Stromspeichertechniken im Überblick.

Gut zu wissen

Physikalische Einheiten werden mit Vorsilben und entsprechenden Buchstaben versehen, um Tausender-Schritte leichter darstellen zu können:

Beispiel: Grundeinheit Wattstunde (Wh)
Eine **Kilo**wattstunde (**k**Wh) = 1.000 Wh
Eine **Mega**wattstunde (**M**Wh) = 1.000 kWh = 1.000.000 Wh
Eine **Giga**wattstunde (**G**Wh) = 1.000 MWh = 1.000.000 kWh = 1.000.000.000 Wh
Eine **Tera**wattstunde (**T**Wh) = 1.000 GWh = 1.000.000 MWh = 1.000.000.000 kWh

Ihnen eher als Akkumulatoren (Akkus) aus dem Auto und zahlreichen netzunabhängigen Geräten (beispielsweise Akkuschrauber, Laptop, Smartphones) bekannt. Für die Hausversorgung sind insbesondere Blei- und Lithium-Ionen-Batterien einsetzbar. Es gibt weitere Entwicklungen, die jedoch für den Hausgebrauch noch nicht auf dem Markt erhältlich sind. Alle Speicher mit Kapazitäten jenseits einiger Kilowattstunden sind für das Ein- und Zweifamilienhaus viel zu groß und aufwendig.

Kurzzeitspeicher – Batterien

In einer Batterie wird die elektrische Energie als elektrochemische Energie gespeichert: Beim Laden bilden sich stabile chemische Verbindungen, die beim Entladen wiederum in andere Verbindungen umgewandelt werden. Eine Batterie besteht aus mehreren in Reihe geschalteten Zellen, weil die Spannung, die eine einzelne Zelle liefert, zu klein ist. In einer Autobatterie sind beispielsweise sechs Zellen zu je zwei Volt zu einer Ausgangsspannung

Bleispeicher	Eigenschaften	Lithium-Ionen-Speicher
70% – 85%	Wirkungsgrad	93% – 98%
ca. 1.200 – 1.500	Zyklenzahl	ca. 4.200 – 7.000
Erforderlich	Wartung	Nicht erforderlich
ca. 10 Jahre	Lebensdauer	ca. 20 Jahre
50 – 60%	Entladetiefe	70 – 100%
Raumbelüftung muss sichergestellt sein (Gasaustritt)	Sicherheit	Gutes Energiemanagement notwendig (Schutz vor Überladung)

Abbildung 20: Vergleich der Speichertechnologien – Erklärung der Begriffe siehe Kasten Seite 46.

von zwölf Volt verbunden. Jede Zelle enthält zwei Elektroden (außen die Pole der Zelle), zwischen denen eine mehr oder weniger eingedickte Flüssigkeit – der Elektrolyt – für den Stromtransport und die elektrochemischen Vorgänge in der Zelle sorgt. Die Batterien können offen betrieben werden oder sie sind vollständig gekapselt. Offene Batterien geben während des Betriebs brennbare Gase ab und müssen belüftet aufgestellt werden. Außerdem ist eine regelmäßige Kontrolle des Elektrolyten erforderlich.

Für die Hausstromversorgung haben sich zwei Batterietypen durchgesetzt: Die vom Auto her bekannte Bleibatterie und die in vielen Kleingeräten, Elektrofahrrädern und Elektroautos enthaltenen Lithium-Ionen-Batterien (siehe Abb. 20, Seite 45). Bleispeicher sind eine altbewährte, kostengünstige Technik. Lithium-Ionen-Batterien haben viele technische Vorteile, sind allerdings noch teurer. Die hohe Energiedichte der Lithium-Ionen-Batterie macht diese brandgefährlich. Mit einem guten Batteriemanagementsystem ist das in den Griff zu bekommen. Außerdem gibt es spezielle Elektrodenmaterialien, die ungefährlicher sind.

Gut zu wissen

Der **Wirkungsgrad** gibt an, wie viel der eingespeicherten Energie bei der Entladung zur Verfügung steht. Hier sind die Verluste der Bleibatterie erheblich größer.

Ein **Zyklus** besteht aus Laden und Entladen zwischen Entladetiefe und Vollladen. Wird eine Batterie zusammen mit einer Photovoltaikanlage betrieben, so kommen pro Jahr etwa 250 Zyklen zustande. Eine Bleibatterie übersteht demnach etwa fünf bis sechs Jahre, wenn es hochkommt zehn Jahre. Bei einer Lithium-Ionen-Batterie wird das Ende erst nach 16 bis 28 Jahren erreicht. Auch ohne Laden und Entladen hält eine Batterie nicht ewig. Die **Lebensdauer,** oft auch kalendarische Lebensdauer genannt, bezieht sich auf das Ende eines Batterielebens nur durch bloßes Rumstehen. Eine Lithium-Ionen-Batterie hält demnach mindestens doppelt so lange wie eine Bleibatterie. Eine Batterie wird sehr schnell zerstört, wenn sie tiefer entladen wird, als die vorgeschriebene **Entladetiefe** (angegeben als Verhältnis der keinesfalls zu unterschreitenden Ladung zur Vollladung). Eine Bleibatterie darf demnach nur etwa zur Hälfte entladen werden.

Angegeben wird die **Speicherfähigkeit (Kapazität)** einer Batterie in Kilowattstunden elektrischer Energie. Von der Autobatterie her kennen Sie die Einheit Amperestunden (Ah). Diese lässt sich in Kilowattstunden umrechnen. Dazu ein Beispiel. Eine typische Autobatterie hat 70 Ah bei 12 V Spannung. Die nominale Kapazität beträgt dann 12 * 70 VAh = 840 Wh = 0,84 kWh. Hier müssen Sie unterscheiden zwischen der **nominalen** und der **effektiven** Kapazität. Nominal heißt die Speicherfähigkeit zwischen total vollgeladen und total entladen. Diese ist jedoch nicht nutzbar, da die Batterie nie tiefer entladen werden darf als die Entladetiefe. Die effektive Kapazität ist die tatsächlich nutzbare. Eine Bleibatterie von vier Kilowattstunden nominaler Kapazität hat demnach nur etwa zwei Kilowattstunden effektive Kapazität. Die Lithium-Ionen-Batterie von vier Kilowattstunden nominaler Kapazität ist jedoch ein Speicher für 3,2 Kilowattstunden elektrischer Energie.

Beziehen Sie sich bei Anfragen und Angeboten immer auf die effektive Kapazität!

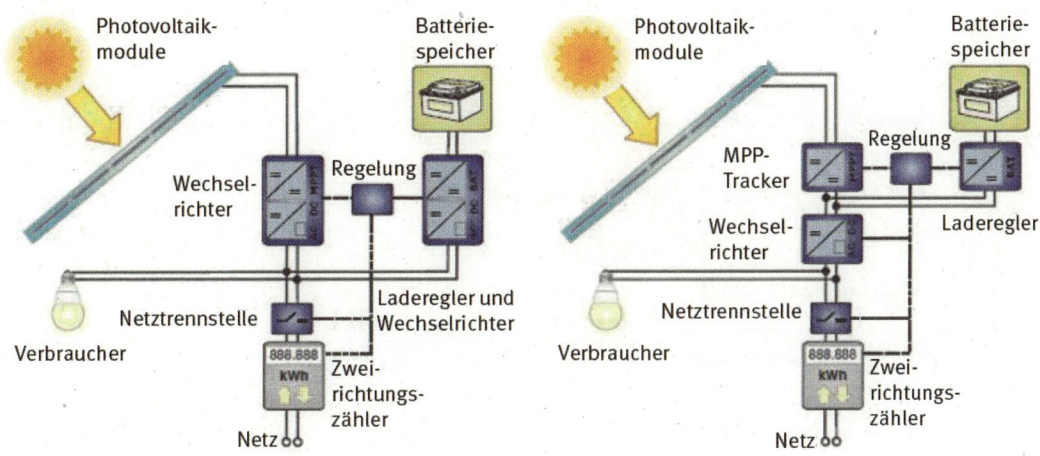

Abbildung 21: Photovoltaik- und Batteriesystem mit AC-Kopplung (links), DC-Kopplung (rechts).

Eine Batterie liefert Gleichstrom, wogegen im Hausnetz Wechsel- beziehungsweise Drehstrom vorliegt. Sie benötigen deswegen eine Elektronik, die Gleichstrom- in Wechselstrom und umgekehrt verwandelt und dafür sorgt, dass die Batterie gut geladen, nicht überladen und nicht zu tief entladen wird. Dies macht der Batteriewechselrichter (im Bild Wechselrichter und Laderegler), der direkt ans Hausnetz angeschlossen wird (Abb. 21). So kann die Batterie bei bestehender Photovoltaikanlage nachgerüstet werden (AC-Kopplung wegen AC englisch für Wechselstrom). Die Photovoltaikanlage liefert Gleichstrom. Deswegen kann die Batterie mit ihrem Laderegler vor dem eigentlichen Wechselrichter angeschlossen werden. Diese Variante ist möglich bei Neuanlagen, beim Austausch des Wechselrichters und wenn der Wechselrichter für den Anschluss einer Batterie vorbereitet ist (DC-Kopplung wegen DC englisch für Gleichstrom). So erreicht die Anlage einen besseren Wirkungsgrad und ist kostengünstiger. Es gibt auf dem Markt Batterien (Hybrid-Batterien), die in AC oder DC-Kopplung betrieben werden können, und Hochvolt-Batterien, die direkt hinter den Modulen auch bei bestehenden Anlagen anzuschließen sind. Bei AC- und DC-Kopplung sorgt ein Batterie- und Energiemanagementsystem dafür, dass die Verbraucher im Haus möglichst wenig Strom aus dem Netz beziehen müssen. Oft werden Funksteckdosen vom Managementsystem angesteuert, welche Haushaltsgroßgeräte nur einschalten, wenn genügend Strom direkt von der Sonne oder aus der Batterie zur Verfügung steht.

Einphasige Batteriespeicher sollten an derselben Phase angeschlossen werden wie die Photovoltaikanlage, um deren Überschüsse aufzunehmen. Die Eigenstromdeckung wird messtechnisch und rechnerisch auch bei Geräten erzielt, die an den anderen Phasen angeschlossen sind. Bei Stromausfall allerdings können Photovoltaik und Batterie nur noch Geräte an derselben Phase betreiben. Dreipha-

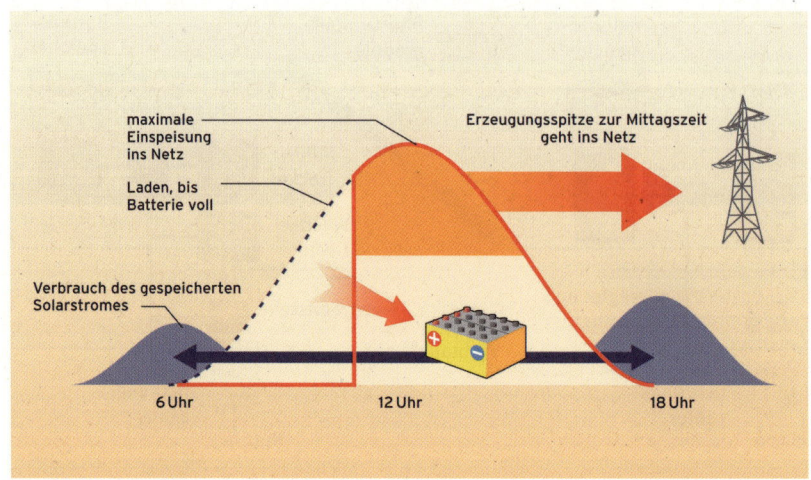

Abbildung 22: Tagesverlauf von Erzeugung und Verbrauch bei Speicherung in herkömmlicher Weise.

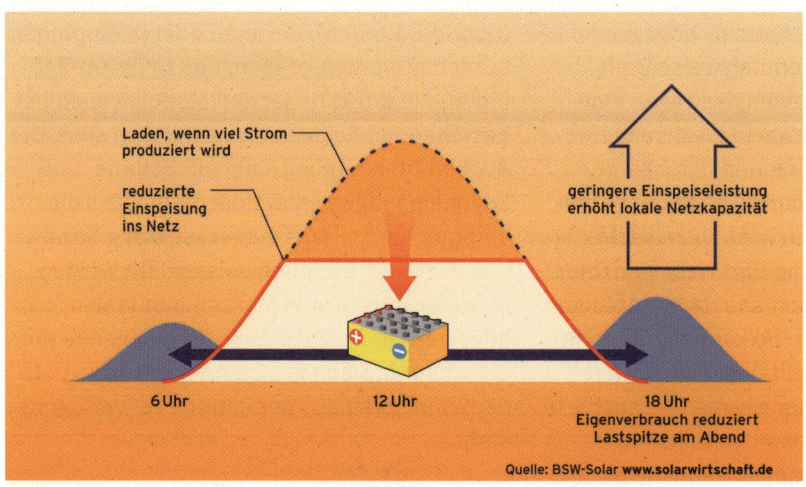

Abbildung 23: Tagesverlauf von Erzeugung und Verbrauch bei netzoptimierter Speicherung.

sige Batteriespeicher können prinzipiell den gesamten Haushalt mit Notstrom versorgen bis zur maximal möglichen Leistung der Anlage, wenn die Notstromfunktion dies so vorsieht. Bei jeder Notstromanlage wird bei Netzausfall der Haushalt durch die Speicherelektronik vom allgemeinen Stromnetz getrennt und ein Inselnetz aufgebaut. Wenn dies in Sekundenbruchteilen erfolgt, handelt es sich um eine unterbrechungsfreie Stromversorgung (USV).

Der Speicher wird in **herkömmlicher** Weise geladen, sobald die Photovoltaikanlage mehr Strom liefert, als der Haushalt momentan verbraucht. An einem sonnigen Tag ist irgendwann am Morgen der Speicher voll und die weiter steigende Produktion der Solaranlage geht ins Netz (siehe Abb. 22, oben). Nach Sonnenuntergang kann dann der Haushalt aus dem Speicher versorgt werden, bis dieser seine Entladetiefe (siehe Seite 46) erreicht. Durch diese Betriebsweise werden die mittäglichen Leistungsspitzen in voller Höhe ins Netz gegeben – es gibt keine Entlastung des öffentlichen Netzes. Sie können außerdem nicht die in § 9 EEG verlangte Kappung erzielen und müssten entweder einen Rundsteuerempfänger einbauen lassen oder am Wechselrichter auf 70 Prozent kappen und damit einen Abregelverlust in Kauf nehmen. Sie können jedoch zwei Fliegen mit einer Klappe schlagen, wenn Sie **netzoptimiert** speichern (siehe Abb. 23): Das Netz wird entlastet und Sie erzielen die benötigte Kappung ohne Abregelungsverluste. Einige Batteriespeicher verfügen über eine Prognosefunktion, sodass aufgrund der vorhersehbaren Sonneneinstrahlung der Punkt ausgesucht wird, ab dem der Speicher geladen wird und so die Kappung der Spitze und die Ladung der Batterie optimiert wird. An einem so entlasteten Netz können dann ohne teure Netzverstärkung mehr Erzeugungsanlagen angeschlossen werden.

Exkurs: Simulationsrechnungen der Berliner Hochschule für Technik und Wirtschaft (HTW-Berlin) haben ergeben, dass durch einen Batteriespeicher bei bis zu 50 Prozent Abregelung die Abregelungsverluste auf null gebracht werden können (siehe Abb. 24, Seite 50). Konsequent verlangt das Bundesprogramm

> **Tipp**
>
> Batteriespeicher in Zusammenhang mit netzgekoppelten Photovoltaikanlagen werden von der bundeseigenen KfW-Bank gefördert (Speicherförderprogramm 275, www.kfw.de/275). Es handelt sich um einen günstigen Kredit mit hohem Tilgungszuschuss für neue Photovoltaikanlagen mit Speicher und für die Nachrüstung von Photovoltaikanlagen, die ab 2013 in Betrieb gegangen sind. Der Tilgungszuschuss sinkt halbjährlich von 25 Prozent im ersten Halbjahr 2016 bis 10 Prozent im letzten Halbjahr 2018. Es müssen technische Auflagen erfüllt werden, u. a. eine dauerhafte Kappung auf 50 Prozent der Leistung der Photovoltaikanlage. Eine Fünf-Kilowatt-Peak-Anlage darf beispielsweise nie mehr als 2,5 Kilowatt ins Netz einspeisen – den Rest sollten Hausgeräte und die Batterie aufnehmen.

zur Speicherförderung eine Begrenzung auf 50 Prozent der Maximalleistung. In der rechten Abbildung ist zu sehen, dass diese Begrenzung bei nicht netzoptimierter Betriebsweise (ohne Einspeisegrenze) zu etwa zehn Prozent Abregelungsverlusten führt. Mit Einspeisegrenze gibt es kaum Abregelungsverluste. In der linken Abbildung ist auf der waagerechten Achse das Abregelverhältnis angegeben und auf der senkrechten Achse das Verhältnis von effektiver Speicherkapazität zur Leistung der Photovoltaikanlage.

Dazu ein Beispiel. Ihre Anlage hat eine Leistung von vier Kilowatt-Peak. Eine Speichergröße von vier Kilowattstunden effektiv ergibt dann auf der senkrechten Achse den Wert 1. Gehen Sie nun waagerecht bis zur äußersten Kurve (0 Prozent) und Sie finden auf der waagerechten Achse 0,6, das heißt eine Abregelung auf 60 Prozent ergibt null Prozent Abregelungsverluste. Soll bei einer Abregelung auf

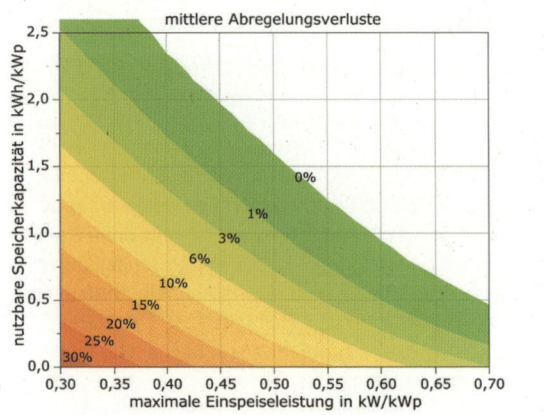
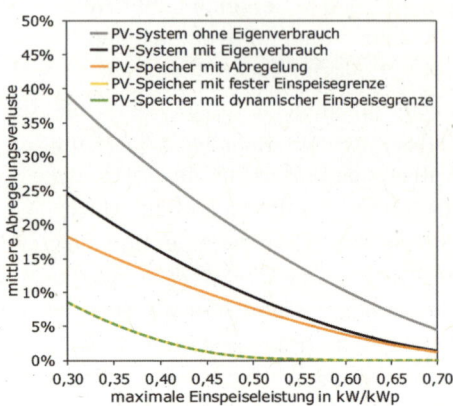

Abbildung 24: Ertragsverluste in Abhängigkeit von Batteriekapazität und Ladestrategie.

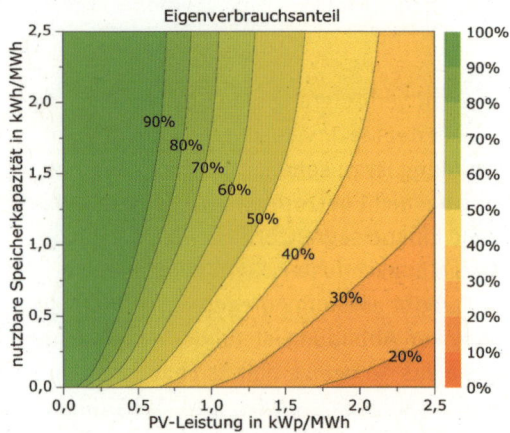
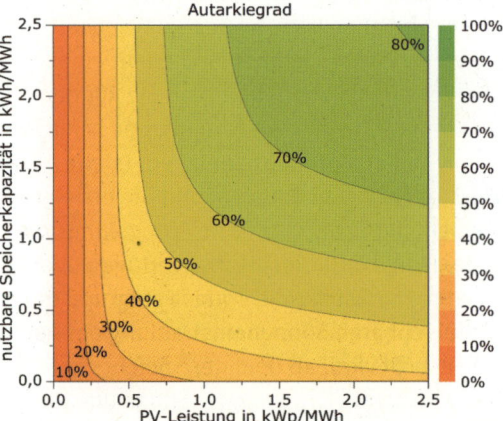

Abbildung 25: Eigenverbrauchsanteil und Autarkiegrad von Photovoltaik-Batteriespeichersystemen.

50 Prozent der Verlust ebenfalls null sein, so muss der Speicher auf das 1,5-Fache der Anlagenleistung vergrößert werden, im Beispiel auf 4,5 Kilowattstunden.

Bestimmung der Batteriegröße

Wie groß sollte eine Batterie sein? Zahlreiche Messungen an realen Anlagen und Simulationsrechnungen haben zu folgenden Grafiken geführt (Abb. 25). Beide Grafiken sind unabhängig von Ihrer Anlagengröße und Ihrem Stromverbrauch einsetzbar. Es sind nämlich auf den Stromverbrauch bezogene Größen an-

Die Familie Meier mit ihrem Stromverbrauch von 4.000 Kilowattstunden (= vier Megawattstunden) pro Jahr hat eine Photovoltaikanlage mit vier Kilowatt-Peak installiert. Sie möchte mit einem Batteriespeicher ihren Autarkiegrad auf 60 Prozent steigern, das heißt, 60 Prozent ihres Haushaltsstromverbrauchs wollen die Meiers durch ihr Solaranlagen-Speichersystem decken. Wie groß muss die Batterie gewählt werden?

Die Abbildung 25 links zeigt Ihnen diesen Autarkiegrad: Zunächst errechnen Sie den Wert für die waagerechte Achse: 4 kWp/4 MWh ergibt „1". Nun gehen Sie bei der 1 senkrecht nach oben bis zur Kurve 60 % und lesen den zugehörigen Wert auf der senkrechten Achse ab – hier knapp 1,3 kWh/MWh. Zum Schluss errechnen Sie die benötigte effektive Batteriekapazität: 1,3 kWh/MWh * 4 MWh ergibt 5,2 Kilowattstunden. Familie Meier benötigt demnach bei einer Bleibatterie eine nominale

Kapazität von 10,4 Kilowattstunden oder eine Lithium-Ionen-Batterie mit 6,5 Kilowattstunden, um 2.400 Kilowattstunden jährlich an Eigenstrom nutzen zu können.

Wie groß ist dann der Eigenverbrauchsanteil, das heißt das Verhältnis von im Hausnetz genutztem Strom zur Stromproduktion der Photovoltaikanlage? Die Abbildung 25 rechts zeigt die Lösung: Sie gehen von der 1 auf der waagerechten Achse senkrecht nach oben und von der 1,3 auf der senkrechten Achse waagerecht nach rechts. Der Schnittpunkt liegt im gelbgrünen Bereich in der Mitte zwischen der Kurve mit „60 %" und derjenigen mit „70 %", demnach bei 65 Prozent. Im Hausnetz werden wie oben berechnet 2.400 Kilowattstunden genutzt. Dies entspricht 65 Prozent der Produktion der Photovoltaikanlage, die demnach 2.400 kWh/0,65 = 3.692 kWh beträgt. Dieser Wert passt gut zu einer Vier-Kilowatt-Peak-Photovoltaikanlage.

Der **Eigenverbrauch** ist der Anteil des im eigenen Haushalt genutzten Stromes im Bezug auf die Gesamterzeugung der Anlage. Liegt der Eigenverbrauch bei 25 Prozent, wird folglich ein Viertel vom erzeugten Strom im eignen Haushalt genutzt.

Der **Autarkiegrad** zeigt, zu welchem Anteil der selbst erzeugte Strom den Bedarf des Haushalts decken kann. Ein Autarkiegrad von 25 Prozent bedeutet, dass ein Viertel des Haushaltsstrombedarfes durch die Anlage gedeckt wird.

gesetzt worden. Auf der waagerechten Achse finden Sie das Verhältnis Ihrer Anlagengröße (in Kilowatt-Peak) zu Ihrem Stromverbrauch (in Megawattstunden jährlich). Der Wert „Eins" bedeutet, dass Ihre Anlage dem Zahlenwert

nach die gleiche Leistung hat wie Ihr Stromverbrauch, bei „Zwei" ist sie doppelt so groß. Auf der senkrechten Achse ist das Verhältnis Ihres Batteriespeichers (effektive Kapazität in Kilowattstunden) zu Ihrem Stromverbrauch (in Megawattstunden jährlich) angetragen.

Die linke Grafik gibt dann an den Grenzkurven zwischen den farbigen Bereichen den prozentualen Wert für den Eigenverbrauchsanteil, die rechte Grafik denjenigen für den Autarkiegrad an. Sie sehen, dass hohe **Eigenverbrauchsanteile** nur mit kleinen Photovoltaikanlagen zu erzielen sind. Wollen Sie einen hohen **Autarkiegrad** erreichen, so brauchen Sie eine große Photovoltaikanlage mit großem Speicher.

Beispielfamilien

Die drei Beispielfamilien sind tagaktiv. Deswegen weichen ihre Werte von Eigenverbrauchsanteil und Autarkiegrad etwas von denjenigen aus den, auf den Durchschnitt bezogenen, Grafiken ab. Die Familien Meier, Schulte und Jansen unterscheiden sich zwar durch die Höhe Ihres Jahresstromverbrauches. Wie oben besprochen, werden jedoch alle Werte auf den Stromverbrauch bezogen und alle Fälle können gemeinsam behandelt werden.

Jeder Fall wird anhand von drei Varianten der Anlage abgeschätzt: In Variante 1 hat die Anlage die gleiche Leistung in Kilowatt-Peak wie der Verbrauch des Hauses in Megawattstunden beträgt. Die effektive Speicherkapazität in Kilowattstunden ist ebenso groß wie der Verbrauch. Beim Verbrauch der Meiers von 4.000 Kilowattstunden (= vier Megawattstunden) jährlich sind es vier Kilowatt-Peak Photovoltaik und vier Kilowattstunden effektive Kapazität. In Variante 2 ist die Anlage eineinhalbmal so groß, ebenso der Speicher. Variante 3 lässt die Größe der Photovoltaikanlage und vergrößert den Speicher auf den zweifachen Wert des Jahresstromverbrauchs. Die angegebenen Kosten sind übliche Werte, Stand März 2016, einschließlich Mehrwertsteuer. Speicherpreise fallen noch stark. Vergleichen Sie mit Ihrem konkreten Angebot. Abweichungen von mehreren Tausend Euro sind durchaus zu erwarten. Sie können das Beispiel dann so anpassen:

Amortisationszeit mit Angebotspreis = Amortisationszeit des Beispiels * Kosten des Angebots/Kosten des Beispiels. Die Varianten 1, 2 und 3 sind bei allen Familien gleich. Für jede Variante wird mit Bleibatterie und Lithium-Ionen-Batterie gerechnet.

Die Ausgangsdaten der Photovoltaikanlage entsprechen denjenigen im Abschnitt „Photovoltaik" (siehe Seite 26). Auch die Anpassung auf Ihre Gegebenheiten ist dort beschrieben. Zusätzlich zur Anpassung der Photovoltaikleistung wird hier sinngemäß auch die Speichergröße angepasst. Die Werte für Eigenverbrauchsanteil und Autarkiegrad bleiben dann erhalten. Sie finden für diese Varianten eine Spannbreite der Amortisationszeiten – zwischen dem Wert für derzeitige Stromkosten (28 Cent pro Kilowattstunde) und demjenigen für eine angenommene Strompreissteigerung von vier Prozent jährlich über den Betrachtungszeitraum von 20 Jahren. Der jährliche Reinerlös ist die Summe von Stromeinsparung und Vergütung für Stromeinspeisung abzüglich der Betriebskosten durch Zählermiete (hier 50 € pro Jahr), Rücklage für Reparaturen und Versicherungskosten (für beides angesetzt mit 1,5 Prozent der Investitionskosten einschließlich der Kosten für den Speicher). Die Verrechnung des Reinerlöses mit den Investitionskosten ergibt die Amortisationszeit, das heißt, die Zeit, nachdem die Anlage die Anschaffungskosten wieder eingespielt hat. Die Abschätzung vernachlässigt Inflation und Kapitalkosten. Sie geht davon aus, dass der Haushaltsstromverbrauch übers Jahr gleich bleibt. Für jeden Fall wird die Wirtschaftlichkeit untersucht unter optimalen Bedingungen (niedriger Anlagenpreis von 1.800 € pro Kilowatt-Peak und hohe Stromausbeute von 950 Kilowattstunden pro Kilowatt-Peak jährlich, Kosten für einen Bleispeicher von 500 € pro Kilowattstunde effektiv, Kosten für einen Lithium-Ionen-Speicher von 1.500 € pro Kilowattstunde effektiv) und schlechteren Bedingungen (hoher Anlagenpreis von 1.900 € pro Kilowatt-Peak und niedrige Stromausbeute von 850 Kilowattstunden pro Kilowatt-Peak jährlich, Kosten für einen Bleispeicher von 800 € pro Kilowattstunde effektiv, Kosten für einen Lithium-Ionen-Speicher von 2.000 € pro Kilowattstunde effektiv). Die Lithium-Ionen-Batterien müssen während der 20 Jahre nicht erneuert werden. Der Wirkungsgrad wird mit 90 Prozent angenommen. Bleibatterien müssen nach zehn Jahren durch eine neue ersetzt werden. In den Investitionskosten ist deswegen der doppelte Speicherpreis enthalten. Hier führt der schlechtere Wirkungsgrad von 80 Prozent zu höheren Verlusten. Bei allen Berechnungen ist keine Speicherförderung berücksichtigt.

Familie Meier

Familie Meier möchte Ihren Autarkiegrad durch den Einsatz eines Stromspeichers verbessern.

Variante 1: Es wird eine Vier-Kilowatt-Peak-Anlage mit einem Speicher von vier Kilowattstunden effektiv betrieben. Im Sommer wird ein recht hoher Autarkiegrad erreicht. Der Eigenstrom stammt zu etwa gleichen Teilen direkt aus der Photovoltaik und aus dem Speicher. Die effektive Speicherkapazität wird dabei voll ausgenützt. Ein großer Teil der Erzeugung kann nicht im eigenen Haus genutzt werden und wird eingespeist. Im Winter reicht die Anlagenleistung nicht mehr zum vollständigen Laden des Speichers. Übers Jahr erreicht der Eigenverbrauchsanteil 59 Prozent und der Autarkiegrad 56 Prozent. Die Umwelt wird von 2 bis 2,3 Tonnen Kohlendioxid entlastet.

Wird ein Bleispeicher von nominal acht Kilowattstunden gewählt, so kostet die Gesamtanlage (Speicher und Photovoltaik) 9.200 bis 10.800 €. Nach zehn Jahren werden weitere

2.000 bis 3.200 € für einen neuen Speicher fällig. Die Amortisationszeit liegt ohne Strompreissteigerung zwischen 18 und 26 Jahren, mit Strompreissteigerung bei 12 bis 17 Jahren.

Entscheiden sich Meiers für eine Lithium-Ionen-Batterie von fünf Kilowattstunden effektiver Kapazität, so müssen sie zwischen 13.200 und 15.600 € investieren. Dieser Speicher hält 20 Jahre lang. Die Amortisationszeit ohne Strompreissteigerung beträgt 24 bis 33 Jahre, mit Strompreissteigerung 15 bis 20 Jahre.

Variante 2: Die Anlagenleistung wird auf sechs Kilowatt-Peak erhöht und auch ein größerer Speicher von sechs Kilowattstunden effektiv eingebaut. Übers Jahr erreicht der Eigenverbrauchsanteil 52 Prozent und der Autarkiegrad 75 Prozent. Die Umwelt wird von 3,1 bis 3,4 Tonnen Kohlendioxid entlastet.

Wird ein Bleispeicher von nominal zwölf Kilowattstunden gewählt, so kostet die Gesamtanlage (Speicher und Photovoltaik) 13.800 bis 16.200 €. Nach 10 Jahren werden weitere 3.000 bis 4.800 € für einen neuen Speicher fällig. Die Amortisationszeit liegt ohne Strompreissteigerung zwischen 19 und 27 Jahren, mit Strompreissteigerung bei 13 bis 18 Jahren.

Entscheiden sich Meiers für eine Lithium-Ionen-Batterie von 7,5 Kilowattstunden effektiver Kapazität, so müssen sie zwischen 19.800 und 23.400 € investieren. Dieser Speicher hält 20 Jahre lang. Die Amortisationszeit beträgt ohne Strompreissteigerung 25 bis 35 Jahre, mit Strompreissteigerung 16 bis 21 Jahre.

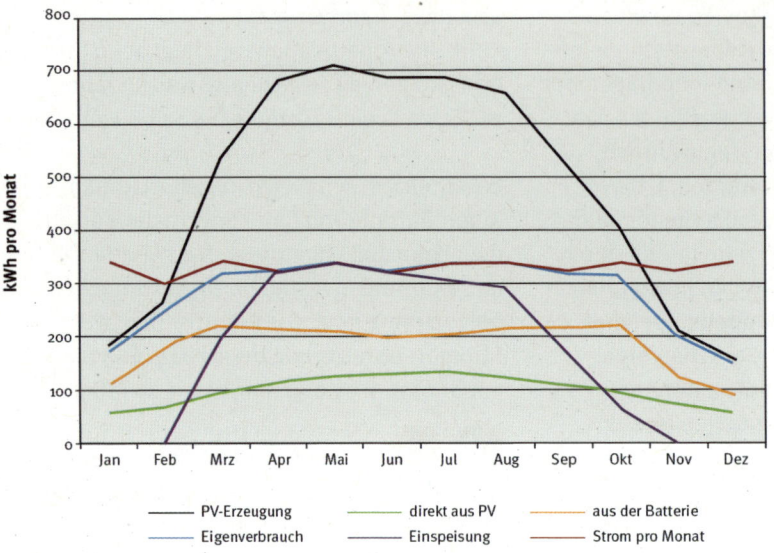

Abbildung 26: Jahresverlauf von Erzeugung und Verbrauch bei Variante 3 (siehe Seite 54 unten) der Familie Meier.

Variante 3: Die Anlagenleistung bleibt bei sechs Kilowatt-Peak. Ein größerer Speicher von acht Kilowattstunden effektiv wird eingebaut. Die Abbildung zeigt den Jahresverlauf·(Abb. 26). Im Sommer verhilft die größere Batterie zu vollständiger Stromautarkie. Der Überschuss wird ins öffentliche Netz eingespeist. Nur in den Wintermonaten reicht die Sonneneinstrahlung nicht. Übers Jahr erreicht der Eigenverbrauchsanteil 59 Prozent und der Autarkiegrad 85 Prozent. Die Umweltentlastung entspricht Variante 2.

Wird ein Bleispeicher von nominal 16 Kilowattstunden gewählt, so kostet die Gesamtanlage (Speicher und Photovoltaik) 14.800 bis 17.000 €. Nach zehn Jahren werden weitere 4.000 bis 6.400 € für einen neuen Speicher fällig. Die Amortisationszeit ohne Strompreissteigerung

ist schätzungsweise 21 bis 30 Jahre, mit Strompreissteigerung sinkt sie auf 14 bis 19 Jahre.

Entscheiden sich Meiers für eine Lithium-Ionen-Batterie von zehn Kilowattstunden effektiver Kapazität, so müssen sie 22.800 bis 27.400 € investieren. Dieser Speicher hält 20 Jahre lang. Die Amortisationszeit liegt ohne Strompreissteigerung zwischen 28 und 41 Jahren, mit Strompreissteigerung sinkt sie auf 18 bis 24 Jahre.

Sollten Meiers eine nachtaktive Familie sein, so sinkt der Autarkiegrad bei Variante 1 auf etwa 50 Prozent, bei Variante 2 auf etwa 65 Prozent und bei Variante 3 auf etwa 70 Prozent. Die Amortisationszeiten verlängern sich dadurch in allen Varianten nur um etwa ein bis zwei Jahre.

Familie Schulte,
Familie Jansen
Die Familien Schulte und Jansen haben einen geringeren Stromverbrauch von 3.000 Kilowattstunden jährlich. Dementsprechend benötigen sie eine kleinere Anlage.

Fam. Schulte

Fam. Jansen

In der **Variante 1** sind das drei Kilowatt-Peak Photovoltaik und drei Kilowattstunden effektiv als Speicher. Die Umwelt wird von 1,5 bis 1,7 Tonnen Kohlendioxid entlastet. Die Anlage mit Bleispeicher kostet 6.900 bis 8.100 € und nach zehn Jahren werden weitere 1.500 bis 2.400 € fällig. Wird der Lithium-Ionen-Speicher gewählt, so müssen die Familien 9.900 bis 11.700 € für die Gesamtanlage investieren.

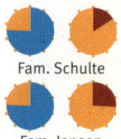

Fam. Schulte

Fam. Jansen

Bei **Variante 2** handelt es sich um eine 4,5-Kilowatt-Peak Anlage mit 4,5 Kilowattstunden effektiv Speicher und Kosten bei Blei zwischen 10.400 und 12.200 € (nach zehn Jahren weitere 2.300 bis 3.600 €) und bei Lithium-Ionen 14.900 bis 17.600 €. Die Umwelt wird von 2,3 bis 2,6 Tonnen Kohlendioxid entlastet.

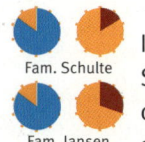

Fam. Schulte

Fam. Jansen

In der **Variante 3** wird nur der Speicher auf sechs Kilowattstunden effektiv vergrößert. Die Kosten steigen bei Blei auf 11.100 bis 13.400 € (nach 10 Jahren 3.000 bis 4.800 € für neuen Speicher) und bei Lithium-Ionen auf 17.100 bis 20.600 €. Die Umweltentlastung entspricht Variante 2.

Der geringere Stromverbrauch verschlechtert die Wirtschaftlichkeit geringfügig. Alle Amortisationszeiten verlängern sich um höchstens ein Jahr.

Fazit: Der zusätzliche Einbau einer Batterie bringt die Familien dem Ziel eines stromautarken Hauses erheblich näher. Die Wirtschaftlichkeit der Varianten ist besonders gut, wenn es Strompreissteigerungen geben wird. Ohne diese Annahme müssen hohe Sonneneinstrahlung und niedrige Kosten vorliegen. Bei heutigen Kosten ist der Bleispeicher trotz Speicherersatz nach zehn Jahren etwas wirtschaftlicher. Durch die Speicherförderung verringern sich die Amortisationszeiten bei Antragstellung im ersten Halbjahr 2016 um höchstens 2 bis 3 Jahre, später weniger. Entscheidender ist

Vorteile/Nachteile: Stromspeicher

+ In jedem Gebäude einsetzbar
+ Eigenstromproduktion kann jederzeit erfolgen
+ Notstromfunktion mit speziellem Wechselrichter jederzeit bei Netzausfall möglich
+ Hohe Stromproduktion im Sommer
+ Förderung durch Einspeisevergütung und Speicherförderung und eventuell günstigen Kredit
+ Unter günstigen Umständen wirtschaftlicher Betrieb möglich

– Aufstellraum muss geeignet sein
– Im Winter wird die Batterie nur wenig geladen
– Batterie darf nie zu stark entladen werden
– Weniger Stromproduktion im Winter
– Mittlere bis hohe Investitionskosten
– Lange Amortisationszeiten verlangen hohe Qualität der Anlage

---

✔ Checkliste: Stromspeicher

☐ Es gibt die Möglichkeit, Ihre Planung durch einen Energieberater vor Ort oder in den Beratungsstellen der Verbraucherzentralen überprüfen zu lassen (www.verbraucherzentrale.de/beratung).

☐ Alle Punkte der Checkliste „Photovoltaikanlagen" beachten (siehe Seite 35).

☐ Passende Auslegung des Batteriespeichers zur Höhe des Stromverbrauchs und zur Größe der Photovoltaikanlage.

☐ AC- oder DC-Kopplung (siehe Seite 47)? Hochvoltspeicher? Hybridspeicher?

☐ Ein- oder dreiphasig?

☐ Notstromfunktion? Unterbrechungsfreie Notstromversorgung?

☐ Blei- oder Lithium-Ionen-Speicher?

☐ Herstellergarantiebedingungen für Lebensdauer und Zyklenzahl?

☐ Aufstellraum belüftbar?

☐ Brandschutz? Es gibt einen Sicherheitsleitfaden Li-Ionen Hausspeicher www.bves.de/technische-dokumente

☐ Passt der Speicher durch die Tür?

☐ Speicherförderung vorgesehen?

☐ Batterieladestrategie möglichst netzoptimiert und nach Prognose.

☐ BSW-Speicherpass? www.photovoltaik-anlagenpass.de/

---

ein günstiger Anlagenpreis. Liegen günstige Bedingungen vor, so unterscheiden sich die Amortisationszeiten der Varianten nur wenig. Ihr Haus soll möglichst unabhängig vom Stromnetz sein und es kommt nicht auf optimale Wirtschaftlichkeit an? Dann entscheiden Sie sich für Variante 3 mit größerer PV-Anlage und größtem Speicher.

Smart-Home

Mit Batterie- und Energiemanagementsystem ist Ihr Haus bereits smarter geworden. Die Einbindung in Smart-Home-Systeme ist möglich. Sie können dann sogar mit Ihrem Smartphone aus der Ferne die Abläufe in Ihrem Haus steuern. Es gibt zahlreiche Sensoren (Messfühler) beispielsweise für Temperatur, Lichtstärke,

Windgeschwindigkeit, welche der Hauselektronik Informationen zur Steuerung der Abläufe geben. Mit Aktoren (Schaltern, Stellmotoren) werden dann beispielsweise Hausgeräte und Beleuchtung geschaltet, Rollläden geschlossen, die Batterie geladen. Sie können die Abläufe programmieren und auch jederzeit von außen eingreifen. Meistens gibt es im Wohnbereich ein Display, welches anschaulich Messwerte und Eingriffsmöglichkeiten darstellt. Ein solches System ist stufenweise erweiterbar. Es gibt Systeme, die eine spezielle Verkabelung erfordern, aber auch Funksysteme speziell zur Nachrüstung bei Altbauten. Lassen Sie sich Angebote geben, um festzustellen, wie hoch die Zusatzkosten gegenüber einem reinen Batterie- und Energiemanagementsystem sind.

Langzeitspeicher –
die Sommersonne speichern

Im Sommer gibt es Überschüsse und im Winter reicht die Stromproduktion nicht. Da liegt es nahe, eine Speicherung des Sommerüberschusses für „schlechte Tage" zu versuchen. Bei Meiers fehlen im Januar etwa 150 Kilowattstunden. Der Überschuss im Sommer ist erheblich größer und könnte in einen großen Batteriespeicher eingelagert werden. Dieser müsste demnach eine effektive Kapazität von 150 Kilowattstunden besitzen. Ein so großer Speicher aus Bleibatterien wird vermutlich für 300 € pro Kilowattstunde effektiv zu bekommen sein – er kostet dann aber immerhin noch etwa 45.000 € und hat eine Amortisationszeit, die weit jenseits seiner Lebensdauer liegt. Der Speicher könnte jedoch möglicherweise Geld einbringen, wenn Meiers ihn dem örtlichen Stromversorger zur Verfügung stellen, um dort kurzzeitige Spitzen unterzubringen, wie sie beispielsweise bei großen Windanlagen auftreten können. Der Stromversorger könnte so mit

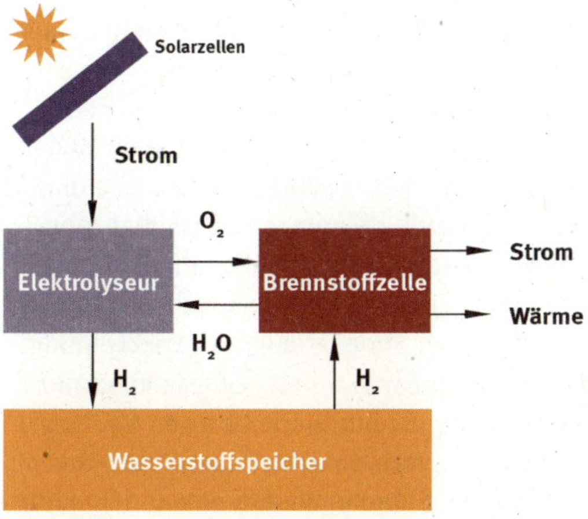

dem Speicher der Familie Meier einen Netzausbau und/oder die Abregelung der Windanlagen vermeiden und einen wirtschaftlichen Vorteil erzielen – davon erhalten Meiers einen Anteil. Es gibt bereits erfolgreiche Modellversuche. Dabei werden mehrere Speicher übers Internet vernetzt in der Art des „Cloud Computing". Ob allerdings die Speichermiete die enormen Speicherkosten aufwiegen kann, müssen Meiers vor Ort erfragen.

Eine weitere Möglichkeit zur Langzeitspeicherung ist die Umwandlung des überschüssigen Stroms in Wasserstoff (Abb. 27). Der ansonsten ins Netz eingespeiste Solarstrom wird im Elektrolyseur zur Spaltung von Wasser eingesetzt. Der dabei produzierte Wasserstoff wird gespeichert und der Sauerstoff geht in die Atmosphäre. Wasserstoff ist ein sehr leichtes, flüchtiges und brennbares Gas. Eine sichere Speicherung geschieht in Tanks, welche mit Metallhydridpulver gefüllt sind. Dieses Pulver kann unter Wärmeentwicklung recht große Mengen an Wasserstoff binden, der dann bei Erwärmung wieder aus dem Speicher entnommen wird und in einer Brennstoffzelle (siehe Seite 61) Strom erzeugt. Es gibt Metallhydridspeicher auf dem Markt, welche bei Zimmertemperatur arbeiten können. Leider sind sie in Bezug auf die Speicherkapazität noch teurer als Lithium-Ionen-Batterien. Außerdem benötigen Sie zusätzlich einen Elektrolyseur, welcher auch mit einigen Tausend Euro zu Buche schlägt, und das Brennstoffzellen-BHKW, Variante 3 aus dem Abschnitt „BHKW" (siehe Seite 65). Wasserstoff-Systeme befinden sich noch in der Entwicklung. Einige Automobilfirmen forschen daran und es gibt bereits einige Brennstoffzellenautos. Zurzeit jedoch ist eine Wasserstoff-Anlage für das Ein- oder Zweifa-

Abbildung 27: Solar-Wasserstoffsystem.

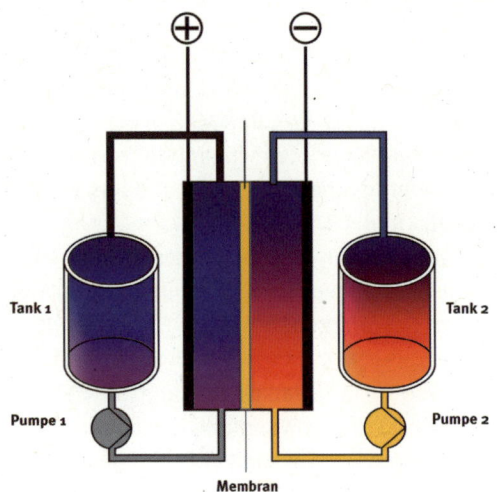

Tank 1

Tank 2

Pumpe 1

Pumpe 2

Membran

Abbildung 28: Prinzip einer Redox-Flow Batterie.

Tipp

Wenn Sie auch im Winter einen hohen Autarkiegrad erreichen wollen, so können Sie bei gutem
Windangebot eine Kleinwindanlage zur Speicher-
ladung hinzuziehen (siehe Seite 36).

Wie im Abschnitt „BHKW" beschrieben (siehe
Seite 60), kann bei hohem Gebäudewärmebe-
darf ein BHKW im Winter die Stromproduktion
übernehmen. In Zusammenarbeit mit einem
Speicher kann die elektrische Leistung des
BHKW niedriger ausgelegt werden; denn der
Speicher übernimmt nun die Lastspitzen. Fra-
gen Sie den Hersteller des Speichers, ob weitere
Stromerzeuger angeschlossen werden können.

milienhaus noch unrentabel. Ein israelisches
Unternehmen hat eine neuartige Redox-Flow-
Batterie entwickelt (Abb. 28). Bei einer Redox-
Flow-Batterie werden zwei Flüssigkeiten beim
Ladevorgang chemisch verändert und nicht die
Elektroden wie bei herkömmlichen Batterien.
Diese Flüssigkeiten werden nun in Tanks gela-
gert. Wird Strom benötigt, so werden sie in die
Batterie gepumpt und die Veränderung rück-
gängig gemacht. Die getrennten Flüssigkeiten
bleiben stabil und die Batterie kann sich nicht
selbst entladen. Die Kapazität ist durch die
Größe der Tanks gegeben und deswegen ist
dieser Batterietyp bei großen Kapazitäten wesentlich preisgünstiger. All diese Eigenschaften sind für die Langzeitspeicherung günstig.
Der Anbieter behauptet, im Gegensatz zu den
problematischen Chemikalien bei üblichen
Redox-Flow-Batterien, völlig harmlose Stoffe
einzusetzen. (www.pv-magazine.de/nachrich-
ten/details/beitrag/neuartiger-eisen-redox-
flow-speicher-aus-israel_100022355/).

Sie können die Langzeitspeicherung jedoch
umgehen, wenn Sie die Winterlücke durch zusätzliche Erzeugung schließen.

Hier bietet sich die Vergrößerung der Photovoltaik-Anlage an. Nun gibt es allerdings Probleme: Eine PV-Anlage, die auch in der dunkels-
ten Winterzeit den Strombedarf decken kann,
ist wesentlich größer als die bisher besprochenen. Sie können die Anlage steiler aufstellen
und erhalten so im Winter bei tiefstehender
Sonne eine bessere Ausbeute. Trotzdem
produziert sie im Sommer erhebliche Stromüberschüsse. Diese können Sie einspeisen
und dafür eine Vergütung erhalten. Allerdings
liegt die benötigte Anlagengröße über zehn
Kilowatt-Peak. Damit entfällt die Ausnahmere-
gelung im EEG und Sie müssen auf den eigen-
verbrauchten Strom einen Teil der EEG-Umlage
zahlen (http://www.gesetze-im-internet.de/
eeg_2014/__61.html). Sie könnten auch ganz
auf die EEG-Vergütung verzichten, den überschüssigen Strom in Wärme verwandeln und/
oder abregeln. Beide Vorgehensweisen ver-
schlechtern die Wirtschaftlichkeit.

Beispielfamilien

Familie Meier

Die Familie Meier möchte ihren Autarkiegrad gerne auf 100 Prozent erhöhen.

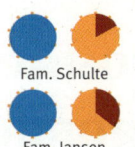

Meiers möchten auch im Winter genügend Strom erzeugen und eine größere Anlage einbauen. Nach Simulationsrechnung benötigen sie dann 14 Kilowatt-Peak Photovoltaikleistung und einen Speicher mit zehn Kilowattstunden effektiv bei zehn Prozent Speicherverlusten. Die Solarmodule müssen hocheffizient sein, um mit der Dachfläche auszukommen. Die Gesamtanlage mit Lithium-Ionen-Speicher kostet zwischen 40.000 und 45.000 € (durch Speicherförderung im ersten Halbjahr 2016 3.300 bis 4.600 € weniger, danach sinkt die Förderung bis auf 1.300 bis 1.800 €). Wird die Einspeisevergütung berücksichtigt und EEG-Abgabe bezahlt, so liegt die Amortisationszeit zwischen 19 (niedrige Kosten, mit Strompreissteigerung) und 31 Jahren (hohe Kosten, keine Strompreissteigerung berücksichtigt). Die Speicherförderung verkürzt diese Zeit um etwa 2 bis 3 Jahre. Diese große Anlage entlastet die Umwelt von 7,1 bis 8 Tonnen Kohlendioxid jährlich.

Familie Schulte, Familie Jansen

Auch die Familien Schulte und Jansen möchten vom Stromversorger unabhängig werden.

Die Anlage bei den Familien Schulte und Jansen kann etwas kleiner ausfallen: 10,5 Kilowatt-Peak Photovoltaikleistung und ein Speicher mit 7,5 Kilowattstunden effektiv reichen aus. Auch bei Normalmodulen ist die Dachfläche groß genug.

Die Gesamtanlage mit Lithium-Ionen-Speicher kostet zwischen 30.000 und 35.000 € (durch Speicherförderung im ersten Halbjahr 2016 2.500 bis 3.700 € weniger). Wird die Einspeisevergütung berücksichtigt und EEG-Abgabe bezahlt, so gelten die Amortisationszeiten der Familie Meier. Die Umweltentlastung beträgt 5,4 bis 6 Tonnen Kohlendioxid jährlich.

Planen die Familien, sich ganz vom Netz abzukoppeln und auf die EEG-Vergütung und EEG-Abgabe zu verzichten, so verlängern sich die Amortisationszeiten enorm auf über 30 bis 50 Jahre.

Fazit: Einhundertprozentige Stromautonomie kann mit großen Photovoltaikanlagen und Speichern erzielt werden. Unter günstigen Umständen und wenn Strompreissteigerungen berücksichtigt werden, ist dies sogar wirtschaftlich sinnvoll. Speicherförderung verbessert die Wirtschaftlichkeit. Allerdings ist es für den wirtschaftlichen Betrieb nötig, weiterhin am Netz angeschlossen zu bleiben, um die EEG-Vergütung zu erhalten. In jedem Fall ist für Stromautonomie eine Anlagenvergrößerung sinnvoller als der Versuch, die Sommersonne in den Winter zu retten.

Mikro- und Nano-Blockheizkraftwerke – die stromerzeugende Heizung

Ein Blockheizkraftwerk (BHKW) ist zunächst ein Kraftwerk zur Stromerzeugung, vergleichbar einem Notstromaggregat: Ein Motor treibt einen Drehstromgenerator zur Stromerzeugung an. Im Gegensatz zum Notstromaggregat wird hier jedoch die im Motor entstehende Abwärme von Kühlkreislauf und Abgas gesammelt und über Wärmetauscher dem Heizsystem oder der Warmwasserbereitung zur Verfügung gestellt: Dies ist der entscheidende Effizienzvorteil eines BHKW gegenüber einem konventionellen Kraftwerk (Abb. 29).

In der Abbildung wird der Energiefluss verglichen: Auf der linken Seite die herkömmliche Versorgung mit Großkraftwerk für die Stromversorgung und Heizkessel für die Wärme. Insbesondere im Großkraftwerk treten Verluste auf, da hier die zwangsläufig entstehende

Wärme ungenutzt über Kühltürme an die Umwelt abgegeben wird (hier 51 Einheiten Energie). Zusammen mit den 6 Einheiten Energie an Verlusten durch den Heizkessel führt dies im Ergebnis dazu, dass 147 Einheiten Energie benötigt werden, um 34 Einheiten Energie an Strom und 56 Einheiten Energie an Wärme zu gewinnen. Auf der rechten Seite sind die Verhältnisse beim BHKW dargestellt: Hier werden gleichzeitig Strom und Wärme erzeugt und es treten so lediglich 10 Einheiten Energie an Verlusten auf. Im Gesamtsystem betrachtet, benötigt demnach das BHKW gegenüber dem herkömmlichen System etwa 32 Prozent weniger Energie, um dieselbe Menge an Strom und Wärme bereitzustellen.

BHKW gibt es seit vielen Jahren im Bereich größerer Objekte: bei Mehrfamilienhäusern, Kran-

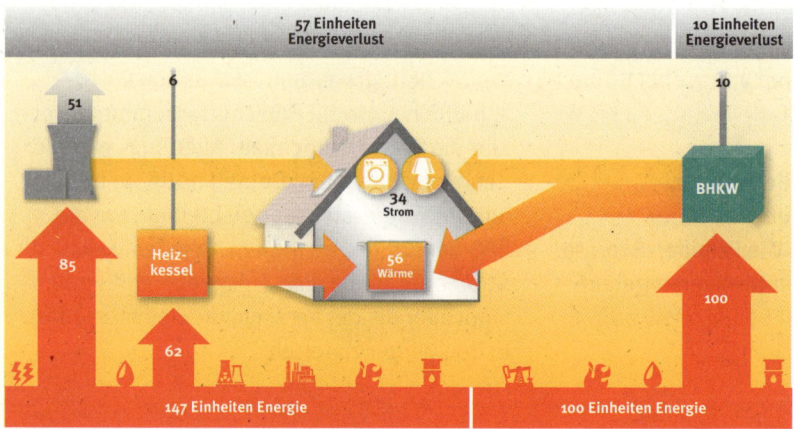

Abbildung 29: Vergleich der Energieflüsse von herkömmlicher Erzeugung und BHKW.

kenhäusern, Schulgebäuden etc. haben sie sich bewährt. Seit einigen Jahren werden sie auch im kleineren Leistungsbereich angeboten und ihr Einsatz im Ein- und Zweifamilienhaus beworben.

BHKW-Fachbegriffe

Die Bezeichnung der BHKW als Mini-, Mikro- und Nano-BHKW ist nicht starr festgelegt. Das BHKW-Forum e.V. (http://www.bhkw-infothek.de) schlägt folgende Aufteilung vor:

Mini-BHKW haben elektrische Leistungen von 15 bis 50 Kilowatt und sind für das Ein- und Zweifamilienhaus viel zu groß.

Mikro-BHKW liegen im Leistungsbereich von 2,5 bis zu 15 Kilowatt elektrisch.

Nano-BHKW haben elektrische Leistungen unter 2,5 Kilowatt.

Die BHKW im größeren Leistungsbereich werden durch **Verbrennungsmotoren** angetrieben – meist auf Gasbetrieb umgerüstete Benzinmotoren oder für Ölbetrieb geeignete Dieselmotoren. Im kleineren Leistungsbereich kommen oft **Stirlingmaschinen** zum Einsatz. Dies sind hermetisch gekapselte Einheiten mit außenliegendem Brenner. Zunehmend kommen im kleinen Leistungsbereich **Brennstoffzellen** auf den Markt. Bei einer Brennstoffzelle bewegt sich nichts. Der Brennstoff – Wasserstoff, meist aus Gas abgespalten – wird in die Brennstoffzelle geleitet und dort entsteht bei der Umwandlung in Wasser direkt elektrischer Strom.

Ein BHKW wird charakterisiert durch die **elektrische Leistung,** die der Generator zur Verfügung stellen kann, und die **thermische Leistung,** die ins Heizsystem abgegeben wird. Für eine Einschätzung der Wirtschaftlichkeit ist es außerdem nötig, einen Wert für den **Wirkungsgrad** beziehungsweise die benötigte **Anschlussleistung** zu erhalten, um die benötigte Brennstoffmenge einzuschätzen. Typische Wirkungsgrade liegen zwischen 85 und 95 Prozent, das heißt, es treten Verluste zwischen 5 und 15 Prozent auf.

Wärmegeführte Betriebsweise: Das BHKW wird so gesteuert, dass es anspringt, sobald Wärme benötigt wird, unabhängig vom Strombedarf des Hauses.

Stromgeführte Betriebsweise: Das BHKW läuft an, sobald es im Haushalt einen Strombedarf gibt. Allerdings muss auch die Wärme abgenommen werden können. Zur Entkoppelung von Strom- und Wärmebedarf ist ein Pufferspeicher (siehe Seite 62) nötig.

Ein **modulierendes BHKW** kann seine Leistungsabgabe dem Bedarf anpassen und erzielt damit eine bessere Abdeckung des Strombedarfs.

So funktioniert ein BHKW

Ein BHKW ist immer eine Wärmekraftmaschine, das heißt, ein Brennstoff (meist Gas, seltener Öl) wird eingesetzt, um daraus Strom und Wärme zu gewinnen.

Gut zu wissen

BHKW, die durch Pellets befeuert werden, befinden sich noch im Feldtest – es gab sie bereits, jedoch sind die bisherigen Modelle wegen zahlreicher Probleme wieder vom Markt verschwunden.

Das Ziel „Energieautarkie" ist durch ein BHKW nur teilweise erreichbar, da ja der Brennstoff von außen kommen muss. Ein BHKW kann jedoch zur „Stromautarkie" beitragen und als Notstromaggregat bei Netzausfall dienen.

Alle Überlegungen in diesem Abschnitt erfolgen ohne Stromspeicher, der bereits im vorigen Kapitel besprochen wurde (siehe Seite 44).

Wie im Lastgang der Familie Korte zu sehen ist (siehe Abbildung 10, Seite 25), wird im Tagesverlauf eine Leistung von bis zu 4 Kilowatt benötigt. Diese muss das BHKW liefern können. Ein weitverbreitetes BHKW hat zum Beispiel 5,5 Kilowatt elektrische Leistung. Dieses liefert gleichzeitig 12,8 Kilowatt Wärme. Kortes benötigen jedoch nicht gleichzeitig mit dem Einschalten des Elektroherds auch Heizungs- oder Warmwasserwärme. Hier kommt ein Wärmespeicher zum Einsatz in Form eines mit Heizungswasser gefüllten **Pufferspeichers:** Wird dieser mit 60 Liter pro Kilowatt thermischer BHKW-Leistung ausgeführt (diese Auslegung verlangt das Förderprogramm des BAFA,

siehe Seite 65) – hier also 768 Liter Speichervolumen –, kann er die Wärme von ein bis zwei Stunden BHKW-Betrieb zwischenspeichern und so den Strom- und Wärmebedarf entkoppeln.

Zu einer BHKW-Anlage (Abb. 30) gehört meistens noch ein Spitzenlastkessel, der für die wenigen Stunden im Winter mit maximaler Heizleistung einspringen kann. Das BHKW kann dann etwas kleiner dimensioniert werden. In Nano-BHKW (siehe Seite 61) ist der Spitzenkessel oft bereits eingebaut. Im Haus der Kortes ist ein BHKW mit 5,5 Kilowatt elektrischer Leistung mit Pufferspeicher installiert. Dieses Modell kann nur mit Volllast oder gar nicht laufen. Es wird so gesteuert, dass es anläuft, sobald im Haushalt ein größerer Strombedarf anfällt – demnach stromgeführte Betriebsweise. Die dabei gleichzeitig entstehende Wärme geht in den Pufferspeicher oder direkt in die Heizung oder Warmwasserbereitung. Allerdings muss im Laufe des Tages diese Wärme dann auch benötigt werden, um den Speicher für den nächsten Tag wieder zu entladen. Bei Kortes läuft an diesem Beispieltag (siehe

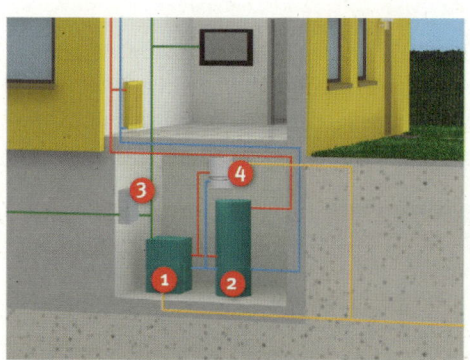

1 BHKW / Motor
2 Wärmespeicher / Pufferspeicher
3 Hausanschlusskasten Strom
4 Spitzenlastkessel
— Stromleitungsnetz
— Erdgas
— Kaltwasser
— Warmwasser

Abbildung 30: Schematische Darstellung der wichtigen Komponenten einer BHKW-Anlage.

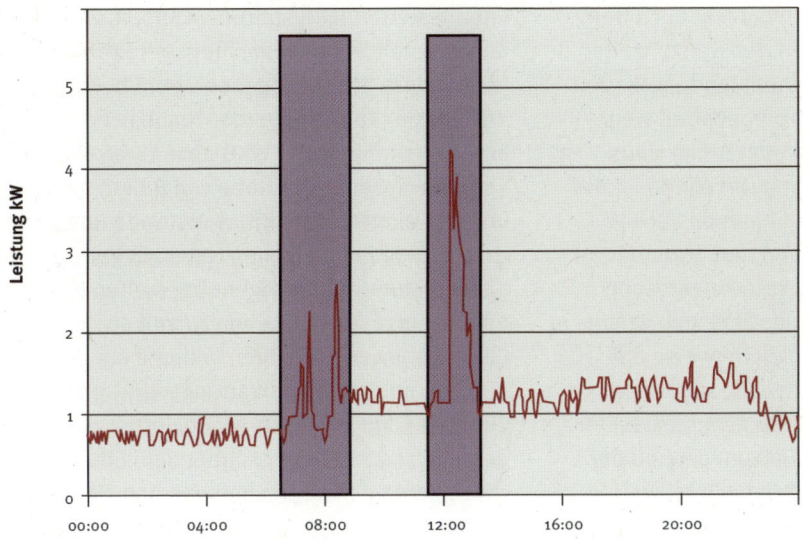

Abbildung 31: Stromerzeugung durch ein nicht modulierendes BHKW (lila Flächen) an einem Junitag im Vergleich zum Strom-Lastgang (rote Kurve) einer vierköpfigen Familie an diesem Tag.

Seite 25) das BHKW, wenn Staubsauger und Herd eingeschaltet werden (Abb. 31). Diese werden dann vom BHKW versorgt. Allerdings produziert das BHKW dafür zu viel Strom. Der Stromüberschuss wird nach außen ins Netz abgegeben. Andererseits können Kortes einen Teil des zwischen den Einschaltvorgängen des BHKW liegenden Strombedarfs nicht decken und benötigen dafür Strom aus dem Netz. Das BHKW bleibt so lange in Betrieb, wie das Haus die produzierte Wärme abnehmen kann. Das ist von Monat zu Monat unterschiedlich, denn im Winter wird viel mehr Wärme benötigt als im Sommer, wenn der Hauptabnehmer von Wärme die Warmwasserbereitung ist. Dann muss das BHKW Pausen einlegen und die Deckung des eigenen Strombedarfs nimmt ab. Die folgenden Abschätzungen für unsere Beispielfamilien gehen davon aus, dass sich

der Strombedarf zu gleichen Teilen auf Grundlast und Spitzenbedarf aufteilt. Zahlreiche Lastgangmessungen bei Ein- und Zweifamilienhäusern legen diese Annahme nahe. Die Deckung des Strombedarfs hängt dann zu gleichen Teilen ab vom Verhältnis der elektrischen Leistung des BHKW zur benötigten Spitzenlast – hier 4 Kilowatt – und von der Laufzeit pro Tag. Vereinfacht wird angenommen, dass sich der Wärmebedarf und damit die Laufzeiten während eines Monats nicht ändern. Die monatlichen Unterschiede ergeben sich durch Faktoren – die Gradtagszahlen nach DIN –, wie sie auch Heizkostenabrechnungen zugrunde liegen.

Es gibt BHKW, die Ihre Leistungsabgabe an den Bedarf anpassen können – sie modulieren. Eine solche Maschine produziert weniger Überschussstrom und deckt auch den Stromverbrauch zwischen den Spitzenzeiten. Allerdings ist auch bei einem modulierenden BHKW die Stromproduktion beendet, wenn die Wärme des BHKW nicht mehr im Haus abgenommen werden kann. Im Winter ist der Wärmebedarf hoch. Dann kann das BHKW rund um die Uhr laufen und den Strombedarf vollständig decken, falls seine elektrische Leistung ausreicht, um alle Geräte zu versorgen. Allerdings reicht möglicherweise die thermische Leistung nicht aus, sodass der Spitzenlastkessel in Betrieb gehen muss. Im Sommer legt das BHKW Pausen ein und der Strombedarf kann dann nur noch teilweise gedeckt werden. Ein modulierendes BHKW wird am wirtschaftlichsten betrieben, wenn möglichst keine Netzeinspeisung erfolgt. Für den ins Netz eingespeisten Strom gibt es nämlich nur eine am Börsenstrompreis orientierte Vergütung von etwa 3 Cent pro Kilowattstunde. (Außerdem die vermiedenen Netzentgelte von weit unter einem Cent pro Kilowattstunde. Für das eingesetzte Gas erfolgt auf Antrag eine

Energiesteuerrückerstattung von 0,55 Cent pro Kilowattstunde.) Dagegen liegt der Strompreis für aus dem Netz bezogenen Strom bei etwa 28 Cent pro Kilowattstunde. Zusätzlich gibt es eine Vergütung nach KWKG 2016 (Kraft-Wärme-Kopplungs-Gesetz) in Höhe von 8 Cent für jede ins Netz eingespeiste Kilowattstunde und von 4 Cent für jede im eigenen Haushalt genutzte Kilowattstunde. Demgegenüber stehen Kosten für das eingesetzte Gas von zurzeit etwa 6,5 Cent, die unvermeidlichen Verluste 0,7 Cent und den notwendigen Wartungsvertrag 3,5 Cent pro Kilowattstunde produziertem Strom, demnach 10,7 Cent gegenüber dem Erlös von ca. 12 Cent bei Netzeinspeisung und 32 Cent bei Eigenverbrauch (alle Werte Stand März 2016 – mit diesen Werten wird bei den drei Beispielfamilien gerechnet).

Beispielfamilien

Schauen wir nun bei unseren drei Beispielfamilien (siehe Seite 14) vorbei. Welche Einsatzmöglichkeiten stünden ihnen für ein BHKW zur Verfügung? Jeder Fall wird anhand von drei BHKW-Modellen abgeschätzt. Die angegebenen Kosten sind übliche Werte, Stand März 2016. Vergleichen Sie sie mit Ihrem konkret eingeholten Angebot. Abweichungen von mehreren Tausend Euro sind durchaus zu erwarten. Sie können das Beispiel dann so anpassen: Amortisationszeit mit Angebotspreis = Amortisationszeit des Beispiels * Mehrkosten des Angebots/Mehrkosten des Beispiels. Die Varianten sind bei allen drei Beispielfamilien gleich.

Variante 1: BHKW mit Verbrennungsmotor, nicht modulierend, 5,5 Kilowatt elektrisch, 12,8 Kilowatt thermisch, Wirkungsgrad 90 Prozent. Kein Spitzenkessel notwendig, da die

Tipp

Ein BHKW muss sorgfältig geplant werden. Die Wirtschaftlichkeit hängt sehr von den Bedingungen in Ihrem Haus ab. Sie sollten sich in jedem Fall mehrere Angebote von BHKW-erfahrenen Planern und Heizungsbauern einholen und auch nur solche beauftragen.

Einen interaktiven Heizsystem-Wirtschaftlichkeitsvergleich bietet die Verbraucherzentrale NRW: www.verbraucherzentrale.nrw/heizsystemvergleich. Hier gibt es zudem einen Marktüberblick für BHKW: www.verbraucherzentrale.nrw/bhkw-marktuebersicht. Ein weiterer Surftipp: www.bhkw-infothek.de/bhkw-anbieter-und-hersteller/.

thermische Leistung für alle Familien auch im kältesten Winter ausreicht. Investitionskosten einschließlich aller Nebenkosten etwa 25.000 €. Davon abgezogen werden die Kosten für einen ansonsten nötigen Brennwertkessel von etwa 6.000 € und die Bundesförderung von zurzeit 2.950 €, sodass Mehrkosten von 16.050 € verbleiben.

Variante 2: BHKW mit Verbrennungsmotor, modulierend, drei Kilowatt elektrisch, acht Kilowatt thermisch, Wirkungsgrad 90 Prozent. Spitzenkessel notwendig. Investitionskosten einschließlich aller Nebenkosten etwa 23.000 €. Davon abgezogen werden die Kosten für einen ansonsten nötigen Brennwertkessel von etwa 6.000 € und die Bundesförderung von zurzeit 2.500 €. Es bleiben Kosten von 14.500 €.

Variante 3: BHKW mit Brennstoffzelle, modulierend, 0,7 Kilowatt elektrisch, ein Kilowatt thermisch, Wirkungsgrad 85 Prozent. Spitzenkessel notwendig. Investitionskosten einschließlich aller Nebenkosten etwa 28.000 €. Davon abgezogen werden die Kosten für einen ansonsten nötigen Brennwertkessel von etwa 6.000 € und die Bundesförderung von zurzeit 3.040 €. Die Mehrkosten betragen dann 18.960 €.

Sie finden für diese Varianten eine Spannbreite der Kosteneinsparung – zwischen dem Wert für derzeitige Strom- und Gaskosten und demjenigen für eine angenommene Strom- und Gaspreissteigerung von jeweils vier Prozent jährlich über den Betrachtungszeitraum. Die Kosteneinsparung ist die Summe von Brennstoffmehrverbrauch beziehungsweise Brennstoffeinsparung, Stromeinsparung, Ver-

> **Tipp**
>
> BHKW werden mit Zuschüssen gefördert vom BAFA (www.bafa.de, weiterklicken zu „Energie" und dann „Kraft-Wärme-Kopplung") und von einigen Bundesländern (www.foerderdatenbank.de, weiterklicken zu „Förderrecherche" und dann im Assistenten die gesuchten Begriffe eingeben.)
>
> Außerdem gibt es die Förderprogramme der KfW mit günstigem Kredit oder gegebenenfalls Zuschuss (www.kfw.de, weiterklicken „Für Privatpersonen", dann das entsprechende Programm auswählen).
>
> Die Vergütung nach KWKG wird ebenfalls beim BAFA beantragt (www.bafa.de, weiterklicken „Energie", weiter „Kraft-Wärme-Kopplung").
>
> Außerdem gibt es auf Antrag eine Erstattung der Energiesteuer (www.zoll.de, weiterklicken „Service", dann „Formulare und Merkblätter", dann im Suchfeld „KWK" eingeben, dann „Anmeldung einer Anlage". Die steuerlichen Aspekte werden in einer Broschüre der ASUE dargelegt (www.asue.de/node/409).

gütung für Stromeinspeisung, KWKG-Vergütung (siehe Kasten), Mineralölsteuererstattung und Wartungskosten. Die KWKG-Vergütung wird nur für 60.000 Volllaststunden gezahlt. Eine Volllaststunde ergibt sich aus der produzierten Strommenge geteilt durch die maximale elektrische Leistung des BHKW. Beispiel: Das BHKW Variante 1 produziert pro Jahr 8.300 Kilowattstunden. Dann sind dies pro Jahr 8.300 kWh/5,5 kW = 1.509 Volllaststunden. Für 60.000 Volllaststunden werden dann knapp 40 Jahre benötigt – das ist wesentlich mehr als die Lebensdauer des BHKW. Es ergeben sich in allen Beispielfällen so wenig Volllaststunden, dass die anfängliche Kosteneinsparung über die gesamte Lebensdauer bestehen bleibt.

Die Verrechnung der Kosteneinsparungen mit den Mehrkosten der Investition gegenüber einem Gas-Brennwertkessel ergibt die Amortisationszeit, das heißt, die Zeit, nachdem das BHKW seine Mehrkosten wieder eingespielt hat. Die Abschätzung vernachlässigt Inflation und Kreditkosten. Sie geht davon aus, dass der Haushaltsstromverbrauch übers Jahr gleich bleibt. Bei BHKW ist es wenig sinnvoll, einen Wert für die Gesamtautarkie anzugeben, da auch Brennstoff für die Netzeinspeisung von außen zugeführt wird. Sie finden lediglich eine Angabe für die Stromautarkie.

**Familie Meier**
Im Haus befindet sich ein alter Ölkessel mit 80 Prozent Wirkungsgrad, sodass sich eine Nutzwärme von 20.000 Kilowattstunden ergibt – 18.300 Kilowattstunden für die Heizung und 1.700 Kilowattstunden für die Warmwasserbereitung. Meiers wollen gleichzeitig mit der Heizungserneuerung auf Gas umstellen – ein Gasanschluss befindet sich nämlich bereits im Haus. Die erste Abbildung zeigt den Verlauf des Wärmebedarfs übers Jahr, die zweite den monatlichen Strombedarf und wie Wärme und Strom durch die drei folgenden Varianten mit BHKW bereitgestellt werden können (Abb. 32 und 33).

Variante 1: Das nicht modulierende BHKW folgt genau dem Wärmebedarf – hier ist kein Spitzenkessel notwendig. Wegen der

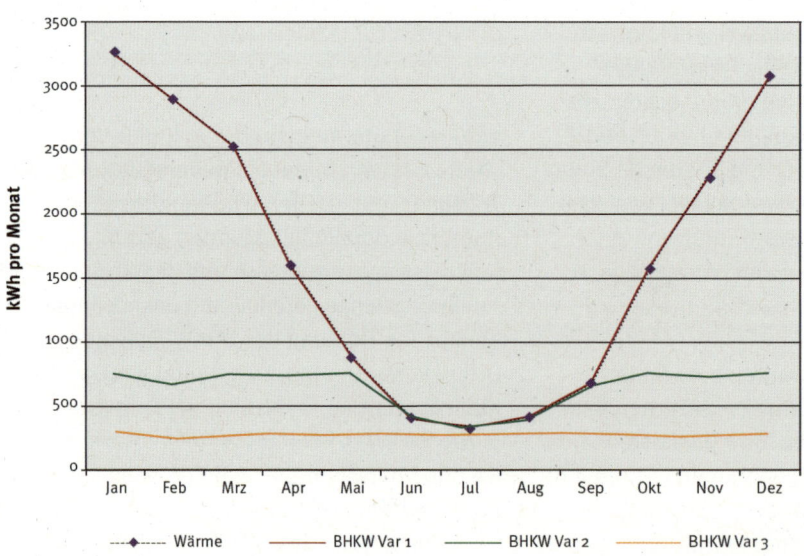

Abbildung 32: Jahresverlauf des Wärmebedarfs und dessen Deckung durch die BHKW-Varianten bei Familie Meier.

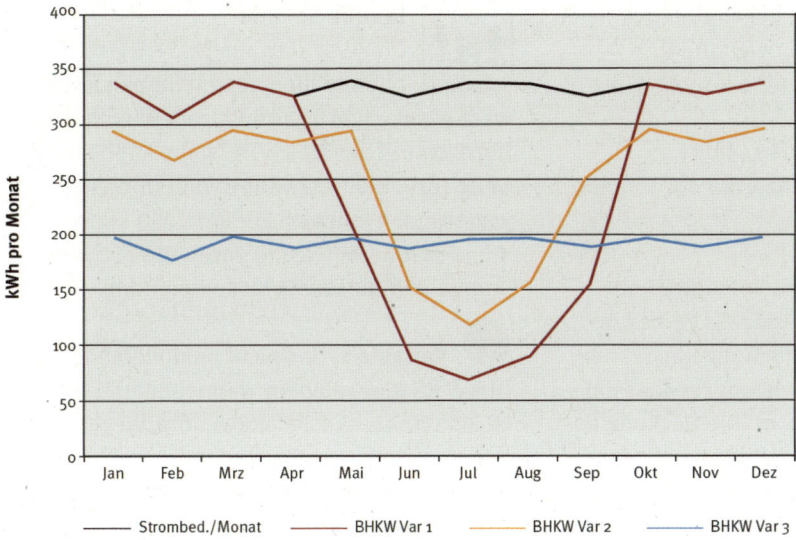

Abbildung 33: Jahresverlauf des Strombedarfs und dessen Deckung durch die BHKW-Varianten bei Familie Meier.

hohen elektrischen Leistung wird viel mehr Strom produziert, als der Haushalt benötigt. Die Deckung des Strombedarfs durch das BHKW ist groß, da es zwar im Sommer oft ausgeschaltet ist, dafür aber im Winter aufgrund seiner hohen elektrischen Leistung den Strombedarf vollständig decken kann.

- Eigenverbrauch 34 Prozent, Autarkiegrad 74 Prozent
- Stromproduktion etwa 8.600 Kilowattstunden, Eigenverbrauch etwa 2.950 Kilowattstunden, Netzeinspeisung etwa 5.650 Kilowattstunden
- Brennstoff-Mehrverbrauch gegenüber dem Ist-Zustand etwa 6.800 Kilowattstunden
- Kosteneinsparung: 900 bis 1.100 € pro Jahr
- Amortisationszeit 15 bis 18 Jahre

- Treibhausgaseinsparung etwa 3,5 Tonnen Kohlendioxid jährlich

Variante 2: Das modulierende BHKW wird so gesteuert, dass keine Einspeisung erfolgt. Auch im Winter wird nur die der Stromproduktion entsprechende Wärme erzeugt. Nun ist ein Spitzenkessel notwendig. Die Deckung des Strombedarfs durch das BHKW ist hoch. Im Sommer ist es etwas weniger ausgeschaltet als Variante 1, allerdings reicht die elektrische Leistung nicht zur Deckung aller Spitzen.

- Eigenverbrauch 100 Prozent, Autarkiegrad 76 Prozent
- Stromproduktion etwa 3.000 Kilowattstunden, Eigenverbrauch etwa 3.000 Kilowattstunden, keine Netzeinspeisung

- Brennstoff-Einsparung gegenüber dem Ist-Zustand etwa 3.200 Kilowattstunden
- Kosteneinsparung: 1.000 bis 1.300 € pro Jahr
- Amortisationszeit 12 bis 14 Jahre
- Treibhausgaseinsparung etwa 2,6 Tonnen Kohlendioxid jährlich

Variante 3: Die modulierende Brennstoffzelle wird so gesteuert, dass keine Einspeisung erfolgt. Die Brennstoffzelle hat nur eine kleine thermische Leistung, sodass ein Spitzenkessel notwendig ist. Die Deckung des Strombedarfs durch das BHKW ist geringer, weil die kleine elektrische Leistung keine Spitzen decken kann. Bei dieser Varianten, wird die Laufzeit nicht durch den Wärmebedarf der Meiers beschränkt, sondern durch den Strombedarf – dies BHKW läuft unabhängig von der Jahreszeit.

- Eigenverbrauch 100 Prozent, Autarkiegrad 59 Prozent
- Stromproduktion etwa 2.350 Kilowattstunden, Eigenverbrauch etwa 2.350 Kilowattstunden, keine Netzeinspeisung
- Brennstoff-Einsparung gegenüber dem Ist-Zustand etwa 4.600 Kilowattstunden
- Kosteneinsparung: 900 bis 1.100 € pro Jahr
- Amortisationszeit 17 bis 20 Jahre
- Treibhausgaseinsparung etwa 2,6 Tonnen Kohlendioxid jährlich

Fazit: Der unsanierte Altbau mit veraltetem Kessel ist für den Einsatz eines BHKW geeignet. Die Amortisationszeiten sind kürzer als die Lebensdauer. Das modulierende BHKW der Variante 2 ergibt den höchsten Autarkiegrad und die beste Wirtschaftlichkeit.

Familie Schulte
Die Abschätzung des Energieberaters erfolgte für einen modernen Brennwertkessel mit etwa 100 Prozent Wirkungsgrad bezogen auf den Heizwert (siehe Kapitel drei, Seite 160). Die Nutzwärme von 15.000 Kilowattstunden teilt sich auf in 11.300 Kilowattstunden für die Heizung und 3.700 Kilowattstunden für die Warmwasserbereitung.

Variante 1: Das nicht modulierende BHKW folgt genau dem Wärmebedarf – hier ist kein Spitzenkessel notwendig. Wegen der hohen elektrischen Leistung wird viel mehr Strom produziert, als der Haushalt benötigt. Die Deckung des Strombedarfs durch das BHKW ist groß, da es zwar im Sommer oft ausgeschaltet ist, dafür aber im Winter aufgrund seiner hohen elektrischen Leistung den Strombedarf vollständig decken kann.

- Eigenverbrauch 37 Prozent, Autarkiegrad 79 Prozent
- Stromproduktion etwa 6.400 Kilowattstunden, Eigenverbrauch etwa 2.400 Kilowattstunden, Netzeinspeisung etwa 4.000 Kilowattstunden
- Brennstoff-Mehrverbrauch gegenüber dem Ist-Zustand etwa 8.800 Kilowattstunden
- Kosteneinsparung: 400 bis 500 € pro Jahr
- Amortisationszeit etwa 33 bis 36 Jahre, das ist wesentlich länger als die Lebensdauer – diese Variante scheidet aus.
- Treibhausgaseinsparung etwa 1,7 Tonnen Kohlendioxid jährlich

Variante 2: Das modulierende BHKW wird so gesteuert, dass keine Einspeisung erfolgt. Auch im Winter wird nur die der Stromproduktion entsprechende Wärme erzeugt.

Nun ist ein Spitzenkessel notwendig. Die Deckung des Strombedarfs durch das BHKW ist hoch, allerdings reicht die elektrische Leistung nicht immer aus.

- Eigenverbrauch 100 Prozent, Autarkiegrad 83 Prozent
- Stromproduktion etwa 2.500 Kilowattstunden, Eigenverbrauch etwa 2.500 Kilowattstunden, keine Netzeinspeisung
- Brennstoff-Mehrverbrauch gegenüber dem Ist-Zustand etwa 1.900 Kilowattstunden
- Kosteneinsparung: 500 bis 800 € pro Jahr
- Amortisationszeit 17 bis 26 Jahre, dies entspricht im günstigstem Fall mit Preissteigerung in etwa der Lebensdauer – diese Variante wäre eventuell noch gerade zu vertreten.
- Treibhausgaseinsparung etwa eine Tonne Kohlendioxid jährlich

Variante 3: Die modulierende Brennstoffzelle wird so gesteuert, dass keine Einspeisung erfolgt. Die Brennstoffzelle hat nur eine kleine thermische Leistung, sodass ein Spitzenkessel notwendig ist. Die Deckung des Strombedarfs durch das BHKW ist geringer, weil die kleine elektrische Leistung keine Spitzen decken kann.

- Eigenverbrauch 100 Prozent, Autarkiegrad 59 Prozent
- Stromproduktion etwa 1.750 Kilowattstunden, Eigenverbrauch etwa 1.750 Kilowattstunden, keine Netzeinspeisung
- Brennstoff-Mehrverbrauch gegenüber dem Ist-Zustand etwa 500 Kilowattstunden
- Kosteneinsparung: 400 bis 650 € pro Jahr
- Amortisationszeit 29 bis 44 Jahre, das ist wesentlich länger als die Lebensdauer – diese Variante scheidet aus.
- Treibhausgaseinsparung etwa eine Tonne Kohlendioxid jährlich

Fazit: Das modulierende BHKW der Variante 2 ergibt zwar den höchsten Autarkiegrad und die beste Wirtschaftlichkeit. Jedoch entspricht die Amortisationszeit nur im günstigsten Fall in etwa der Lebensdauer. Für das sanierte Haus ist demnach ein BHKW kaum zu empfehlen.

Vorteile/Nachteile: Blockheizkraftwerke

+ Hoher Wirkungsgrad
+ Im unsanierten Gebäude einsetzbar
+ Eigenstromproduktion
+ Stromproduktion jederzeit als Notstromaggregat möglich
+ Stromproduktion auch in der Nacht
+ Gute Förderung

− Genaue Anpassung an Wärme- und Strombedarf notwendig
− Bei geringem Wärmebedarf des Hauses nur mäßige Stromproduktion
− Brennstoffversorgung – meist Gas – notwendig
− Stromproduktion nur möglich, wenn die Wärme abgenommen oder zwischengespeichert werden kann
− Wenig Stromproduktion im Sommer
− Hohe Investitionskosten

✔ Checkliste: Blockheizkraftwerke

☐ Sorgfältig planen und berechnen lassen. Es ist nicht möglich, ohne die Bestimmung von Lastgängen und genauere Berechnungen einen verlässlichen Wert für die Eigenstromnutzung anzugeben.

☐ Wirtschaftlichkeitsprogose und Vergleichsangebote einholen und mit Checkliste prüfen

☐ Ist der Wärmeverbrauch ausreichend hoch?

☐ Zentrale Warmwasserversorgung vorhanden?

☐ Möglichst nicht BHKW und Solarwärme kombinieren – dies vermindert die Stromproduktion im Sommer.

☐ Ändert sich der Wärmeverbrauch durch Wärmedämmung oder weniger Personen künftig nennenswert? Dann würde das BHKW unwirtschaftlicher.

☐ Thermische Leistung des BHKW auf den Wärmeverbrauch des Gebäudes abstimmen, ggf. Wärmebedarfsberechnung durchführen lassen.

☐ Ist ein Spitzenkessel nötig? Ist dieser bereits im BHKW eingebaut?

☐ Ist der Stromverbrauch ausreichend hoch?

☐ Soll erzeugter Strom an Mieter oder Wohnungseigentümer verkauft werden?

☐ Wer wird die jährlichen Abrechnungen erstellen: Stromrechnungen an die Nutzer, Energiesteuererstattung beim Zollamt, Heizkostenabrechnung?

☐ Für die Eigenstromdeckung sind modulierende BHKW vorteilhaft. Der Modulationsbereich sollte eine möglichst niedrige untere Grenze haben.

☐ Ist ein geeigneter Platz zum Aufstellen von BHKW, Pufferspeicher, gegebenenfalls Spitzenkessel vorhanden?

☐ Kann das BHKW durch die Türen transportiert werden?

☐ Ist der Schallschutz geklärt? Es kann insbesondere zu Problemen kommen, wenn ein Schlafbereich an den Aufstellraum angrenzt.

☐ Hocheffiziente Pumpe einbauen (Energieeffizienzindex EEI < 0,23).

☐ Ausreichend dimensionierten Pufferspeicher einbauen (mindestens 60 Liter pro kW thermisch).

☐ Hydraulischen Abgleich durchführen lassen (siehe Seite 188).

☐ Ist Kaminsanierung oder Abgasleitung erforderlich und im Angebot enthalten?

☐ Wurden Förderanträge gestellt? Werden die Förderbedingungen eingehalten? Antragstellung muss meistens vor Auftragserteilung erfolgen. Informieren Sie sich im Internet über die aktuellen Bedingungen – diese ändern sich häufig (www.verbraucherzentrale.nrw/foerderprogramme).

☐ Lassen Sie sich in die Bedienung einweisen und fordern Sie eine gut verständliche Bedienungs- und Wartungsanleitung.

☐ Zentrale Regelung sollte gut zugänglich, gut lesbar und verständlich und das BHKW gut erreichbar sein.

Familie Jansen
Die Berechnung des Architekten
ergibt 1.800 Kilowattstunden Wärme
für die Heizung und 3.700 Kilowattstunden für
die Warmwasserbereitung.

Wegen des geringen Wärmebedarfs ergeben
sich im Vergleich zum vorigen Fall noch ungünstigere Werte, sodass die Amortisationszeiten weitaus länger als die Lebensdauer der
BHKW sind. Eine genauere Beschreibung der
Varianten erfolgt deswegen nicht.

Fazit: Das modulierende BHKW der Variante
2 ergibt zwar mit 68 Prozent den höchsten
Autarkiegrad und die beste Wirtschaftlichkeit.
Jedoch ist die Amortisationszeit länger als die
Lebensdauer. Für das Passivhaus ist demnach
ein BHKW nicht zu empfehlen.

Fernwärme und Nahwärme

Fernwärme wird in einem großen Heizwerk
oder Heizkraftwerk erzeugt und über lange
Fernwärmeleitungen in die angeschlossenen
Häuser geleitet. Im Haus befindet sich dann

ein Wärmetauscher – eine Übergabestation.
Die Wärmelieferung wird beim Versorger – oft
einem Stadtwerk – bezahlt.

Nahwärme wird in unmittelbarer Nähe zum ver-
sorgten Haus erzeugt. So kann beispielsweise
ein BHKW eine Reihenhauszeile versorgen.
Die Wärmeleitungen können dann von Keller
zu Keller verlegt werden. Das BHKW kann der
Gemeinschaft der Hauseigentümer gehören,
oder es wird von einem Dritten (beispielsweise
ein Stadtwerk) zur Verfügung gestellt. Dann
wird meistens an den Versorger – wie bei der
Fernwärme – ein Preis für die entnommene
Wärme und ein Grundpreis abhängig von der
bestellten Wärmeleistung gezahlt. Diese Kosten enthalten neben dem Brennstoffpreis In-
vestitions- und Verwaltungskosten sowie einen
Unternehmergewinn – sind also meistens
erheblich höher, als wenn Sie die Versorgung
in Eigenregie übernehmen. Eine Nahwärmever-
sorgung mehrerer Objekte kann für den Einsatz
eines BHKW vorteilhafter sein als die Einzelver-
sorgung der Häuser. Dies sollten Sie durch ein
Ingenieurbüro überprüfen lassen.

Deckung des Wärmebedarfs

Dieses Kapitel zeigt, welche Wege zur Autarkie es bei Heizung und Warmwasserbereitung gibt: sei es mithilfe der langbewährten Solarkollektoranlagen oder beispielsweise über Wärmepumpen, die den möglichst selbst erzeugten Strom weitgehend in Wärme umwandeln. Auch das Heizen mit Holz oder eine intelligente Kopplung der unterschiedlichen Techniken kann sich lohnen. Die drei Beispielfamilien zeigen, wie weit Autarkie gehen kann. Musterrechnungen verschaffen einen Kostenüberblick. Und weil kaum eine hundertprozentige Autarkie möglich ist, finden Sie Anregungen, wie sich die Lücke möglichst effektiv mit herkömmlichen Energien decken lässt.

Überlegungen zur Wirtschaftlichkeit

Im vorigen Kapitel konnten Sie die Wirtschaftlichkeit der Stromerzeugungsvarianten durch Amortisationszeiten einschätzen: Wann erhält man das Geld, das man für die Anschaffung eines Produkts ausgegeben hat, durch Gewinne zurück. Eine Wirtschaftlichkeitsbeurteilung bei Wärmeerzeugung ist schwieriger: Sie heizen mit Öl, Gas, Holz oder Strom und jeder dieser Energieträger hat spezielle Preissteigerungsraten. Außerdem sind – frei nach Karl Valentin – Prognosen besonders schwierig, insbesondere wenn es sich um die Zukunft handelt. Der derzeitige Preisverfall beim Heizöl beispielsweise wäre vor einigen Jahren nicht voraussehbar gewesen. Weil natürliche Vorkommen erschöpfen, sollte der Heizölpreis eigentlich steigen. Jedoch findet derzeit Verdrän-

gungswettbewerb statt, dessen Ergebnis offen ist. (Zur Entwicklung von Energiepreisen siehe www.verbraucherzentrale.nrw/Energiepreise.) Darum wäre es sehr unübersichtlich und zu umfangreich, in den Beispielrechnungen für jeden Energieträger die Amortisationszeiten zu berücksichtigen. Viel zielführender ist die Angabe eines **Preises für erzeugte Energie.** Sie kaufen eine Anlage, beispielsweise eine Wärmepumpe (siehe Seite 106), und haben damit die Möglichkeit, kostenlose Energie aus der Umwelt zu nutzen. Jedoch benötigen Sie dafür Strom und die Anlage muss ab und zu gewartet werden. Diese Verbrauchs- und Betriebskosten während der Betrachtungszeit werden in den Beispielrechnungen zur Anfangsinvestition addiert. Typische Lebensdauern liegen zwischen 20 und 30 Jahren. Der **Preis für erzeugte Energie** bezieht sich deswegen auf 20 und auf 30 Jahre Betrachtungszeit. In den Beispielrechnungen werden keine Kapitalkosten (Kreditzinsen) berücksichtigt.

Tipp

Ein Wirtschaftlichkeitsvergleich mit Berücksichtigung von Kapitalkosten finden Sie unter www.verbraucherzentrale.nrw/heizsystemvergleich.

Zuschüsse aus Bundesförderprogrammen werden abgezogen. Der Preis für erzeugte Energie ist die Summe aller Kosten minus Förderung geteilt durch die während der Betrachtungszeit gelieferte Wärmeenergie.

Für einen speziellen Energieträger können Sie aus dem Preis für erzeugte Energie eine Amortisationszeit bestimmen und können so

die Wirtschaftlichkeit der Anlagen in diesem Kapitel mit denjenigen aus dem vorigen Kapitel (siehe Seite 23) vergleichen. Eine Anlage sollte zumindest während ihrer Lebensdauer die Kosten wieder hereinholen, das heißt, die Amortisationszeit sollte kürzer als die Lebensdauer sein. Grundsätzlich gilt: Eine Anlage ist umso wirtschaftlicher, je niedriger ihr sogenannter Preis für erzeugte Energie ist. Berücksichtigen Sie beim Vergleich, dass eine ältere Anlage wegen schlechten Wirkungsgrades höhere Energiekosten verursacht als den reinen Einkaufspreis des Energieträgers. Und: Wenn Sie eine neue Anlage installieren, so müssen Sie auch dafür einen Preis für erzeugte Energie berechnen. Beim Gas-Brennwertkessel liegt dieser für Altbauten bei heutigem Erdgaspreis zwischen 8 bis 9 Cent pro Kilowattstunde. Folgendes Diagramm hilft Ihnen bei der Bestimmung einer Amortisationszeit aus dem Preis für erzeugte Energie.

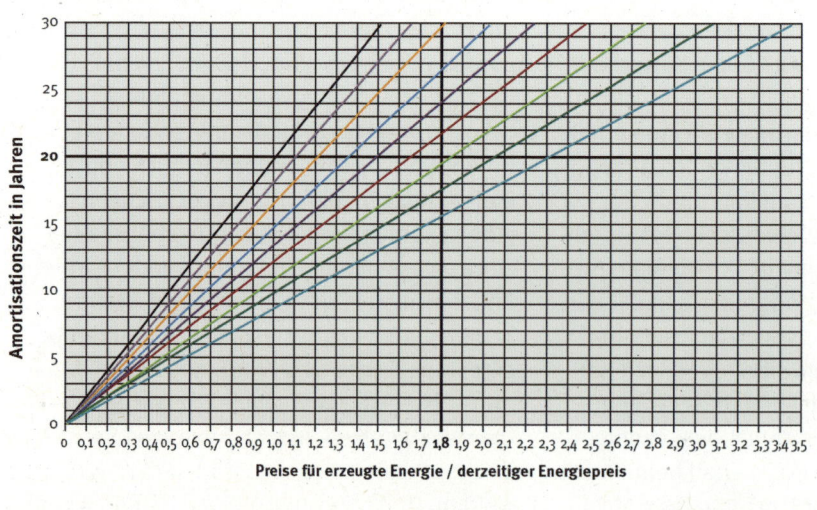

Abbildung 34: Diagramm zur Umrechnung des Preises für erzeugte Energie in eine Amortisationszeit.

Beispiel zur Nutzung des Diagramms

Sie haben eine Ölheizung und zahlen zurzeit 45 Cent für den Liter Heizöl. Ihre Ölheizung ist schon etwas in die Jahre gekommen. Deswegen beträgt der Wirkungsgrad nur 80 Prozent, 20 Prozent der im Öl enthaltenen Energie wird nicht ausgenutzt und Sie müssen entsprechend mehr Öl einkaufen. Sie interessieren sich für eine **Wärmepumpe,** die einen Preis für erzeugte Energie von 10 Cent pro Kilowattstunde bei der Betrachtungszeit 20 Jahre erzielt. Die Wärmepumpe hat eine Lebensdauer von circa 20 Jahren.

Zunächst errechnen Sie den Wert für die waagerechte Achse: Ein Liter Heizöl enthält rund zehn Kilowattstunden, sodass Ihr derzeitiger Energiepreis 45 Ct/10 kWh = 4,5 Cent pro Kilowattstunde beträgt. Nun müssen Sie noch den Wirkungsgrad Ihres alten Kessels berücksichtigen. Die Energie kostet Sie demnach

4,5 Ct/kWh * 100/80 = 5,6 Ct/kWh.

Wert für die waagerechte Achse = Preis für erzeugte Energie/derzeitiger Energiepreis = 10 Ct/kWh/ 5,6 Ct/kWh = **1,8.**

Im Diagramm gehen Sie nun zur 1,8 auf der waagerechten Achse und finden, dass sich eine Amortisationszeit von unter 20 Jahren nur ergibt, wenn die Preissteigerung für Heizöl im Schnitt mindestens fünf bis sechs Prozent pro Jahr während dieser 20 Jahre beträgt. Wäre sie acht Prozent, so liefert Ihnen die zugehörige Gerade auf der senkrechten Achse eine Amortisationszeit von knapp 16 Jahren. Das Diagramm ist bei Amortisationszeiten auf 30 Jahre begrenzt, da dann die meisten Anlagen ihre Lebensdauer erreicht haben.

Wollen Sie komplett umrüsten? Und planen den Einbau einer Gas-Brennwertheizung? Gehen Sie folgendermaßen vor: Der Preis für erzeugte Energie der **Gas-Brennwertheizung** liegt bei 8 Cent pro Kilowattstunde. Demnach Wert auf der waagerechten Achse = Preis für erzeugte Energie der Wärmepumpe/Preis für erzeugte Energie des Brennwertkessels = 10 Ct/kWh/8 Ct/kWh = 1,25. Sie finden im Diagramm eine Amortisationszeit von 20 Jahren bei einer Energiepreissteigerung von zwei Prozent. Es ergibt sich bei Umrüstungen eine Wirtschaftlichkeit der Anlage bereits bei einem Preis für erzeugte Energie von bis zu 10 Cent pro Kilowattstunde.

Nutzung von Sonnenwärme: Kollektoranlagen

Viele Häuser verfügen mittlerweile über Solaranlagen. Es gibt zwei grundsätzlich unterschiedliche Anlagentypen:

- **Photovoltaik** mit **Modulen** (siehe Kapitel zwei, Seite 26) auf dem Dach, die **Strom** erzeugen (auch Solarstromanlage genannt, siehe Abb. 35 links) und
- **Solarkollektoranlagen,** d. h. **thermische Solaranlagen** mit **Solarkollektoren** auf dem Dach, die aus der Sonnenstrahlung **Wärme** gewinnen (siehe Abb. 35 rechts).

Abbildung 35: Photovoltaik- und Solarkollektoranlage.

Während es bei Photovoltaik einen regelrechten Boom gegeben hat, der zu ständig fallenden Preisen führte, dümpelt die Zuwachsrate bei **thermischen Solaranlagen** und die Preise sind über die Jahre weitgehend konstant geblieben. Es scheint schicker zu sein, eigener Stromproduzent zu werden, als bei der Heizenergie einzusparen. **Dabei ist gerade die Wärmegewinnung aus Sonne ein guter Weg zur Autarkie in Bezug auf den Wärmebedarf des Hauses.**

Das Problem bei der solaren Heizung: Im Winter scheint kaum Sonne und es muss geheizt werden. Im Sommer ist reichlich Sonne vorhanden, aber nur ein geringer Wärmebedarf. Es ist denkbar, die Überschusswärme des Sommers mit Großspeichern für den Winter aufzubewahren. Benötigt werden dann Speicher in der Größe eines Kellerraumes. Dieses Konzept liegt sogenannten Sonnenhäusern zugrunde (www.sonnenhaus-institut.de). Ein sehr großer Solarkollektor auf dem Dach ist mit einem Großspeicher verbunden (siehe Seite 133).

Weit verbreitet sind kleine Solaranlagen für die Brauchwassererwärmung, denn der Bedarf für Warmwasser ist sommers wie winters annähernd gleich. Die Anlage wird so groß ausgewählt, dass der Bedarf in der Übergangszeit gerade gedeckt wird. Im Sommer gibt es dann einen ungenutzten Überschuss, während im Winter zugeheizt werden muss (Abb. 36). Zentraler Baustein ist auch bei dieser Anlage ein **Warmwasserspeicher;** denn in der Dunkelheit wollen Sie trotzdem duschen. Der Speicher wird von zwei Quellen beheizt: Ein Wärmetauscher ganz unten ist mit den Kollektoren verbunden. Im Solarkreis (Kollektoren mit Wärmetauscher und Verbindungsrohren) befin-

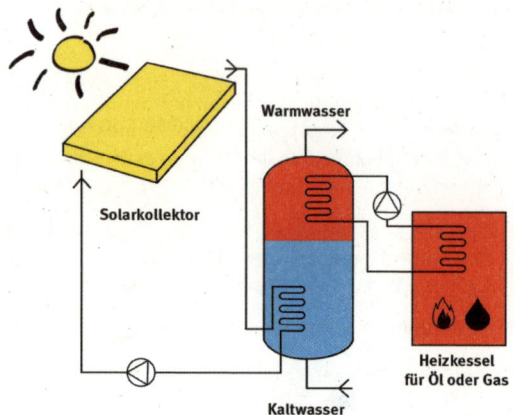

Abbildung 36: Schema einer Brauchwassersolaranlage.

det sich ein Frostschutzmittel, damit in kalten Winternächten der Kollektor nicht einfriert. Deswegen muss der Solarkreis vom Brauchwasser über einen Wärmetauscher getrennt werden. (Es gibt einige wenige Anbieter, die auf Frostschutzmittel durch spezielle Anlagentechnik verzichten können, siehe Seite 173.) Sobald ausreichend Sonnenstrahlung vorhanden ist, schaltet die Regelung die Pumpe im Solarkreis ein und warmes Wasser aus den Kollektoren heizt den Speicher über diesen Wärmetauscher. Das Warmwasser kann direkt oben aus dem Speicher entnommen werden und Kaltwasser strömt unten nach. Scheint die Sonne längere Zeit nicht ausreichend, so kühlt der Speicher ab. Dann springt der Heizkessel an und erwärmt den oberen Teil des Speichers (Bereitschaftsteil). Eine solche Anlage braucht keine großen Kollektoren, für die sich meist ein sonniges Plätzchen findet. Günstig ist eine möglichst unverschattete Ausrichtung nach Süden (siehe Photovoltaik, siehe Seite 28). Thermische Solaranlagen reagieren im Gegensatz zur Photovoltaikanlage weniger auf Schatten. So verursacht zum Beispiel ein

Tipp

Teilen Sie Ihren jährlichen Kaltwasserverbrauch (in Kubikmetern pro Jahr) durch 365 Tage und nehmen das Ergebnis mal 1.000. Ihr täglicher Warmwasserverbrauch ist davon annähernd 30 Prozent. Beispiel: Ein 4-Personen-Haushalt verbraucht jährlich 150 Kubikmeter Wasser. Der Kaltwasserverbrauch ist 411 Liter pro Tag (1.000 l/m^3 x 150 m^3 / 365 Tage). Warmwasserverbrauch sind 123 Liter pro Tag (411 l/d x 30 / 100). Pro Person 31 Liter täglich (123 l/d / 4 Personen). Bundesdurchschnitt pro Person täglich zwischen 30 und 50 Liter. Aber auch bis zu 100 Liter sind nicht ungewöhnlich.

kleiner wandernder Schornsteinschatten keine große Ertragseinbuße. Ausrichtungen zwischen Südost und Südwest mit Neigungen zwischen 30 und 60 Grad haben nahezu denselben Ertrag. Die Größe der Anlage hängt mit Ihrem Warmwasserbedarf zusammen. Günstig wäre es, diesen zu prüfen (siehe Kasten).

Der **Warmwasserspeicher** sollte etwa den doppelten Tagesbedarf decken können. Pro 50 Liter Speichervolumen wird dann etwa ein Quadratmeter Kollektorfläche benötigt. Im Beispiel wäre es ein 250- bis 300-Liter-Speicher mit fünf bis sechs Quadratmeter Kollektor. Für genauere Auslegungen fragen Sie Ihren Installateur oder einen Energieberater (www.verbraucherzentrale-energieberatung.de).

Solarkollektoranlagen zur Warmwasserbereitung und Raumheizung werden meist recht klein gewählt. Sie können dann in der Übergangszeit zur Heizung beitragen, im Winter liefern sie allerdings kaum einen Beitrag. Auch die Größe dieser **Heizungsunterstützungsanlagen** orientiert sich am Warmwasserbedarf – die Anlage wird etwa doppelt so groß wie die Brauchwassersolaranlage. Im Beispiel wäre es ein 500- bis 600-Liter-Speicher mit zehn bis zwölf Quadratmeter Kollektor. Allerdings ist hier ein anderer Speicher erforderlich.

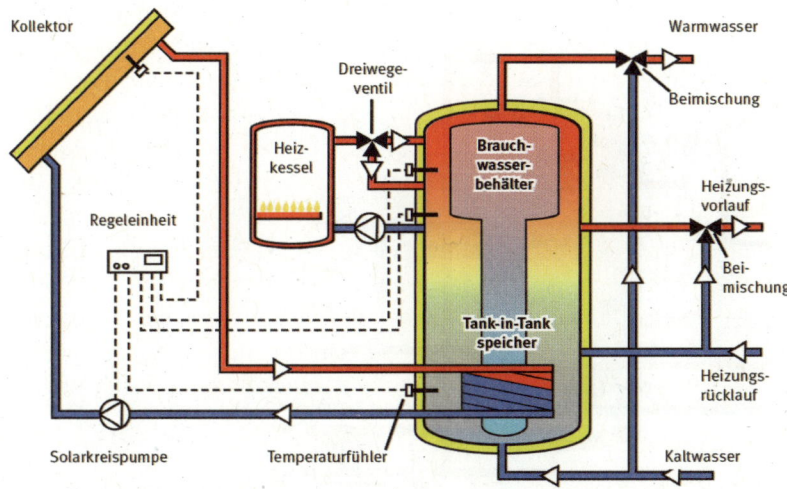

Abbildung 37: Schema einer Anlage für Brauchwassererwärmung und Heizungsunterstützung mit Kombispeicher.

Viele Heizungsunterstützungsanlagen nutzen einen Kombispeicher (Abb. 37). Im äußeren Speicherbereich befindet sich das Heizungswasser und darin hängt ein nicht wärmegedämmter Brauchwasserspeicher, der über seine Wände vom Heizungswasser erwärmt wird. Der Solarkreis ist wie bei der Brauchwassersolaranlage aufgebaut. Der Heizkessel nutzt hier allerdings den Speicher als Pufferspeicher ohne Wärmetauscher. Die Heizungsanlage wird aus dem mittleren Speicherbereich mit nicht so hohen Temperaturen versorgt. Eine Heizungsunterstützungsanlage funktioniert besonders gut mit einem Niedertemperaturheizsystem beispielsweise mit einer Fußbodenheizung.

Thermische Solaranlagen: Bauweisen

Das wärmegewinnende Element jeder Solaranlage ist der Sonnenkollektor. Zwei Bauarten kommen hier in Betracht – der **Flachkollektor** und der **Röhrenkollektor.**

Gut zu wissen

Gespeichertes Warmwasser kann durch Legionellen Hygieneprobleme verursachen. Legionellen sind Krankheitserreger, die sich im warmen Wasser vermehren. Sie treten aber hauptsächlich in Großanlagen auf. Anlagen in Ein- und Zweifamilienhäusern zählen nicht dazu. Oft wird zur Desinfektion das Wasser täglich auf mindestens 60 Grad aufgeheizt. So sterben die Legionellen ab. Nachteil: Bei einer Solaranlage wird dadurch der Ertrag geringer. Thermische Desinfektion ist bei Leitungen unter 3 Liter Volumen nicht nötig, das wäre eine halbzöllige Leitung von knapp 17 Metern Länge. Eine sichere Lösung ohne Ertragseinbuße ist eine Frischwasserstation. Im Speicher befindet sich nur Heizungswasser. Bei Warmwasserbedarf springt eine Pumpe an, holt heißes Wasser oben aus dem Speicher und pumpt es durch das Plattenpaket im Wärmetauscher. Auf der anderen Seite wird Kaltwasser wie im Durchlauferhitzer erwärmt. Diese Wärmetauscher sind sehr effektiv und klein (Abb. 38).

Flachkollektor: Er arbeitet nach dem „Prinzip Treibhaus" (Abb. 39). Sonnenstrahlung fällt

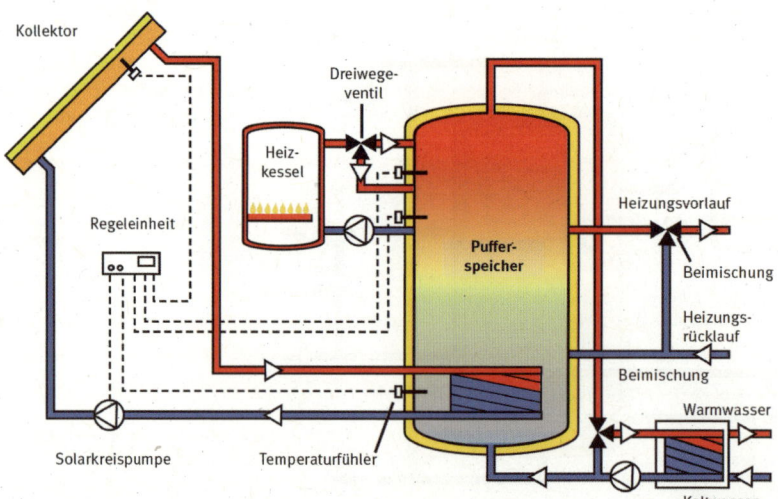

Abbildung 38: Schema einer Anlage für Brauchwassererwärmung und Heizungsunterstützung mit Pufferspeicher und Frischwasserstation.

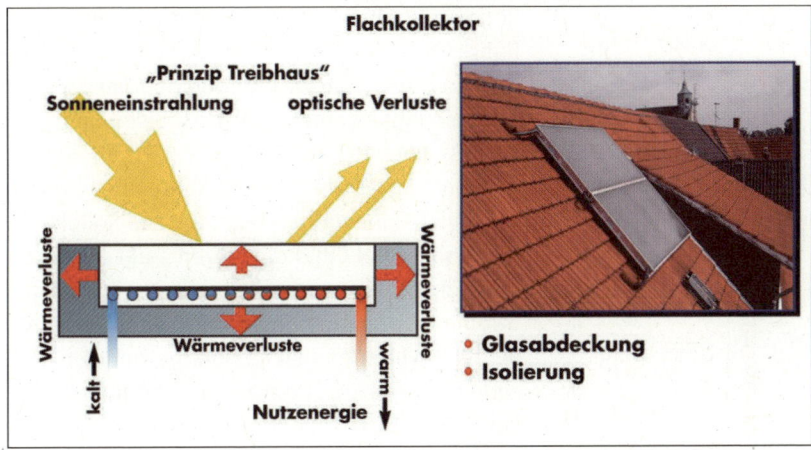

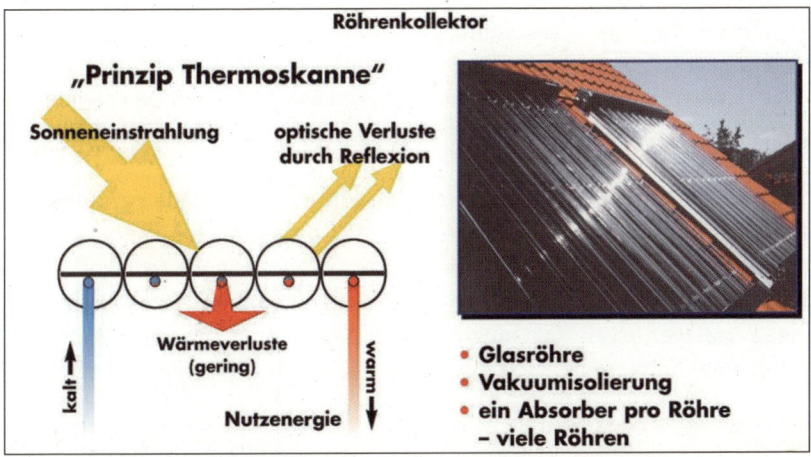

Abbildungen 39 und 40: Bauarten von Solarkollektoren.

durch die Glasabdeckung auf den Absorber und erwärmt diesen. Das Abdeckglas ist für vom Absorber kommende Wärmestrahlung fast undurchlässig. Nach hinten ist der Kollektor gut wärmegedämmt. Der Absorber verliert dadurch wenig Wärme. Zum Abtransport der Wärme wird er von kaltem Wasser durchströmt und heizt dieses auf. An sonnigen Tagen können im Stillstand Absorbertemperaturen von weit über 100 Grad entstehen. Der Absorber hat eine spezielle, selektive Beschichtung, sodass möglichst viel Sonnenstrahlung aufgenommen und möglichst wenig Wärmestrahlung abgegeben wird. Flachkollektoren können über 50 Prozent der Sonnenstrahlung in Wärme umsetzen. Sie arbeiten umso effektiver, je kälter das durchströmende Wasser ist und je wärmer die Umgebung. Im Winter können sie nur noch wenig Wärme liefern. Sie können dachintegriert, wie ein Dachflächenfenster, eingebaut werden und einen Teil der Dacheindeckung ersetzen.

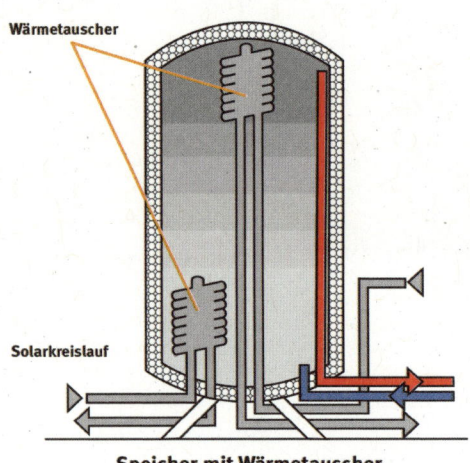

Wärmetauscher

Solarkreislauf

Speicher mit Wärmetauscher

Abbildung 41: Schematische Darstellung eines Solar-speichers.

Röhrenkollektor: Er arbeitet effektiver als der Flachkollektor (Abb. 40). Wie beim „Prinzip Thermoskanne" sorgt ein luftleerer Raum (Vakuum) für möglichst geringe Wärmeverluste. Der Absorber befindet sich in einer luftleeren

Röhre oder eine doppelwandige luftleere Röhre wird darübergestülpt. Manche Absorber werden direkt vom Wasser durchströmt. Bei anderen gibt es einen inneren Kreislauf mit einer speziellen Flüssigkeit (Heat-Pipe), dann wird die Wärme am Kopf der Röhre abgenommen. Viele Einzelröhren werden zum Kollektor verbunden. Bei CPC-Kollektoren sorgt ein unter den Röhren liegender Spiegel für zusätzlichen Strahlungsgewinn. Röhrenkollektoren können auch im Winter merkliche Solargewinne erzielen. Für die gleiche Wärmeausbeute reicht gegenüber Flachkollektoren eine geringere Fläche. Sie können um einige Grad Richtung Sonne gedreht werden. Röhrenkollektoren sind jedoch teurer als Flachkollektoren (siehe Beispiel auf Seite 85), sodass in den meisten Anlagen Flachkollektoren genutzt werden.

Solarspeicher (Abb. 41) sollen die gewonnene Wärme möglichst verlustfrei speichern. Sie sind deswegen besonders gut wärmegedämmt. Die nötigen Rohrleitungen sollten möglichst von unten kommen – denn Wärme steigt immer nach oben. Abbildung 41 zeigt

---

✔ Checkliste: Thermische Solaranlagen

☐ Damit eine thermische Solaranlage **effektiv** arbeiten kann, sind eine sorgfältige Planung und Ausführung bis ins Detail das A und O.

☐ **Solarkreis:** Wichtig ist eine dauerhafte, lückenlose Dämmung aller Rohre und Armaturen in ausreichender Stärke. Die Dämmung sollte bis 170 Grad Celsius beständig sein – die im Heizungsbau üblichen Materialien sind ungeeignet. Die Rohrdämmung im Außenbereich muss vor UV-Strahlung und Tierverbiss geschützt werden.

☐ **Speicheranschluss:** Die Dämmung soll lückenlos bis an den Speicher reichen – blankes Metall darf nicht sichtbar sein. In der Nacht kann sich ein Speicher über den Kollektor entladen. Wichtig ist deshalb eine Rücklaufverhinderung durch Rücklaufsperren und den Einbau von Siphons (die Leitung wird u-förmig nach unten geführt und dadurch verhindert, dass warmes Wasser von Speicher zum Kollektor strömt). Alle Leitungen sollten unten in den Speicher geführt werden. Keinesfalls dürfen Vorlauf und Rücklauf vertauscht werden.

☐ **Warmwasseranschluss:** Auch die Warmwasserleitung wird vollständig gedämmt und gegen Rücklauf gesichert. Sollte es in Ihrem Haus eine Warmwasserzirkulation (ständige Umwälzung des Warmwassers, um schnell Warmwasser zapfen zu können) geben, so ist zu überlegen, ob diese tatsächlich nötig ist. Warmwasserzirkulation zerstört die Temperaturschichtung im Speicher. Mindestens jedoch sollte die Laufzeit der Zirkulationspumpe mit Zeitschaltuhr auf die absolut notwendigen Zeiten beschränkt werden. Selbstverständlich ist auch die Zirkulationsleitung lückenlos wärmegedämmt.

☐ **Heizungsanlage:** Bei Anlagen mit Heizungsunterstützung ist es wichtig, dass die Heizungsanlage mit möglichst niedrigen Temperaturen arbeitet. Ein hydraulischer Abgleich des Heizungssystems ist unbedingt erforderlich (siehe Kapitel vier, Seite 188).

☐ **Sicherheit der Anlage:** Es ist notwendig, dass ein ausreichend großes Ausdehnungsgefäß in den Solarkreis eingebaut wird, welches beim Stillstand den Inhalt der Kollektoren aufnehmen kann (Stillstand: Die Sonne scheint, es wird keine Wärme abgenommen, der Kollektor beginnt zu kochen und verdrängt das Wasser-Frostschutzmittel-Gemisch). Trotzdem ist es möglich, dass das Sicherheitsventil öffnet. Wichtig ist deswegen eine Leitung am Sicherheitsventil, die in ein Auffanggefäß führt, das nicht zweckentfremdet werden kann. Im Speicher können hohe Temperaturen vorliegen. Ein Verbrühschutz mit thermostatischem Mischer am Speicher ist unumgänglich. Für eine lange Lebensdauer sollten alle Fühlerkabel gegen Herausziehen gesichert und die Rohre im Außenbereich mit Ummantelung geschützt werden. Besitzt das Haus eine Blitzschutzanlage, so muss die Solaranlage eingebunden werden. Mindestens sind alle Leitungen mit dem Haupterder des Hauses zu verbinden.

☐ **Kundeneinweisung:** Lassen Sie sich die Anlage und deren Bedienung bis ins Detail erklären und verlangen Sie eine ausführliche schriftliche Dokumentation aller Anlagenteile.

☐ **Funktionskontrolle:** Am einfachsten können Sie feststellen, ob die Anlage ordnungsgemäß arbeitet, indem Sie im Sommer den Heizkessel ausschalten. Wenn Sie dann nicht ausreichend Warmwasser erhalten, verlangen Sie eine Nachbesserung.

einen Solarspeicher für eine Brauchwasser-solaranlage. Hier sind zwei Wärmetauscher in Form von gewendelten Rohren eingebaut. Der Sonnenkollektor arbeitet am effektivsten, wenn er von möglichst kaltem Wasser durchströmt wird. Der Wärmetauscher für den Solarkreis liegt deswegen möglichst tief im Speicher. Im Speicher sollte eine stabile Temperaturschichtung vorliegen. Der untere Solarkreistauscher befindet sich in kaltem Wasser, sodass der Kollektor schon bei geringer Sonneneinstrahlung Wärme in den Speicher abgeben kann. Die Regelung vergleicht die Temperatur am Kollektorausgang mit der mittleren Speichertemperatur. Liegt die Kollektortemperatur um einen voreingestellten Betrag über der Speichertemperatur, läuft die Solarkreispumpe. Nach oben hin wird im Speicher die Wassertemperatur immer höher, da warmes Wasser nach oben steigt. Das Brauchwarmwasser wird an der höchsten Stelle im Speicher entnommen. An der tiefsten Stelle fließt Kaltwasser nach, sodass der Solarkreistauscher im kalten bleibt. Wählen Sie möglichst hohe, schlanke Speicher, die Vorkehrungen gegen die Verwirbelung durch einströmendes Wasser eingebaut haben. Es gibt auch spezielle Schichtenspeicher, die durch Einbauten dafür sorgen, dass die gewonnene Sonnenwärme immer in der richtigen Temperaturschicht eingebracht wird.

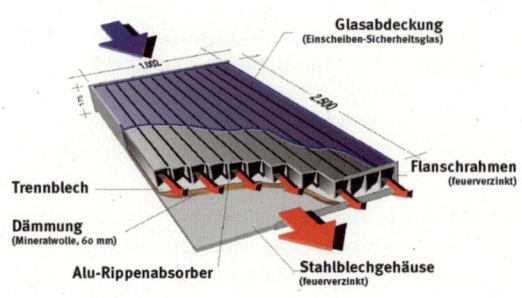

Abbildung 42: Solar-Luftkollektor.

Abbildung 43: Arbeitsweise eines Solar-Luftkollektors.

Luftkollektoren

Sonnenwärme kann auch durch Luft ins Gebäude gelangen. (Abb. 42, 43) Ein **Luftkollektor** ist im Prinzip wie ein Flachkollektor aufgebaut. Luft kann jedoch pro Volumeneinheit wesentlich weniger Wärme als Wasser transportieren, sodass große Luftmengen bewegt werden müssen. Die Luftkanäle sind deswegen erheblich größer als die Absorberrohre im Solarflachkollektor. Die Luft wird mit einem Gebläse durch den Kollektor bewegt und als Warmluft ins Gebäude geleitet. Sie schlagen zwei Fliegen mit einer Klappe: Sie erhalten eine Lüftungs- und eine Heizungsanlage. Besonders interessant ist das für wenig genutzte Ferienhäuser, um Feuchtigkeit und Schimmel zu vermeiden. Als Wärmespeicher kann ein Kiesbett unter dem Haus genutzt werden, durch das die warme Luft geleitet wird. Es gibt auch spezielle Wärmetauscher, die eine Warmwasserbereitung ermöglichen.

Beispielfamilien

Nun die Einsatzmöglichkeit von **thermischen** Solaranlagen bei den Beispielfamilien. Alle Anlagen sind Flachkollektoren, auf dem Süddach mit 45 Grad Dachneigung montiert. Bei Hei-

zungsunterstützungsanlagen könnte zwar steilere Anstellung zur besseren Ausnutzung der Wintersonne dienen, jedoch lohnt sich dieser

> **Tipp**
>
> Anpassung des Preises für erzeugte Energie an Ihren Angebotspreis.
>
> Sie finden bei allen Varianten der Beispielfamilien einen Wert für die Betriebskosten pro Jahreserzeugung in Cent pro Kilowattstunde. Ziehen Sie diesen vom Preis für erzeugte Energie ab, das ist der reduzierte Preis. Bei Familie Meier, Variante 3 mit großer Anlage finden Sie: Preis für erzeugte Energie: 8 Cent pro Kilowattstunde, Betriebskosten pro Jahreserzeugung 3,2 Cent pro Kilowattstunde, demnach reduzierter Preis 4,8 Cent pro Kilowattstunde. Diese Anlage kostet abzüglich Förderung 13.350 €. Ihr Angebotspreis beträgt 18.000 €, abzüglich Förderung 11.350 €. **Sie können das Beispiel individuell so anpassen:** reduzierter Preis mit Angebotspreis = reduzierter Preis des Beispiels * Kosten des Angebots/ Kosten des Beispiels. In Ihrem Fall 4,8 ct/kWh * 11.350 €/13.350 € = 4,1 Cent pro Kilowattstunde. Der Preis für erzeugte Energie ist dann der reduzierte Preis zuzüglich der Betriebskosten pro Jahreserzeugung: 4,1 ct/kWh + 3,2 ct/kWh = 7 Cent pro Kilowattstunde.

Aufwand nicht. Jedes Haus hat eine Fußbodenheizung. Bei Familie Meier gibt es zudem eine
Abschätzung für eine normale Niedertemperaturheizung mit klassischen Heizkörpern und
für Röhrenkollektoren. Es gibt für jede Familie
vier Varianten.

Variante 1: Brauchwassersolaranlage passend
zum Warmwasserbedarf

Variante 2: kleine Heizungsunterstützungsanlage mit zwölf Quadratmeter Kollektorfläche
und 1.000 Liter Pufferspeicher mit Frischwasserstation

Variante 3: große Solaranlage

Variante 4: Luftkollektoranlage

Die angegebenen Kosten sind im üblichen
Rahmen (Stand März 2016), einschließlich
Mehrwertsteuer. Sie finden für alle Varianten
eine Spannbreite der Investitionskosten. Vergleichen Sie mit Ihrem konkreten Angebot. Abweichungen von mehreren Tausend Euro sind
durchaus zu erwarten.

Von den Investitionskosten werden lediglich
Zuschüsse der Bundesförderung abgezogen,
Stand Anfang 2016. Förderbedingungen ändern sich ständig. Gerade sind sie für Anlagen
zur Erzeugung erneuerbarer Wärme verbessert
worden. Auch von einigen Bundesländern
kann es Geld geben – das verbessert die Wirtschaftlichkeit. Den aktuellen Stand finden Sie
unter www.foerderdatenbank.de, weiterklicken
zu „Förderrecherche" und dann im Assistenten
die gesuchten Begriffe eingeben.

Jahresbetriebskosten fallen für den Strom der
Pumpen und für die Anlagenwartung an. Bei
größeren Anlagen sind sie höher. Die Stromkosten werden mit Strompreissteigerung
kalkuliert. Wartungskosten sind pauschal ein
Prozent der Investitionskosten. Sie sind niedri-

Gut zu wissen

Was bei stromerzeugenden Anlagen als Autarkiegrad bezeichnet wird, ist bei thermischen Solaranlagen der **solare Deckungsgrad:** das Verhältnis von solar erzeugter Wärme zum gesamten
Wärmebedarf.

Wird ein solarer Deckungsgrad von über 50 Prozent erzielt, so handelt es sich um ein sogenann-
tes Sonnenhaus (siehe Seite 133). Für Sonnen-
häuser mit zusätzlicher Anforderung an den baulichen Wärmeschutz können Sie auch bei Neubauten eine Innovationsförderung beantragen,
die über der Basisförderung liegt (www.bafa.de,
weiterklicken zu „Energie", dann „Heizen mit erneuerbaren Energien", dann „Solarthermie".)

ger als bei Photovoltaikanlagen (denn bei thermischen Solaranlagen sind bis auf die Pumpe
alle Bauteile langlebig). Es gibt Untersuchun-
gen an über 20 Jahre alten Solarkollektoranlagen, die zeigen, dass fast alle Anlagen noch in
gutem Zustand sind. Sie können bei einer gut
gebauten Anlage durchaus mit einer Lebensdauer von 20, ja sogar 30 Jahren rechnen. Der
Preis für erzeugte Energie ist die Summe aller
Kosten während der Betrachtungszeit 20 Jahre
beziehungsweise 30 Jahre geteilt durch die in
der Betrachtungszeit gewonnene Wärmeenergie. Die Abschätzung vernachlässigt Inflation
und Kapitalkosten.

Die Anlagenerträge wurden monatsweise mit
dem Programm „GetSolar" für den Standort
„Dortmund" mit einer Globalstrahlung auf die
waagerechte Fläche von 1.000 Kilowattstunden pro Quadratmeter jährlich ermittelt. Die
Abschätzungen der Luftkollektoren erfolgten
aufgrund von Herstellerangaben.

Kehren wir zurück zu unseren Beispielfamilien.

Familie Meier
Meiers möchten auf ihrem Süddach Kollektoren anbringen.

Variante 1: Zunächst geht es um eine Anlage mit Flachkollektoren zur **Brauchwassererwärmung.** Der Warmwasserbedarf von zwei Personen ist niedrig. Sie wählen deswegen eine kleine Anlage mit drei Quadratmeter Kollektorfläche und 300 Liter Solarspeicher. Diese Anlage kostet brutto etwa 4.000 bis 5.000 €. Die Meiers können eine Bundesförderung in Höhe von 500 € erhalten. (Würde gleichzeitig ein neuer Heizkessel eingebaut, stiege die Förderung um weitere 500 €.) Die Anlage liefert pro Jahr 1.090 Kilowattstunden. Das sind 64 Prozent der Energie für die Warmwasserbereitung. Die Betriebskosten pro Jahreserzeugung schlagen mit 5,3 Cent pro Kilowattstunde zu Buche. Es ergibt sich ein Preis für erzeugte

Energie zwischen 21 und 26 Cent pro Kilowattstunde bei 20 Jahren und 16 bis 19 Cent pro Kilowattstunde bei 30 Jahren Betrachtungszeit.

Die Umwelt wird von etwa 0,3 Tonnen Kohlendioxid jährlich entlastet.

Variante 2: Eine Flachkollektoranlage zur **Heizungsunterstützung** kostet 8.000 bis 10.000 €. Hier kann eine Förderung in Höhe von 3.000 € (zusätzlich 500 € Bonus für einen neuen Heizkessel) abgezogen werden. Die Anlage liefert pro Jahr 4.100 Kilowattstunden. Das ergibt einen **solaren Deckungsgrad** von 21 Prozent. (Abb. 44) Im Sommer wird die Warmwasserbereitung vollständig übernommen. Ein kleiner Beitrag zur Heizungsunterstützung wird nur in der Übergangszeit geliefert. Die Betriebskosten pro Jahreserzeugung liegen bei 2,8 Cent pro Kilowattstunde. Der Preis für

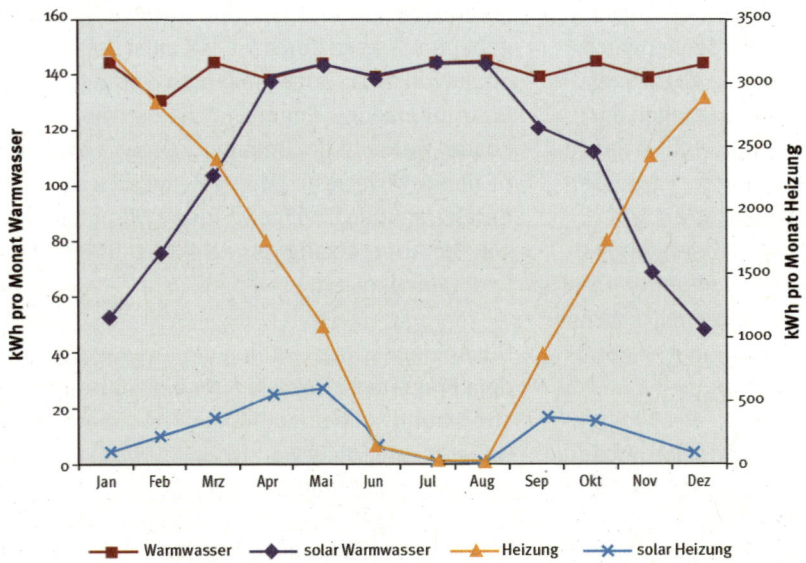

Abbildung 44: Jahresgang des Wärmeverbrauchs von Familie Meier und dessen Deckung durch die Solarkollektoranlage Variante 2.

erzeugte Energie liegt zwischen 9 und 11 Cent pro Kilowattstunde bei 20 Jahren Betrachtungszeit. 7 bis 9 Cent pro Kilowattstunde sind es bei 30 Jahren. Die Umwelt wird von etwa 1,0 bis 1,3 Tonnen Kohlendioxid jährlich entlastet.

Sollen die Heizkörper nicht durch eine Fußbodenheizung ersetzt werden, so muss der Kollektor höhere Temperaturen erbringen und arbeitet deswegen weniger effektiv. Die Anlage liefert dann mit 3.580 Kilowattstunden jährlich deutlich weniger Energie. Entsprechend steigen die Betriebskosten pro Jahreserzeugung auf 3,2 Cent pro Kilowattstunde und der Preis für erzeugte Energie auf 10 bis 13 Cent pro Kilowattstunde bei 20 Jahren Betrachtungszeit. 8 bis 10 Cent pro Kilowattstunde sind es bei 30 Jahren. Die Umwelt wird nur noch von 0,9 bis 1,1 Tonnen Kohlendioxid jährlich entlastet.

Ein **Röhrenkollektor** ist effektiver. Hier reicht ein Kollektorfeld von neun Quadratmeter. Röhrenkollektoren sind allerdings teurer. Deswegen wird mit denselben Investitionskosten wie bei der größeren Flachkollektoranlage gerechnet. Der jährliche Ertrag ist mit 3.680 Kilowattstunden etwas schlechter. Betriebskosten pro Jahreserzeugung und Preis für erzeugte Energie sind im Vergleich zu der Variante mit Heizkörpern gleich. Nur bei 30 Jahren Betrachtungszeit ist der Preis für erzeugte Energie mit 8 bis 10 Cent pro Kilowattstunde geringfügig günstiger. Umweltentlastung 0,9 bis 1,2 Tonnen Kohlendioxid jährlich.

Variante 3: Als große Solaranlage wird ein Flachkollektor mit 39 Quadratmeter und ein Pufferspeicher von 8.000 Liter gewählt. Eine solche Anlage kostet etwa 20.000 bis 25.000 €. Die Förderung steigt auf circa

7.150 € (ohne Kombinationsbonus). Die Anlage liefert pro Jahr 9.460 Kilowattstunden. Das ergibt einen solaren Deckungsgrad von 47 Prozent – fast ein Sonnenhaus. Im Sommer und in der Übergangszeit wird die Warmwasserbereitung größtenteils übernommen. Ein merklicher Beitrag zur Heizungsunterstützung wird in der Übergangszeit geliefert. Die Betriebskosten pro Jahreserzeugung schlagen mit 3,2 Cent pro Kilowattstunde zu Buche. Es ergibt sich ein Preis für erzeugte Energie zwischen 10 und 13 Cent pro Kilowattstunde bei 20 Jahren und 8 bis 10 Cent pro Kilowattstunde bei 30 Jahren Betrachtungszeit. Die Umwelt wird von etwa 2,3 bis 3 Tonnen Kohlendioxid jährlich entlastet.

Variante 4: Meiers überlegen, ob nicht eine solar unterstütze Lüftungsanlage mit **Luftkollektoren** sinnvoll sein könnte. Die gewählten Kollektoren haben für den Ventilatorbetrieb ein Solarmodul eingebaut. Es ist lediglich noch eine Luft-Leitungsführung ins Haus erforderlich. Für die Wohnfläche von 120 Quadratmeter ist ein Luftkollektor mit zwölf Quadratmeter passend. Diese Anlage kostet 8.000 bis 10.000 €. Luftkollektoren werden gefördert, in diesem Fall mit 1.680 €. Die Anlage liefert jährlich etwa 5.240 Kilowattstunden. Bezogen auf den Gesamtwärmebedarf ist das ein **solarer Deckungsgrad** von 25 Prozent, nur auf Heizenergie bezogen von 27 Prozent. Der Luftkollektor trägt ausschließlich zur Heizwärme bei. Warmwasserbereitung wird nicht übernommen. Ein merklicher Beitrag zur Heizungsunterstützung wird in der Übergangszeit geliefert. Die Betriebskosten pro Jahreserzeugung schlagen mit 1,9 Cent pro Kilowattstunde zu Buche. Es ergibt sich ein Preis für erzeugte Energie zwischen 8 und 10 Cent pro Kilowattstunde bei 20 Jahren und 6 bis 7 Cent pro Kilowattstunde bei 30 Jahren Betrachtungszeit. Die Umwelt wird von etwa 1,3 bis 1,7 Tonnen Kohlendioxid jährlich entlastet.

Fazit: Wegen des geringen Warmwasserbedarfs ist eine reine Brauchwasseranlage nicht zu empfehlen. Meiers sollten sich eine Fußboden-heizung einbauen lassen. Es gibt Systeme mit sehr geringer Aufbauhöhe oder Methoden zum Einfräsen in den Estrich für die Nachrüstung im Altbau. Wenn die Finanzen es zulassen, soll-ten Meiers die große Anlage wählen, welche erheblich zur Autarkie beiträgt und deren Wirt-schaftlichkeit mit der kleinen Anlage vergleich-bar ist. Da die Anlage vermutlich 30 Jahre lang hält, ist bei absehbaren Preissteigerungen der Energieträger die Investition wirtschaftlich. **Sehr zu überlegen ist der Einbau einer Luftkol-lektoranlage.** Hier ist keine Nachrüstung einer Fußbodenheizung nötig. Da Meiers vor allem Heizwärme ersetzen wollen, ist die solare Lüftungsanlage angeraten. Sie hat die beste Wirtschaftlichkeit aller Varianten und erreicht in 30-jähriger Betrachtungsweise mit dem Preis für erzeugte Energie bereits den heutigen Gaspreis.

Familie Schulte
Familie Schulte möchte von der Son-nenwärme profitieren.

Variante 1: Zunächst geht es um eine Anlage zur **Brauchwassererwärmung.** Für vier Personen wählen sie eine Anlage mit sechs Quadratmeter Kollektorfläche und 400 Liter Solarspeicher. Diese Anlage ist zwar größer als diejenige von Familie Meier. Die Kostenspanne liegt aber ebenfalls bei brutto etwa 4.000 bis 5.000 €. Förderung wie bei Familie Meier. Die

Anlage liefert pro Jahr 2.370 Kilowattstun-den. Das sind 64 Prozent der Energie für die Warmwasserbereitung. Die Betriebskosten pro Jahreserzeugung schlagen mit 2,4 Cent pro Kilowattstunde zu Buche. Es ergibt sich ein Preis für erzeugte Energie zwischen 10 und 12 Cent pro Kilowattstunde bei 20 Jahren Betrach-tungszeit. 7 bis 9 Cent pro Kilowattstunde sind es bei 30 Jahren. Die Umwelt wird von etwa 0,6 bis 0,8 Tonnen Kohlendioxid jährlich entlastet.

Variante 2: Anlagenkosten und Förde-rung wie Familie Meier. Die Anlage liefert pro Jahr 4.480 Kilowattstunden. Der höhere Wert beruht auf dem höheren Warmwasserbedarf gegenüber der Familie Meier. Das ergibt einen solaren Deckungsgrad von 30 Prozent. Die Betriebskosten pro Jahreserzeugung schlagen mit 2,6 Cent pro Kilowattstunde zu Buche. Es ergibt sich ein Preis für erzeugte Energie zwischen 8 und 10 Cent pro Kilowattstunde bei 20 Jahren Betrachtungszeit. 6 bis 8 Cent pro Kilowattstunde sind es bei 30 Jahren. Die Kohlendioxid-Entlastung liegt bei etwa 1,1 bis 1,4 Tonnen jährlich.

Variante 3: Die große Solaranlage wird wie bei Familie Meier gewählt. Auch die Werte für Kosten und Förderung finden Sie dort. Die Anlage liefert pro Jahr 8.440 Kilowattstunden. Mit einem solaren Deckungsgrad von 56 Pro-zent haben Schultes somit ein Sonnenhaus (siehe Seite 133). Die Sonnenhaus-Förderung können sie jedoch wegen des zu schlechten baulichen Wärmeschutzes nicht beantragen. Die Betriebskosten pro Jahreserzeugung lie-gen bei 3,6 Cent pro Kilowattstunde. Es ergibt sich ein Preis für erzeugte Energie zwischen 11 und 14 Cent pro Kilowattstunde bei 20 Jahren Betrachtungszeit. 9 bis 11 Cent pro Kilowattstunde sind es bei 30 Jahren. Die Umwelt wird von etwa 2,1 bis 2,7 Tonnen Kohlendioxid jährlich entlastet.

Variante 4: Eine solar unterstützte Lüftungsanlage mit **Luftkollektoren** kann auch bei Schultes sinnvoll sein. Größe, Kosten und Förderung wie bei Familie Meier. Die Anlage liefert jährlich etwa 4.300 Kilowattstunden. Bezogen auf den Gesamtwärmebedarf ist das ein solarer Deckungsgrad von 28 Prozent, nur auf Heizenergie bezogen von 37 Prozent. Betriebskosten pro Jahreserzeugung schlagen mit 2,3 Cent pro Kilowattstunde zu Buche. Es ergibt sich ein Preis für erzeugte Energie zwischen 10 und 12 Cent pro Kilowattstunde bei 20 Jahren Betrachtungszeit. 7 bis 9 Cent pro Kilowattstunde sind es bei 30 Jahren. Die Umwelt wird von etwa 1,1 bis 1,4 Tonnen Kohlendioxid jährlich entlastet.

Fazit: Wegen des hohen Warmwasserbedarfs ist eine reine Brauchwasseranlage sinnvoll. Noch wirtschaftlicher ist die kleine **Heizungsunterstützungsanlage.** Auch Schultes sollten sich eine Fußbodenheizung einbauen lassen. Wenn die Finanzen es zulassen, könnten auch Schultes die große Anlage wählen, welche ihr Haus zum Sonnenhaus macht. Allerdings ist deren Wirtschaftlichkeit schlechter. Da die Anlage vermutlich 30 Jahre lang hält, ist bei absehbaren Preissteigerungen der Energieträger die Investition wirtschaftlich. In der Wirtschaftlichkeit ähnlich liegt auch die Luftkollektoranlage. Eventuell wäre die Kombination der Brauchwassersolaranlage und der Luftkollektoranlage zu überlegen.

Die Kombination beider Anlagen ergibt einen solaren Deckungsgrad von 44 Prozent. Es ergibt sich ein Preis für erzeugte Energie

zwischen 10 und 12 Cent pro Kilowattstunde bei 20 Jahren Betrachtungszeit. 7 bis 9 Cent pro Kilowattstunde sind es bei 30 Jahren. Die Umwelt wird von etwa 1,6 bis 2,1 Tonnen Kohlendioxid jährlich entlastet. Diese Anlagenkombination ist zwar etwas weniger wirtschaftlich als die kleine Heizungsunterstützungsanlage, sie ergibt allerdings eine wesentlich höhere Autarkie.

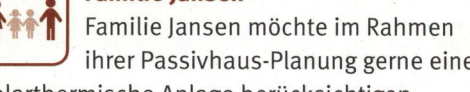

Familie Jansen

Familie Jansen möchte im Rahmen ihrer Passivhaus-Planung gerne eine solarthermische Anlage berücksichtigen.

Variante 1: Der Warmwasserverbrauch von Familie Jansen gleicht demjenigen der Familie Schulte. Dementsprechend ist die Brauchwassersolaranlage in Größe, Ertrag, Kosten und Nutzen identisch zu deren Anlage. Allerdings gibt es hierbei im Neubau keine Förderung. Der Preis für erzeugte Energie steigt deswegen auf 11 bis 13 Cent pro Kilowattstunde bei 20 Jahren. 8 bis 9 Cent pro Kilowattstunde sind es bei 30 Jahren Betrachtungszeit.

Variante 2: Anlagenkosten wie bei Familie Meier. Basisförderung ist im Neubau jedoch nicht möglich. Prinzipiell wäre eine Innovationsförderung denkbar. Es handelt sich bei der Variante 2 nämlich um ein Sonnenhaus (siehe Seite 133), weil die Anlage pro Jahr 3.310 Kilowattstunden liefert, was einen solaren Deckungsgrad von 60 Prozent ergibt. Auch der bauliche Wärmeschutz unterschreitet durch die Passivhausbauweise die Förderbedingungen in hohem Maße. Jedoch kann Innovationsförderung erst ab Kollektorflächen von 20 Quadratmeter aufwärts beantragt werden. Im Sommer wird die Warmwasserbereitung vollständig und in der Übergangszeit größtenteils übernommen. Ein erheblicher Beitrag zur Heizungsunterstützung wird in der Übergangszeit geliefert. Die Betriebskosten pro Jahreserzeugung schlagen mit 3,5 Cent pro Kilowattstunde zu Buche. Es ergibt sich ein Preis für erzeugte Energie zwischen 16 und 19 Cent pro Kilowattstunde bei 20 Jahren Betrachtungszeit. 12 bis 14 Cent pro Kilowattstunde sind es bei 30 Jahren. Die Umwelt wird von etwa 0,8 bis 1,1 Tonnen Kohlendioxid jährlich entlastet.

Variante 3: Als große Solaranlage wird ein Flachkollektor mit 21 Quadratmeter und ein Pufferspeicher von 2.000 Liter gewählt. Eine solche Anlage kostet etwa 15.000 bis 20.000 €. Die Innovationsförderung für das Sonnenhaus wird nun mit 3.150 € berücksichtigt. Die Anlage liefert pro Jahr 4.000 Kilowattstunden. Das ergibt einen solaren Deckungsgrad von 73 Prozent. Im Sommer und in der Übergangszeit wird die Warmwasserbereitung vollständig übernommen. Ein merklicher Beitrag zur Heizungsunterstützung wird bis weit in den Winter hinein geliefert. Nur im Januar und Februar reicht die vom Sommer und Herbst gespeicherte Wärme nicht mehr aus. Die Betriebskosten pro Jahreserzeugung schlagen mit 6,4 Cent pro Kilowattstunde zu Buche. Es ergibt sich ein Preis für erzeugte Energie zwischen 21 und 27 Cent pro Kilowattstunde bei 20 Jahren Betrachtungszeit. 16 bis 20 Cent pro Kilowattstunde sind es bei 30 Jahren. Die Umwelt wird von etwa 1,0 bis 1,3 Tonnen Kohlendioxid jährlich entlastet.

Variante 4: Das Passivhaus benötigt ohnehin eine kontrollierte Lüftungsanlage mit Wärmerückgewinnung. Da liegt die Überlegung nahe, diese Lüftungsanlage mit einem

Luftkollektor zu unterstützen. Der gewählte Kollektor benötigt keinen extra Ventilator, er nutzt den der Lüftungsanlage mit. Wegen des geringen Heizwärmebedarfes wird ein kleiner Luftkollektor mit vier Quadratmeter Fläche gewählt. Diese Anlage kostet 4.000 bis 6.000 €. Luftkollektoren werden im Neubau nur im Rahmen der Innovationsförderung berücksichtigt. Dafür ist diese Anlage zu klein. Die Anlage liefert jährlich etwa 1.490 Kilowattstunden. Bezogen auf den Gesamtwärmebedarf ist das ein solarer Deckungsgrad von 27 Prozent, nur auf Heizenergie bezogen von 85 Prozent. Der Luftkollektor trägt ausschließlich zur Heizwärme bei. Warmwasserbereitung wird nicht übernommen. Bis auf Januar und Februar wird die Heizwärme gedeckt. Die Betriebskosten pro Jahreserzeugung schlagen mit 4,0 Cent pro Kilowattstunde zu Buche. Es ergibt sich ein Preis für erzeugte Energie zwischen 17 und 24 Cent pro Kilowattstunde bei 20 Jahren und 13 bis 17 Cent pro Kilowattstunde bei 30 Jahren Betrachtungszeit. Die Umwelt wird von etwa 0,4 bis 0,5 Tonnen Kohlendioxid jährlich entlastet.

Fazit: Wegen des hohen Warmwasserbedarfs ist eine reine Brauchwasseranlage sinnvoll. Das Passivhaus der Jansens hat nur einen geringen Wärmebedarf. Deswegen sind die beiden Heizungsunterstützungsanlagen weniger zu empfehlen. Bereits die kleine Lösung führt zum Sonnenhaus mit hoher Autarkie. Sie könnte bei hoher Preissteigerung an die Grenze zur Wirtschaftlichkeit kommen. In der Wirtschaftlichkeit etwas schlechter liegt die Luftkollektoranlage.

Eventuell wäre die Kombination der Brauchwassersolaranlage und der Luftkollektoranlage zu überlegen. Die Kombination

Für kühle Rechner

Anpassung der Beispielfälle an Ihre Globalstrahlung mit einem Näherungsverfahren. Genauere Werte kann nur eine Simulationsrechnung liefern. Anpassung an unterschiedlichen Heizwärme- und Warmwasserverbrauch ist ohne Simulation nicht möglich. Hier benötigen Sie einen Energieberater.

Angenommen, Sie leben in Freiburg. Familie Schulte passt zu Ihnen. Es interessiert Sie dabei die Variante 2 mit der kleinen Heizungsunterstützungsanlage.

Wie im Abschnitt „Photovoltaik" (siehe Seite 34) beschrieben, errechnen Sie einen Korrekturfaktor für die Globalstrahlung von 1,14. Mit diesem Faktor werden die Ergebnisse von Familie Schulte in der Variante 2 umgerechnet: Anlagengröße und Kosten bleiben wie im Beispiel. Der solare Ertrag wird näherungsweise um den Faktor höher: 1,14 * 4.480 kWh/a = 5.110 Kilowattstunden pro Jahr. Dementsprechend werden Betriebskosten pro Jahreserzeugung und Preis für erzeugte Energie niedriger: Betriebskosten pro Jahreserzeugung = 2,6 ct/kWh/1,14 = 2,3 Cent pro Kilowattstunde und Preis für erzeugte Energie = 7 ct/kWh/1,14 = 6 Cent pro Kilowattstunde bis 8 ct/kWh/1,14 = 7 Cent pro Kilowattstunde.

beider Anlagen ergibt einen solaren Deckungsgrad von 70 Prozent. Es ergibt sich ein Preis für erzeugte Energie zwischen 13 und 17 Cent pro Kilowattstunde bei 20 Jahren und 10 bis 13 Cent pro Kilowattstunde bei 30 Jahren Betrachtungszeit. Die Umwelt wird von etwa 1,0 bis 1,2 Tonnen Kohlendioxid jährlich entlastet. Diese Anlagenkombination ist zwar weniger wirtschaftlich als die Brauchwassersolaranlage, aber wirtschaftlicher als die Heizungsunterstützungsanlagen und sie ergibt eine wesentlich höhere Autarkie.

Vorteile/Nachteile: Thermische Solaranlagen

+ In jedem Gebäude einsetzbar
+ Wärme zu jeder Tageszeit
+ Betrieb mit Photovoltaikanlage auch bei Netzausfall möglich
+ Hohe Wärmeproduktion im Sommer
+ Gute Förderbedingungen
+ Meistens wirtschaftlicher Betrieb möglich

− Ausrichtung zur Sonne und Verschattung beachten
− Keine Wärme bei längeren Schlechtwetterperioden
− Strombedarf für Pumpe und Regelung
− Wenig Wärme im Winter
− Mittlere bis hohe Investitionskosten
− Lange Amortisationszeiten verlangen hohe Qualität der Anlage

✔ Checkliste: Thermische Solaranlagen

☐ Es empfiehlt sich dringend, Ihre Planung durch einen Energieberater vor Ort oder in den Beratungsstellen der Verbraucherzentralen überprüfen zu lassen (www.verbraucherzentrale.de/beratung).

☐ Brauchwasserverbrauch und Heizenergieverbrauch feststellen.

☐ Möglichst mit Heizungserneuerung kombinieren.

☐ Förderbedingungen beachten und Förderanträge stellen. Bei einigen Förderprogrammen muss die Antragstellung vor Auftragserteilung, bei anderen nach der Installation erfolgen.

☐ Prüfen, ob die Dachsteine noch eine ausreichende Lebensdauer erwarten lassen oder besser vorher ausgetauscht werden sollten.

☐ Möglicherweise ist eine Dachintegration sinnvoll.

☐ Das Dach sollte vorher gedämmt werden.

☐ Statik des Daches überprüfen lassen.

☐ Prüfen, ob eine Leitung vom Dach zum Warmwasserspeicher geführt werden kann.

☐ Luftkollektoren können auch vor einer Südfassade angebracht werden.

☐ Auf gute und temperaturbeständige Wärmedämmung der Leitungen achten.

☐ Auf Verbrühschutz achten (Kaltwasser-Mischventil).

☐ Möglichst Siphons in alle warmen Leitungen einbauen zur Verhinderung von Rezirkulation.

☐ Auf sorgfältige Planung und Ausführung der Anlage achten. Siehe Kasten mit Tipps auf Seite 80/81.

☐ Unter www.ralsolar.de (auf der Seite nach unten scrollen bis zum Bereich Solarthermie) finden Sie verschiedene Checklisten von der Standortbeurteilung bis zur Kundeneinweisung. Sie finden auch Unternehmen, die sich auf die Einhaltung dieser Gütebedingungen verpflichtet haben.

Strom zu Wärme

Strom in Wärme umwandeln? Bis vor einigen Jahren war ein solcher Vorschlag völlig tabu. Nun kommt aber immer mehr erneuerbar erzeugter Strom in die Netze und das Undenkbare wird denkbar. Es gibt mittlerweile einige Studien, die eine Energiewende ohne Stromeinsatz für Wärmezwecke nicht für möglich halten; denn Strom kann momentan nicht in größeren Mengen gespeichert werden. Große Wärmespeicher dagegen sind bereits vorhanden und ohne Weiteres nachzurüsten. Ein Wärmespeicher für eine Kilowattstunde kostet etwa 50 bis 100 € in der Anschaffung, ein Batteriespeicher dagegen mehr als das Zehnfache. Und erneuerbare Energien sind nicht zu steuern: die Sonne scheint und der Wind weht ohne sich nach dem Bedarf im Netz zu richten. Deshalb die Überlegung, überschüssigen Strom in Wärme zu wandeln.

Strom ist jedoch eine „edle" Energieform – Strom ist reine Exergie. Wärme besteht nur zum Teil aus Exergie – je geringer die Temperatur, umso weniger Exergie.

Heizen mit Strom ist also wie Butterschneiden mit der Motorsäge. Es gibt jedoch eine Möglichkeit, mithilfe von Strom Exergie zurückzugewinnen – die Wärmepumpe. Sie nutzt Umweltwärme mit niedriger Temperatur und bringt diese unter Stromeinsatz auf ein höheres Temperaturniveau. Zum Vergleich: Wenn Sie nichts daran tun, so nimmt die Unordnung in Ihrer Wohnung immer weiter zu. Sie müssen dann mechanische Energie und Strom fürs Putzen und den Staubsauger einsetzen.

Gut zu wissen

Energie geht nie verloren, sie wandelt sich nur von einer Form in die andere. Je nach Energieform gibt es jedoch einen Anteil – die Exergie, die tatsächlich verloren geht. Mit Exergie wird der Teil der Energie bezeichnet, der unbeschränkt in andere Energieformen verwandelt werden kann. Strom und mechanische Energie sind reine Exergie. Aus Wärme kann jedoch nur zum Teil wieder Strom gemacht werden. Beispiel: Wärmekraftwerke erreichen lediglich einen Wirkungsgrad von 30 bis etwa 50 Prozent – der Rest wird als Wärme an die Umgebung abgegeben. Letztendlich verwandelt sich alle Energie mehr oder weniger schnell in Wärme. Der Zustand, wenn alles auf gleicher, niedriger Temperatur liegt und somit keine Exergie mehr übrig ist, wird der Wärmetod des Universums genannt. Durch die Art des Energieeinsatzes können wir diesen Vorgang beeinflussen. Beispiel einer Umwandlungskette: Gas wird im Kessel verbrannt und heizt die Wohnung. Die chemische Energie im Brennstoff enthält viel Exergie, denn die Flamme ist mehrere Hundert Grad heiß. Die Raumwärme mit 20 Grad dagegen hat einen geringen Exergiegehalt. In diesem Prozess wird viel Exergie vernichtet. Noch größer ist die Exergievernichtung, wenn zum Heizen Strom eingesetzt wird. Nutzen wir einen Sonnenkollektor, der nur Niedertemperaturwärme liefern kann, so ist die Exergievernichtung minimal.

Zurzeit gibt es nur ganz wenige Stunden im Jahr, an denen die erneuerbare Energie nicht genutzt werden kann. Mit zunehmendem Anteil der erneuerbaren und ohne rechtzeitigen Zubau von Stromspeichern kann es tatsächlich sinnvoll werden, Strom direkt in Wärme umzuwandeln. Noch liefert aber die Photovoltaik wertvollen Spitzenstrom.

Im Folgenden wird besprochen, unter welchen Umständen „Strom zu Wärme" bei Ihrem Haus sinnvoll ist. Solange der Rest, den die Photovoltaikanlage nicht liefern kann, durch eine nicht elektrische Heizanlage gedeckt wird, gibt es keine Belastung des Stromnetzes. Es wird sogar durch Warmwasserbereitung von sommerlichen Spitzen entlastet. Elektrische Nachheizung und elektrische Wärmepumpen aber führen zu zusätzlicher Winterlast, insbesondere wenn dies viele Haushalte machen. Windstrom kann diese Last vermutlich nur im Zusammenspiel mit Stromspeichern decken.

Elektrische Warmwasserbereitung mit Photovoltaik-Strom

Bei der Warmwasserbereitung gibt es zwei Wege zur Autarkie für Sie: eine **thermische Solaranlage, die direkt das Warmwasser bereitet** (siehe Seite 75) oder eine **Photovoltaikanlage** (siehe Seite 26), die den benötigten Strom zur Verfügung stellt. Was ist sinnvoller? Geht es darum, möglichst wenig Exergie zu verlieren, so kommt nur die Solarthermie infrage. Wie sieht das aber von der technischen und wirtschaftlichen Seite aus?

Gut zu wissen

Natürlich wäre auch die Nutzung einer **Kleinwindanlage** (siehe Seite 36) möglich. Da das Windangebot nicht planbar ist, wird hier auf eine Abschätzung verzichtet. Dies könnte nur auf Ihre Bedingungen zugeschnitten und nach einer Windmessung erfolgen. Falls Sie einen windreichen Standort besitzen, könnte die Brauchwassererwärmung mit Windstrom interessant sein. Achtung: Den Windstrom sollten Sie vorrangig im eigenen Haushalt einsetzen. Ob dann noch ausreichend Strom für die Brauchwasserbereitung verbleibt, ist fraglich.

Abbildung 45: Gerät zur direkten Aufheizung eines Brauchwasserspeichers mit einer Photovoltaikanlage.

Variante 1: Sie können nicht einen Elektroheizstab direkt mit den Solarmodulen verbinden. Sie benötigen dazu eine Elektronik, die möglichst viel Strom aus den Modulen gewinnt, die Aufheizung nach dem Solarstromangebot steuert und für den Fall, dass Warmwasserbedarf besteht, aber kein Sonnenstrom zur Verfügung steht, gegebenenfalls auf Netzstrom umschaltet. Solche Geräte sind auf dem Markt für knapp 1.000 bis 1.500 € erhältlich (Abb. 45). Der rechts sichtbare Heizstab wird in den Warmwasserspeicher geschoben und dicht verschraubt. Im linken Kasten befindet sich die Ansteuerelektronik. Der vorhandene Brauchwasserspeicher der Heizungsanlage kann genutzt werden, wenn es dort noch einen unbenutzten Flansch (einen verschraubten Deckel) zur Montage des Heizstabes gibt.

Das Gerät übernimmt nur die Erwärmung des Speicherwassers. Es findet keine Umwandlung des Solarstroms in Netzwechselstrom statt. Steht nicht genug Solarstrom zur Verfügung,

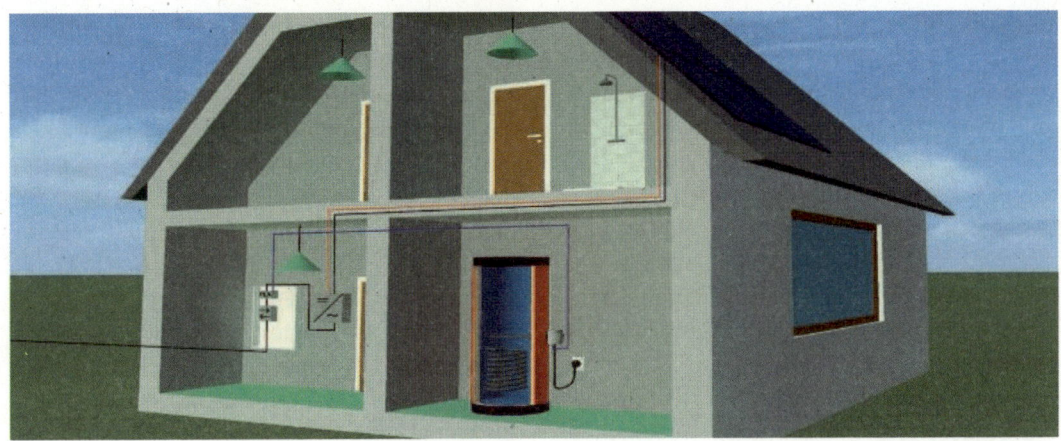

Abbildung 46: Schematische Darstellung der Einbindung in die Hausinstallation eines Gerätes zur Warmwasserbereitung mit vorhandener Photovoltaikanlage.

so kann das Gerät auf Netzstrom umschalten. Das sollte jedoch nur im Notfall geschehen, da nun Kosten von 28 Cent pro Kilowattstunde gegenüber 4 bis 7 Cent pro Kilowattstunde bei Öl oder Gas anfallen. Die Solarmodule auf dem Dach werden durch Kabel direkt mit dem Warmwasserbereiter verbunden. Das ist sicher ein geringerer Aufwand als die Installation einer Kollektoranlage mit gut gedämmten Rohren vom Keller zum Dach. Da es sich hier um sehr kleine Photovoltaikanlagen handelt, andererseits aber kein Wechselrichter benötigt wird, kommen Kosten zwischen 1.200 und 2.000 € pro Kilowatt-Peak zu den Kosten des Wamwasserbereiters hinzu. Die Wartungskosten werden pauschal mit einem Prozent der Investitionssumme angesetzt.

Variante 2: Andere Geräte sind dafür gedacht, bei einer vorhandenen Photovoltaikanlage die Überschüsse, die ansonsten ins Netz eingespeist würden, zur Warmwasserbereitung zu nutzen. Im Zählerkasten misst ein Modul, ob Überschussstrom eingespeist wird, und schaltet dann die Warmwasserbereitung ein, falls der Warmwasserspeicher geheizt werden soll (Abb. 46). Auch bei diesen Geräten ist mit Kosten von 1.000 bis 1.500 € zu rechnen. Da hier nur geringer Verschleiß auftritt, betragen die Wartungskosten lediglich 0,5 Prozent der Investition. Allerdings könnten Sie den überschüssigen Photovoltaikstrom ansonsten ins Netz einspeisen und erhalten dafür die Einspeisevergütung von zurzeit 12,31 Cent pro Kilowattstunde für 20 Jahre (vereinfacht, es kommt noch die Vergütung im Jahr der Inbetriebnahme hinzu), danach vermutlich lediglich den niedrigen Börsenstrompreis. Beim Preis für erzeugte Energie kommt dieser Wert 20 Jahre lang zu demjenigen durch Investitions- und Wartungskosten.

Beispielfamilien

Bei unseren Meiers und Schultes kommt die verbleibende Energie für die Warmwasserbereitung von der Öl- oder Gasheizung. Beim Passivhaus der Jansens lohnt sich wegen des geringen Energiebedarfs die Investition in eine Öl- oder Gasheizung nicht. In diesem Fall ist in der Lüftungsanlage ein elektrisch betriebener Lufterhitzer oder ein mit Flüssiggas geheizter Lufterhitzer eingebaut (wie vom Campingmobil bekannt).

Die Anpassung an Ihre speziellen Bedingungen kann, wie weiter oben beschrieben, mit Korrekturfaktoren erfolgen (siehe Seite 82 und 89).

Familie Meier
Meiers haben nur einen geringen Warmwasserbedarf von 1.700 Kilowattstunden jährlich.

Variante 1: Es soll eine Anlage ausschließlich für die Warmwasserbereitung eingesetzt werden. Das auf dem Markt erhältliche Gerät hat eine Anschlussleistung von zwei Kilowatt. Solarmodule von zwei Kilowatt-Peak mit Montage kosten zwischen 2.400 und 4.000 €. Zusätzlich fallen Kosten für das Gerät und eventuell einen Warmwasserspeicher an, sodass sich Gesamtkosten von 3.400 bis 5.000 € (ohne Speicher) beziehungsweise 4.400 bis 6.000 € (mit Speicher) ergeben. Diese Anlage liefert 1.410 Kilowattstunden für die Warmwasserbereitung, was einem Anteil von 83 Prozent entspricht (Abb. 47). Lediglich im Winter kann die Anlage die Warmwasserbereitung nicht vollständig übernehmen. Im Sommer entsteht ein Überschuss an nicht genutzter Solarenergie, den die Anlage abregelt. Die Betriebskosten pro Jahreserzeugung betragen 2,8 Cent pro Kilowattstunde und der

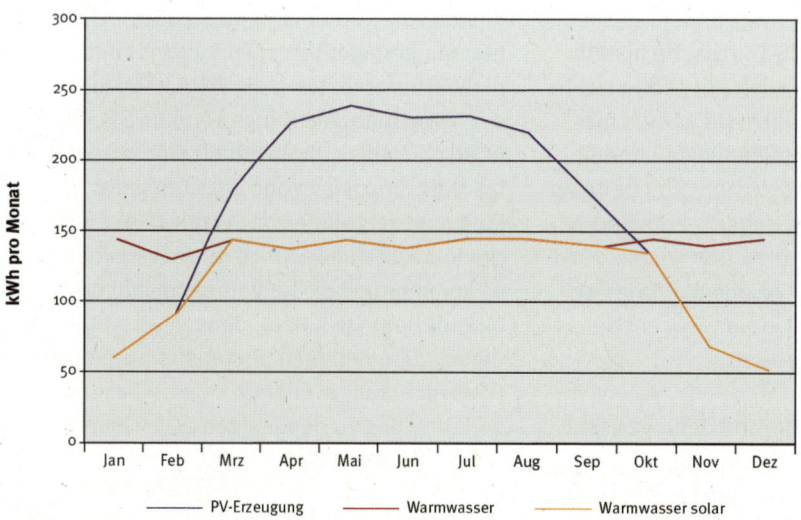

Abbildung 47: Jahresverlauf des Warmwasserbedarfs der Familie Meier und dessen Deckung durch die Anlage nach Variante 1.

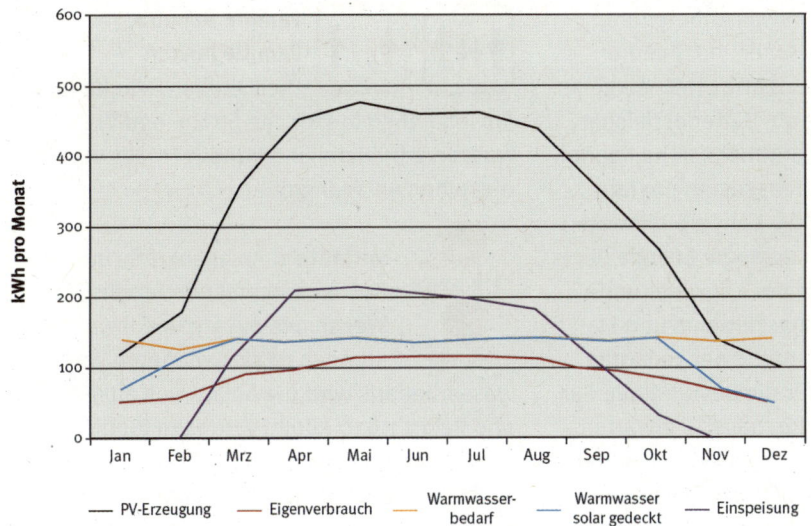

Abbildung 48: Jahresverlauf des Warmwasserbedarfs der Familie Meier und dessen Deckung durch die Anlage nach Variante 2.

Preis für erzeugte Energie liegt zwischen 15 und 21 Cent pro Kilowattstunde bei 20 Jahren Betrachtungszeitraum und 11 bis 15 Cent pro Kilowattstunde bei 30 Jahren. Diese Lebensdauer ist durchaus zu erwarten. Muss in einen neuen Speicher investiert werden, so steigt der Preis für erzeugte Energie auf 18 bis 24 Cent pro Kilowattstunde bei 20 Jahren und auf 13 bis 17 Cent pro Kilowattstunde bei 30 Jahren Betrachtungszeit. Die Umwelt wird von 0,3 bis 0,4 Tonnen Kohlendioxid entlastet im Vergleich zur Warmwasserbereitung durch Gas oder Öl.

Variante 2: Meiers haben bereits eine Photovoltaikanlage vorgesehen und möchten die Einspeisung ins Netz durch elektrische Warmwasserbereitung verringern. Das auf dem Markt erhältliche Gerät für die Warmwasserbereitung hat eine Anschlussleistung von drei Kilowatt. Die Kosten für das Gerät und

eventuell einen Warmwasserspeicher betragen zwischen 1.000 bis 2.500 € (mit Speicher). Die Photovoltaikanlage rechnet sich durch Eigenstromverbrauch und Einspeisevergütung (siehe Kapitel zwei). Deswegen bleiben ihre Kosten unberücksichtigt und es wird lediglich die entgangene Einspeisevergütung angerechnet. Die Photovoltaikanlage wird wie im vorherigen Kapitel (siehe Seite 32) beschrieben auf vier Kilowatt-Peak ausgelegt. Vorrangig wird der Strom im Hausnetz genutzt; denn dort ersetzt er den Strom, der ansonsten mit 28 Cent pro Kilowattstunde (ohne Preissteigerung) bezogen würde. Dies sind 1.090 Kilowattstunden jährlich. Der Überschuss liefert 1.450 Kilowattstunden für die Warmwasserbereitung, was einem Anteil von 85 Prozent entspricht. In Bezug auf Warmwasserbereitung und Strom-Eigenverbrauch ergibt sich ein **Autarkiegrad** von 45 Prozent (Abb. 48). Lediglich im Winter kann die Anlage die Warmwasserbereitung nicht vollständig übernehmen. Im Sommer entsteht ein Überschuss, der ins Netz einge- speist wird. Hier könnte ein Batteriespeicher die Eigenstromnutzung erhöhen (siehe Kapitel zwei, Seite 44). Die Betriebskosten pro Jah- reserzeugung betragen 0,9 Cent pro Kilowatt- stunde und der Preis für erzeugte Energie liegt zwischen 17 und 22 Cent pro Kilowattstunde bei 20 Jahren Betrachtungszeitraum und 11 bis 15 Cent pro Kilowattstunde bei 30 Jahren. Diese Lebensdauer ist für die Bestandteile der Warmwasserbereitung durchaus zu erwarten. Die höheren Werte gelten, wenn Meiers einen neuen Speicher benötigen. Die Umweltentlas- tung entspricht Variante 1: 0,3 bis 0,4 Tonnen Kohlendioxid weniger.

Fazit: Alle Photovoltaikvarianten erzielen einen um 3 bis 6 Cent günstigeren Preis für erzeugte Energie als die Brauchwassersolaranlage (Familie Meier, Variante 1 aus dem vorigen Abschnitt). Am wirtschaftlichsten ist die aus- schließlich zur Bereitung von Warmwasser geeignete Anlage, wenn kein neuer Warmwas- serspeicher nötig ist. Diese Anlage erzielt auch einen wesentlich höheren Autarkiegrad im Ver- gleich zur **thermischen Anlage.** Die netzgekop- pelte Anlage erzielt einen ähnlichen Preis für erzeugte Energie und sogar einen geringfügig höheren Autarkiegrad. Außerdem trägt sie zur Stromautarkie bei. Jedoch ist Wirtschaftlichkeit in allen Fällen nur gegeben, wenn die Energie- preise steigen und die Anlage 30 Jahre lang hält. Bei geringem Warmwasserverbrauch ist demnach die Lösung „Strom zu Wärme" eine gute Entscheidung.

  Familie Schulte, Familie Jansen
Die Familien Schulte und Jansen haben identische Strom- und Warm- wasserverbräuche und benötigen deswegen dieselben Anlagengrößen.

Fam. Schulte

Fam. Jansen

Variante 1: Anlagengröße und Kosten entsprechen Familie Meier. Wegen des mit 3.700 Kilowatt- stunden pro Jahr höheren Warm- wasserbedarfs wird die Anlage voll ausgenutzt und liefert 1.920 Kilowattstunden für die Warmwasserbereitung, was einem Anteil von 52 Prozent entspricht. Die Anlage kann zu kei- ner Zeit die Warmwasserbereitung vollständig übernehmen. Auch im Sommer entsteht kein Überschuss. Die Betriebskosten pro Jahreser- zeugung betragen 2,1 Cent pro Kilowattstunde und der Preis für erzeugte Energie liegt zwi- schen 11 und 15 Cent pro Kilowattstunde bei 20 Jahren Betrachtungszeitraum und 8 bis 11 Cent pro Kilowattstunde bei 30 Jahren. Diese Lebensdauer ist durchaus zu erwarten. Muss in einen neuen Speicher investiert werden, so steigt der Preis für erzeugte Energie auf 14 bis 18 Cent pro Kilowattstunde bei 20 Jahren und auf 10 bis 12 Cent pro Kilowattstunde bei 30 Jahren Betrachtungszeit. Die Umwelt wird von 0,4 bis 0,6 Tonnen Kohlendioxid entlastet im Vergleich zur Warmwasserbereitung durch Gas oder Flüssiggas oder Öl. Wird beim Passivhaus der Restbedarf elektrisch gedeckt, so verbleibt keine Umweltentlastung.

Fam. Schulte

Fam. Jansen

Variante 2: Die zwei Familien haben bereits eine Photovolta- ikanlage vorgesehen. Die Anla- gengröße entspricht der Anlage in Kapitel zwei mit drei Kilowatt-Peak und die

Zusatzkosten denjenigen von Familie Meier. Im Hausnetz werden 790 Kilowattstunden genutzt. Der Überschuss liefert 2.100 Kilowattstunden für die Warmwasserbereitung, was einem Anteil von 57 Prozent entspricht. In Bezug auf Warmwasserbereitung und Strom-Eigenverbrauch ergibt sich ein Autarkiegrad von 43 Prozent. Auch in diesem Fall kann die Anlage die Warmwasserbereitung nicht vollständig übernehmen. Noch nicht einmal im Sommer entsteht ein Überschuss, und es erfolgt keine Netzeinspeisung. Die Betriebskosten pro Jahreserzeugung betragen 0,6 Cent pro Kilowattstunde und der Preis für erzeugte Energie liegt zwischen 15 und 19 Cent pro Kilowattstunde bei 20 Jahren Betrachtungszeitraum und 10 bis 13 Cent pro Kilowattstunde bei 30 Jahren. Diese Lebensdauer ist durchaus zu erwarten. Die höheren Werte gelten, wenn die Familien einen neuen Speicher benötigen. Die Umweltentlastung entspricht Variante 1.

Variante 3: Die Anlage nach Variante 2 kann die Warmwasserbereitung nicht vollständig decken. An die Steuereinheit kann jedoch ein weiterer Brauchwasserheizer angeschlossen werden. Dann muss allerdings auch die Photovoltaikanlage auf sechs Kilowatt-Peak erweitert werden. Für das zusätzliche Gerät kommen Kosten von etwa 1.000 € hinzu, sodass die Gesamtkosten für die Geräte und eventuell einen Warmwasserspeicher zwischen 2.000 bis 3.500 € (mit Speicher) betragen. Im Hausnetz werden 890 Kilowattstunden genutzt. Der Überschuss liefert 3.120 Kilowattstunden für die Warmwasserbereitung, was einem Anteil von 84 Prozent entspricht. In Bezug auf Warmwasserbereitung und Strom-Eigenverbrauch ergibt sich ein Autarkiegrad von 60 Prozent.

Nun kann die Anlage die Warmwasserbereitung lediglich im Winter nicht vollständig übernehmen. Im Sommer entsteht ein Überschuss und es erfolgt Netzeinspeisung. Auch hier wäre möglicherweise eine Batterie sinnvoll. Die Betriebskosten pro Jahreserzeugung betragen 0,6 Cent pro Kilowattstunde und der Preis für erzeugte Energie liegt zwischen 16 und 18 Cent pro Kilowattstunde bei 20 Jahren Betrachtungszeitraum und 11 bis 13 Cent pro Kilowattstunde bei 30 Jahren. Diese Lebensdauer ist durchaus zu erwarten. Die höheren Werte gelten, wenn die Familien einen neuen Speicher

Lohnt sich immer

Sollten Sie Ihr Warmwasser elektrisch erwärmen, so liefern alle thermischen Solaranlagen und alle Photovoltaikanlagen zu einem Preis für erzeugte Energie **unterhalb des Haushaltsstrompreises.** Die Amortisationszeit liegt damit in jedem Fall unterhalb der Lebensdauer. Haben Sie einen elektrisch geheizten Speicher, so können Sie die thermische Solaranlage davorschalten oder im Solarspeicher einen elektrischen Heizstab einbauen lassen. Entscheiden Sie sich für die Photovoltaikanlage, so wird Ihr derzeitiger Heizstab durch den elektronisch gesteuerten Wassererwärmer ausgetauscht.

Haben Sie einen elektrischen Durchlauferhitzer, wird es schwieriger. Die thermische Solaranlage und die photovoltaisch gespeiste Wassererwärmung benötigen zunächst einen Warmwasserspeicher. Die Nachheizung für sonnenschwache Zeiten erfolgt in beiden Fällen am besten durch die Heizungsanlage. Der Durchlauferhitzer wird dann demontiert und eine Warmwasserleitung vom Speicher zu den Zapfstellen verlegt. Wird Ihr Haus elektrisch beheizt, so kann der Durchlauferhitzer die Nachheizung übernehmen, falls er elektronisch geregelt wird (erkennbar an einer gradgenauen Einstellmöglichkeit). Ein hydraulisch geregeltes Gerät arbeitet nur zufriedenstellend, wenn es an Kaltwasser angeschlossen ist. Ob sich der zusätzliche Aufwand lohnt, sollte Ihr Energieberater entscheiden.

benötigen. Die Umweltentlastung steigt auf 0,6 bis 0,9 Tonnen Kohlendioxid jährlich. Wird beim Passivhaus der Restbedarf elektrisch gedeckt, so verbleibt eine Umweltentlastung von 0,6 Tonnen Kohlendioxid jährlich.

Fazit: Alle Photovoltaikvarianten erzielen einen um 1 bis 7 Cent ungünstigeren Preis für erzeugte Energie als die Brauchwassersolaranlage (Variante 1 bei den Familien Schulte und Jansen im vorigen Abschnitt) – sie ist die wirtschaftlichste Lösung. Danach kommt die ausschließlich zur Bereitung von Warmwasser geeignete Anlage, wenn kein neuer Warmwasserspeicher nötig ist. Lediglich die große Lösung mit zwei Brauchwassererwärmern er-

Vorteile/Nachteile: Warmwasserbereitung mit Photovoltaik-Strom

+ In jedem Gebäude einsetzbar
+ Hoher Deckungsgrad möglich
+ Warmwasserspeicher kühlt nur langsam aus
+ Günstiges System, wenn geringer Warmwasserbedarf
+ Geringer Installationsaufwand
+ Nutzung eines vorhandenen Speichers
+ Speicherung im Warmwasser ist kostengünstig
+ Ohne Netzkopplung die beste Wirtschaftlichkeit
+ Unter günstigen Bedingungen wirtschaftlicher Betrieb möglich

– Ausrichtung zur Sonne und Verschattung beachten
– Im Winter kaum Warmwassererwärmung
– Nach längerer Schlechtwetterperiode Nachheizung notwendig
– Bei normalem bis hohem Warmwasserbedarf ist thermische Solaranlage besser geeignet
– Mittlere Kosten
– Passt möglicherweise nicht in vorhandenen Speicher
– Wertvolle Energie (Exergie) wird entwertet
– Mit Netzkopplung in Konkurrenz zur Einspeisevergütung
– Sehr lange Amortisationszeiten verlangen hohe Qualität der Anlage

✔ Checkliste: Warmwasserbereitung mit Photovoltaik-Strom

☐ Bestimmen Sie Ihren Warmwasserverbrauch.
☐ Ab 4-Personen-Haushalt ist vermutlich eine thermische Solaranlage vorzuziehen.
☐ Siehe Checkliste Photovoltaikanlage (siehe Seite 35).
☐ Kann der Wassererwärmer in den vorhandenen Speicher eingebaut werden?

Bei elektrischer Warmwasserbereitung:

☐ Gibt es einen Speicher?
☐ Gibt es einen elektronisch geregelten Durchlauferhitzer?
☐ Kann der Speicher aufgestellt werden?
☐ Kann eine Warmwasserleitung zwischen Speicher und Durchlauferhitzer verlegt werden?

zielt gegenüber der thermischen Anlage einen höheren Autarkiegrad. Sie ist jedoch auch die unwirtschaftlichste. Die Wirtschaftlichkeit ist in allen Fällen besser als bei Familie Meier und sie setzt steigende Energiepreise und lange Anlagenlebensdauer voraus. Bei normalem Warmwasserverbrauch ist demnach die Lösung „Strom zu Wärme" keine gute Entscheidung.

Elektroheizung mit Photovoltaik-Strom

Die direkte Beheizung mit Netzstrom ist sehr teuer und entspricht nicht dem Ziel eines energieautarken Hauses. Überlegenswert ist die Beheizung durch selbst erzeugten Strom mit Photovoltaik.

Gut zu wissen

Kleinwindanlagen werden hier nicht betrachtet. Sie müssen auf individuelle Gegebenheiten geprüft und abgestimmt werden. Dazu benötigen Sie einen Energieberater (siehe Seite 187).

Eine Solaranlage zur Heizungsunterstützung benötigt immer einen Speicher. Als Speicher genügt ein einfacher, gut gedämmter und damit energiesparender sogenannter Pufferspeicher mit etwa 800 Liter Volumen, in den unten der elektronisch geregelte Heizstab eingebaut wird (siehe Seite 92). Der vorhandene Heizkessel übernimmt die Nachheizung dieses Pufferspeichers und die Heizungsanlage holt bei Bedarf die Wärme aus diesem Speicher. Ein Pufferspeicher verringert das Ein- und Ausschalten des Heizungsbrenners und spart dadurch Energie. Diese Einsparung wird in den folgenden Betrachtungen nicht berücksichtigt. Wird die Photovoltaikanlage nur für die Heizung eingesetzt, so verbleiben im Sommer sehr große Überschüsse. Diese sollten für die Brauchwassererwärmung genutzt werden, wie im vorigen Abschnitt erläutert. Wenn der Pufferspeicher daneben passt, kann Ihr Brauchwasserspeicher stehen bleiben. Sollte nicht genügend Platz in Ihrem Heizungskeller sein, so ist auch eine Einspeicheranlage mit Kombispeicher oder Frischwasserstation möglich, wie sie im Abschnitt über Solarkollektoranlagen beschrieben ist (siehe Seite 75). Die zusätzliche Investition für zwei Brauchwassererwärmer (und eventuell neuer Brauchwasserspeicher) und Pufferspeicher einschließlich Installation betragen 3.000 € bis 5.000 €. Wie im Fall der reinen Brauchwassererwärmung ist eine Photovoltaikanlage ohne Netzkopplung möglich. Oder es wird der Überschussstrom aus der netzgekoppelten Anlage genutzt. Da es sich hier um übliche Photovoltaikanlagengrößen handelt, wird mit Anlagenkosten von 1.800 bis 1.900 € pro Kilowatt-Peak gerechnet.

Beispielfamilien

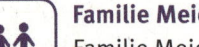

Familie Meier

Familie Meier will ihre Haustechnik neu gestalten und überlegt auch eine Unterstützung der Heizung durch Photovoltaikstrom.

klein groß **Variante 1:** Eine nicht netzgekoppelte Anlage für Brauchwassererwärmung und Heizungsunterstützung benötigt zwei Geräte zu je zwei Kilowatt Anschlussleistung. Die Photovoltaikanlage wird deswegen auf vier Kilowatt-Peak ausgelegt. Eine solche Anlage kostet einschließlich der Zusatzkosten für zwei Wassererwärmer und Speicher 10.200 bis 12.600 €. Von ihrem möglichen Ertrag von 3.840 Kilowattstunden jährlich können nur 940 Kilowattstunden nicht genutzt werden. 1.640 Kilowattstunden gehen in die Warmwassererwärmung – 97 Prozent Warmwasser-Autarkie – und 1.260 Kilowattstunden in die Heizung – sieben Prozent Heizautarkie. Insgesamt wird eine Autarkie Warmwasser und Heizung von 15 Prozent erreicht. Nur im Winter reicht der Solarstrom für die Brauchwassererwärmung nicht aus. Heizungsunterstützung erfolgt in geringem Maße lediglich in der Übergangszeit. Der Sommerüberschuss wird verworfen. Die Betriebskosten pro Jahreserzeugung betragen 2,6 Cent pro Kilowattstunde und der Preis für erzeugte Energie liegt bei 20 Jahren Betrachtungszeit zwischen 20 und 24 Cent pro Kilowattstunde und bei 30 Jahren zwischen 14 und 17 Cent pro Kilowattstunde. Die Umweltentlastung gegenüber Gas und Öl beträgt 0,7 bis 0,9 Tonnen Kohlendioxid jährlich. Eine Verdoppelung der Anlagengröße erhöht zwar den Autarkiegrad Warmwasser und Heizung auf 27 Prozent, ist aber noch unwirtschaftlicher.

Variante 2: Die im Kapitel zwei vorgeschlagene kleine Photovoltaikanlage nützt für die Heizungsunterstützung zu wenig. Meiers entscheiden sich deshalb für die Anlage mit acht Kilowatt-Peak. Kosten und Ertrag sind im Kapitel zwei beschrieben und bleiben hier außen vor. Betrachtet werden die Zusatzkosten von 3.000 € bis 5.000 €. Für Warmwassererwärmung und Heizung steht Strom zur Verfügung, der ansonsten während 20 Jahren gegen Einspeisevergütung ins Netz eingespeist würde. Diese entgangenen Erlöse werden im Preis für erzeugte Energie berücksichtigt. Die Warmwassererwärmung von 1.700 Kilowattstunden jährlich kann vollständig gedeckt werden. Zusätzlich stehen 1.900 Kilowattstunden für Heizungsunterstützung zur Verfügung – 10 Prozent Heizautarkie. Die Stromautarkie erreicht 32 Prozent. Gesamtautarkie bezogen auf Strom und Wärme 20 Prozent. Die Brauchwassererwärmung erfolgt ganzjährig und Heizungsunterstützung in geringem Maße lediglich in der Übergangszeit. Der Sommerüberschuss von 1.890 Kilowattstunden wird ins Netz gegen Vergütung eingespeist. Bei dieser geringen Menge ist ein Batteriespeicher vermutlich nicht sinnvoll. Die Betriebskosten pro Jahreserzeugung betragen 0,6 Cent pro Kilowattstunde und der Preis für erzeugte Energie liegt bei 20 Jahren Betrachtungszeit zwischen 16 und 18 Cent pro Kilowattstunde und bei 30 Jahren zwischen 11 und 12 Cent pro Kilowattstunde. Die Umweltentlastung gegenüber Gas und Öl beträgt 0,9 bis 1,4 Tonnen Kohlendioxid jährlich.

Fazit: Eine solarthermische Anlage zur Heizungsunterstützung wie im ersten Abschnitt dieses Kapitels beschrieben liefert die Energie für 3 bis 6 Cent pro Kilowattstunde günstiger als alle Photovoltaikanlagen. „Strom zu Wärme" ist in Familie Meiers Fall nur bedingt zu empfehlen. Falls Photovoltaik auch für Wärmeerzeugung genutzt werden soll, dann ist die netzgekoppelte Anlage die wirtschaftlichere Solarstromanlage, zumal sie einen Teil des Haushaltsstroms deckt.

Familie Schulte

Auch Familie Schulte denkt über eine photovoltaische Unterstützung der Heizung nach.

  Variante 1: Die nicht netzgekoppelte Anlage für Brauchwassererwärmung und Heizungsunterstützung entspricht in Technik und Kosten derjenigen von Familie Meier. Von ihrem möglichen Ertrag können Schultes nur 440 Kilowattstunden nicht nutzen. 2.990 Kilowattstunden gehen in die Warmwassererwärmung – 81 Prozent Warmwasser-Autarkie und 410 Kilowattstunden in die Heizung – vier Prozent Heizautarkie. Insgesamt wird eine Autarkie Warmwasser und Heizung von 23 Prozent erreicht. Nur im Winter reicht der Solarstrom für die Brauchwassererwärmung nicht aus. Heizungsunterstützung erfolgt in sehr geringem Maße lediglich in der Übergangzeit. Der Sommerüberschuss wird verworfen. Die Betriebskosten pro Jahreserzeugung betragen 2,2 Cent pro Kilowattstunde und der Preis für erzeugte Energie liegt bei 20 Jahren Betrachtungszeit zwischen 17 und 21 Cent pro Kilowattstunde und bei 30 Jahren zwischen 12 und 15 Cent pro Kilowattstunde. Die Umweltentlastung gegenüber Gas und Öl beträgt 0,9 bis 1,0 Tonnen Kohlendioxid jährlich. Eine Verdoppelung der Anlagengröße erhöht zwar den Autarkiegrad Warmwasser und Heizung auf 38 Prozent, ist aber noch unwirtschaftlicher.

Variante 2: Die im Kapitel zwei (siehe Seite 33) vorgeschlagene kleine Photovoltaikanlage mit drei Kilowatt-Peak nützt für die Heizungsunterstützung nichts. Schultes entscheiden sich deshalb für die Anlage mit sechs Kilowatt-Peak. Die Anmerkungen zu Kosten, Ertrag und Erlös entsprechen denen bei Familie Meier. 3.120 Kilowattstunden gehen in die Warmwassererwärmung – 84 Prozent Warmwasser-Autarkie und 830 Kilowattstunden in die Heizung –, sieben Prozent Heizautarkie. Die Stromautarkie erreicht 29 Prozent. Gesamtautarkie bezogen auf Strom und Wärme 27 Prozent. Nur im Winter wird Brauchwasser nicht erwärmt. Die Heizung wird in geringem Maße lediglich in der Übergangzeit unterstützt. Der Sommerüberschuss von 830 Kilowattstunden wird ins Netz gegen Vergütung eingespeist. Bei dieser geringen Menge ist ein Batteriespeicher (Seite 44) nicht sinnvoll. Die Betriebskosten pro Jahreserzeugung betragen 0,6 Cent pro Kilowattstunde und der Preis für erzeugte Energie liegt bei 20 Jahren Betrachtungszeit zwischen 17 und 19 Cent pro Kilowattstunde und bei 30 Jahren zwischen 11 und 13 Cent pro Kilowattstunde. Die Umweltentlastung gegenüber Gas und Öl beträgt 0,8 bis 1,2 Tonnen Kohlendioxid jährlich.

Fazit: Eine solarthermische Anlage zur Heizungsunterstützung wie im ersten Abschnitt dieses Kapitels beschrieben liefert auch den Schultes die Energie für 4 bis 8 Cent pro Kilowattstunde günstiger als alle Photovoltaikanlagen. „Strom zu Wärme" ist demnach wiederum nur bedingt zu empfehlen. Falls Photovoltaik auch für Wärmeerzeugung genutzt werden soll, dann ist bei den Solarstromanlagen die netzgekoppelte Anlage wirtschaftlicher, zumal sie einen Teil des Haushaltsstroms deckt.

Familie Jansen

Familie Jansen möchte keinen Gasanschluss legen lassen und auch für einen Öltank gibt es keinen Platz. Ein Elektroanschluss ist ohnehin nötig. Wird das Haus allerdings vollständig mit Strom geheizt und so auch das Warmwasser bereitet, so kostet das die Jansens ohne Preissteigerung gut 1.500 € jährlich und mit Preissteigerung sogar knapp 2.300 €. Wie wäre es mit einer Photovoltaikanlage? Beim Passivhaus der Jansens ist eine Lüftungsanlage geplant. Im Zuluftkanal zu den Wohnräumen kann ein durch Wasser aus dem Pufferspeicher geheiztes Nachheizregister eingebaut werden.

klein   groß

Variante 1: Die nicht netzgekoppelte Anlage für Brauchwassererwärmung und Heizungsunterstützung entspricht in Technik und Kosten derjenigen von Familie Meier. Von ihrem möglichen Ertrag können Jansens 530 Kilowattstunden nicht nutzen. 2.990 Kilowattstunden gehen in die Warmwassererwärmung – 81 Prozent Warmwasser-Autarkie. 320 Kilowattstunden gehen in die Heizung – 18 Prozent Heizautarkie. Insgesamt wird eine Autarkie Warmwasser und Heizung von 60 Prozent erreicht. Nur im Winter reicht der Solarstrom für die Brauchwassererwärmung nicht aus. Heizungsunterstützung erfolgt lediglich in der Übergangszeit. Der Sommerüberschuss wird verworfen. Die Betriebskosten pro Jahreserzeugung betragen 2,3 Cent pro Kilowattstunde und der Preis für erzeugte Energie liegt bei 20 Jahren Betrachtungszeit zwischen 18 und 21 Cent pro Kilowattstunde und bei 30 Jahren zwischen 13 und 15 Cent pro Kilowattstunde. Die Umweltentlastung gegenüber Gas, Flüssiggas und Öl beträgt 0,7 bis 1,0 Tonnen Kohlendioxid jährlich.

Wird der Rest elektrisch zugeheizt, so sinkt die Umweltentlastung auf 0,2 Tonnen pro Jahr. Die Wärmekosten werden durch die Photovoltaikanlage um 60 Prozent verringert. Eine Verdoppelung der Anlagengröße erhöht zwar den Autarkiegrad Warmwasser und Heizung auf 77 Prozent, ist aber noch unwirtschaftlicher.

Variante 2: Die netzgekoppelte Photovoltaikanlage für Haushaltsstrom, Brauchwassererwärmung und Heizung entspricht derjenigen von Familie Schulte. Jansens entschließen sich, diese Sechs-Kilowatt-Peak-Anlage einzubauen. Die Anlage liefert 5.770 Kilowattstunden Solarstrom. Davon werden 890 Kilowattstunden im Hausnetz genutzt – Autarkiegrad 29 Prozent –, 3.120 Kilowattstunden gehen in die Warmwassererwärmung – 84 Prozent Warmwasser-Autarkie – und 460 Kilowattstunden in die Heizung – 26 Prozent Heizautarkie. Gesamtautarkie bezogen auf Strom und Wärme 53 Prozent. Nur im Winter reicht der Solarstrom für die Brauchwassererwärmung nicht aus. Heizungsunterstützung erfolgt in geringem Maße in der Übergangszeit. Der Sommerüberschuss von 1.300 Kilowattstunden wird ins Netz eingespeist. Auch hier wäre ein Batteriespeicher vermutlich nicht sinnvoll. Die Betriebskosten pro Jahreserzeugung betragen 0,7 Cent pro Kilowattstunde und der Preis für erzeugte Energie liegt bei 20 Jahren Betrachtungszeit zwischen 17 und 20 Cent pro Kilowattstunde und bei 30 Jahren zwischen 12 und 14 Cent pro Kilowattstunde. Die Umweltentlastung gegenüber Gas, Flüssiggas und Öl beträgt 0,7 bis 1,1 Tonnen Kohlendioxid jährlich. Wird der Rest elektrisch zugeheizt, so sinkt die Umweltentlastung auf 0,3 Tonnen pro Jahr. Die Wärmekosten sinken durch diese Photovoltaikanlage auf etwa ein Drittel.

Variante 3: Familie Jansen möchte einen höheren Heizungsautarkiegrad erreichen. Dann muss die Photovoltaikanlage größer ausgewählt werden. Bei Anlagengrößen über zehn Kilowatt-Peak muss anteilig eine EEG-Abgabe gezahlt werden. Jansens entscheiden sich deswegen für eine Zehn-Kilowatt-Peak-Anlage. Die Anmerkungen zu Kosten, Ertrag und Erlös entsprechen denen bei Familie Meier, Variante 2. Die Anlage liefert 9.610 Kilowattstunden Solarstrom. Davon werden 1.020 Kilowattstunden im Hausnetz genutzt – Autarkiegrad 34 Prozent – 3.550 Kilowattstunden gehen in die Warmwassererwärmung – 96 Prozent Warmwasser-Autarkie – und 780 Kilowattstunden in die Heizung – 43 Prozent Heizautarkie. Gesamtautarkie bezogen auf Strom und Wärme 63 Prozent (Abb. 49). Nur im kältesten Winter reicht der Solarstrom für die Brauchwassererwärmung nicht ganz aus. In der Übergangszeit wird die Heizung merklich unterstützt. Der Sommerüberschuss von 4.270 Kilowattstunden wird ins Netz eingespeist. Hier wäre ein Batteriespeicher zur Erhöhung des Eigenstromverbrauchs vermutlich sinnvoll. Die Betriebskosten pro Jahreserzeugung betragen 0,4 Cent pro Kilowattstunde und der Preis für erzeugte Energie liegt bei 20 Jahren Betrachtungszeit zwischen 16 und 17 Cent pro Kilowattstunde und bei 30 Jahren um 11 Cent pro Kilowattstunde. Die Umweltentlastung gegenüber Gas, Flüssiggas und Öl beträgt 0,9 bis 1,3 Tonnen Kohlendioxid jährlich. Wird der Rest elektrisch zugeheizt, so sinkt die Umweltentlastung auf 0,8 Tonnen pro Jahr. Die Wärmekosten sinken durch diese Photovoltaikanlage auf etwa ein Fünftel.

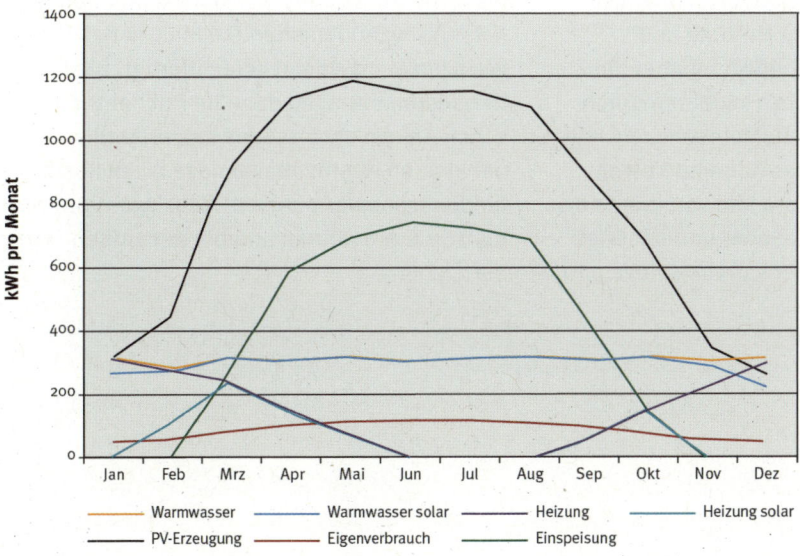

Abbildung 49: Jahresverlauf des Wärmebedarfs der Familie Jansen und dessen Deckung durch die Anlage nach Variante 3.

Fazit: Beim geringen Wärmebedarf des Passivhauses sind sowohl die solarthermische als auch die solarelektrischen Varianten eine gute Lösung. In Bezug auf den Gesamtautarkiegrad Strom und Wärme ist die große Photovoltaikanlage zu bevorzugen – „Strom zu Wärme" ist bei geringem Heizwärmebedarf durchaus sinnvoll. Familie Jansen kann bei Ihrem Passivhaus zwischen drei ähnlich wirtschaftlichen Lösungen wählen, die nur geringe Restkosten für die Nacherwärmung bewirken: Die im Abschnitt „Kollektoranlagen" beschriebene Kombination aus Brauchwassersolaranlage mit Luftkollektor kostet zwischen 8.000 und 11.000 €, liefert die Energie zu einem Preis von 10 bis 13 Cent pro Kilowattstunde bei 30-jähriger Betrachtungszeit und benötigt eine Nacherwärmung von 1.640 Kilowattstunden jährlich. Die netzgekoppelte Sechs-Kilowatt-Peak-Photovoltaikanlage benötigt zwar eine höhere Anfangsinvestition von 13.800 bis 16.400 € einschließlich der Kosten für elektrische Heizung und Warmwassererwärmung, erwirtschaftet die Anlagenkosten aber in circa 16 Jahren durch Eigenstromnutzung und Netzeinspeisung. Sie liefert die Wärme zu etwas höheren Kosten von etwa 12 bis 14 Cent pro Kilowattstunde bei Betrachtungszeitraum 30 Jahre und benötigt eine etwas höhere Nacherwärmung von 1.920 Kilowattstunden jährlich. Die netzgekoppelte Zehn-Kilowatt-Peak-Photovoltaikanlage ist mit 21.000 bis 24.000 € einschließlich der Kosten für elektrische Heizung und Warmwassererwärmung die teuerste Lösung, erwirtschaftet die Anlagenkosten aber ebenfalls in circa 16 Jahren. Sie liefert die Wärme zu etwas günstigeren Kosten um die 11 Cent pro Kilowattstunde bei Betrachtungszeitraum 30 Jahre und benötigt eine geringere Nacherwärmung von 1.170 Kilowattstunden jährlich. Erfolgt die Nacherwärmung elektrisch, so kostet dies ohne Preissteigerung im ersten Fall 460 € jährlich, bei der kleinen Photovoltaik 540 € und bei der großen 330 €. Mit Preissteigerung sind es 680 € beziehungsweise 800 € beziehungsweise 490 € jährlich. Familie Jansen kann die Nachheizung jedoch auch mit Flüssiggas bewerkstelligen. Das Nachheizregister ähnelt dem Einsatz für ein Campingmobil. Es werden vier bis fünf Gasflaschen zu 33 kg pro Jahr benötigt – der Aufwand für einen Gastank ist bei dieser geringen Menge nicht gerechtfertigt. Die Nachheizkosten betragen dann im Fall der thermischen Anlage etwa 150 bis 220 € jährlich. Bei der kleinen Photovoltaikanlage fallen Kosten für die Resterwärmung mit Flüssiggas von 180 bis 260 € pro Jahr an und bei der großen 150 bis 220 €.

Vorteile/Nachteile: Elektroheizung mit Photovoltaik

+ Insbesondere in Gebäuden mit niedrigem Heizwärmebedarf einsetzbar

+ Hoher Deckungsgrad möglich

+ Mit Haushaltsstromdeckung und Wassererwärmung zu kombinieren

+ Gut gedämmter Pufferspeicher kühlt nur langsam aus

+ Günstiges System, wenn geringer Heizwärmebedarf

+ Geringer Installationsaufwand

+ Thermische Speicherung ist kostengünstig

+ Mit Koppelung ans öffentliche Netz die beste Wirtschaftlichkeit

+ Unter günstigen Bedingungen wirtschaftlicher Betrieb möglich

– Ausrichtung zur Sonne und Verschattung beachten

– Im Winter kaum Heizungsunterstützung

– Große Photovoltaikanlage nötig

– Nach längerer Schlechtwetterperiode Nachheizung notwendig

– Bei hohem Wärmebedarf ist thermische Solaranlage besser geeignet

– Mittlere bis hohe Kosten

– Wertvolle Energie (Exergie) wird entwertet

– In Konkurrenz zur Einspeisevergütung

– Sehr lange Amortisationszeiten verlangen hohe Qualität der Anlage

✔ Checkliste: Elektroheizung mit Photovoltaik

☐ Bestimmen Sie Ihren Warmwasserverbrauch.

☐ Ab 4-Personen-Haushalt ist vermutlich eine thermische Solaranlage vorzuziehen.

☐ Siehe Checkliste Photovoltaikanlage (siehe Seite 35).

☐ Kann der Wassererwärmer in den vorhandenen Speicher eingebaut werden?

Bei elektrischer Warmwasserbereitung:

☐ Gibt es einen Speicher?

☐ Gibt es einen elektronisch geregelten Durchlauferhitzer?

☐ Kann der Speicher aufgestellt werden?

☐ Kann eine Warmwasserleitung zwischen Speicher und Durchlauferhitzer verlegt werden?

Wärmepumpen

Beginnen wir mit einem Beispiel. Sie besitzen eine Luft-Luft-Wärmepumpe – nämlich eingebaut in Ihrem Kühlschrank. Eine Wärmepumpe bewegt Wärme in eine Richtung, in der sie das freiwillig nicht tut. Wärme strömt immer von warm zu kalt – die Exergie (siehe Seite 91) nimmt ab. Im Kühlschrank wird nun das Innere kalt gehalten gegen den Zustrom der Wärme von außen. Dafür ist Strom nötig. Die Exergie des Stroms dient zur Vergrößerung der Exergie der Umwelt. Schalten Sie im Urlaub den Kühlschrank aus, so strömt Wärme von außen herein und er wird so warm wie die Umgebung. Sie benötigen mehr Strom, wenn Sie die Temperaturdifferenz außen zu innen erhöhen, indem Sie den Regler auf „kälter" stellen. Oder wenn Sie den Kühlschrank in einer wärmeren Umgebung aufstellen, beispielsweise neben dem Herd. Die Wärme, welche die Wärmepumpe aus dem Kühlschrankinneren transportiert, wird durch ein rückwärtiges Rohrregister an die Umgebungsluft abgegeben. Die Wärmepumpe

Abbildung 50: Erdwärmepumpenanlage mit Wärmepumpe (rechts) und Pufferspeicher (links).

arbeitet zwischen einer Wärmequelle – dem Kühlschrankinneren – und einer sogenannten Wärmesenke – der Küchenluft.

Eine Brauchwasser- oder Heizungswärmepumpe macht nichts anderes: Hier ist Wärme-

Gut zu wissen

Wärmepumpen werden nach den Medien bezeichnet, zwischen denen sie arbeiten: Wasser, Sole oder Luft. Mit Sole ist hier ein Wasser-Frostschutzmittel-Gemisch gemeint, welches genutzt wird, um Erdwärme zu gewinnen. Wärmesenke ist meistens Wasser, seltener Luft, da die meisten Heizungsanlagen Warmwasserheizungen sind. Auf der Wärmesenke- und Wärmequellenseite werden Wärmetauscher eingesetzt, die den Wärmepumpenkreislauf mit dem darin enthaltenen Kältemittel von der Umgebung trennen. Bei Erdwärmepumpen gibt es auch die Möglichkeit, das Kältemittel direkt durch Rohrleitungen im Erdreich zu leiten. Diese Direktverdampferanlagen sparen zwar einen Wärmetauscher sowie die Solepumpe mit den entsprechenden Verlus-

ten, benötigen aber mehr und spezielle Kältemittel und sehr sorgfältig abgedichtete Kupferrohre werden im Erdreich verlegt. In Deutschland haben sie sich trotz ausgezeichnetem Ergebnis (http://www.agenda-energie-lahr.de/files/Ph2-ErdWP-BSU.pdf) nicht durchgesetzt. Die Arbeitsmedien werden mit Buchstaben abgekürzt, die dem Englischen entstammen: W – Wasser, Grundwasser (Water), B – Sole (Brine), A – Luft (Air). Bei der Bezeichnung von Arbeitspunkten werden zu diesen Buchstaben die entsprechenden Temperaturen angegeben. Zum Beispiel heißt A2W35 der Arbeitspunkt einer Luft-Wasser-Wärmepumpe mit 2 Grad Celsius Außenlufttemperatur und 35 Grad Celsius Temperatur der Warmwasserheizung.

quelle die Umgebung: Grundwasser, Erdreich oder Außenluft. Wärmesenke ist ein Brauchwasserspeicher und/oder eine Heizungsanlage. Wärmequelle und Wärmesenke werden meist durch Rohrleitungen mit der Wärmepumpe verbunden (Abb. 50).

Es gibt zwei Zahlen, um die Effektivität von Wärmepumpenanlagen zu bewerten. Die **Leistungszahl** (auch **COP** – Coefficient of Performance) bezieht sich auf einen speziellen Arbeitspunkt mit einer bestimmten Quellen- und Senkentemperatur. Sie wird auf dem Prüfstand unter definierten Bedingungen gemessen. Dieser Wert bezieht sich nur auf die Wärmepumpe und nicht auf die Anlage, in die sie eingebaut wird. Diesen Wert finden Sie auch in den Produktbeschreibungen der Hersteller. Es wird gemessen, welche Wärmeleistung die Wärmepumpe im Verhältnis zur momentanen elektrischen Leistung hat.

Leistungszahl = abgegebene Wärmeleistung/ aufgenommene elektrische Leistung

Zur Leistungszahl muss angegeben werden, für welchen Arbeitspunkt sie gilt. Nach Norm wird bei Luft/Wasser-Wärmepumpen der COP für A2/W35, bei Wasser-/Wasser- Wärmepumpen für W10/W35 und bei Sole-/Wasser-Wärmepumpen für B0/W35 dokumentiert. (Sie finden Messresultate auf der Internetseite des Wärmepumpen-Testzentrums www.wpz.ch.) Für Sie ist aber viel wichtiger, wie effektiv die Wärmepumpe eingebaut in Ihrer Heizungsanlage arbeitet. Es kommt also nicht auf die Effektivität bei einer bestimmten Temperatur an, sondern auf sämtliche Zustände, die während einer Zeitspanne auftreten. Die **Arbeitszahl (AZ)** gibt das Verhältnis von während dieser Zeit gewonnener Wärme zum dafür eingesetzten Strom an.

Arbeitszahl = abgegebene Wärmeenergie/aufgenommene elektrische Energie

Besonders wichtig ist die Arbeitszahl während eines Jahres, die **Jahresarbeitszahl (JAZ).** So kann die Effektivität einer Wärmepumpenanlage bewertet werden. Strom wird auch heutzutage noch zum größten Teil in Großkraftwerken mit mäßigem Wirkungsgrad produziert. Vereinfacht wird aus drei Teilen Wärme ein Teil Strom. Wenn dann die Wärmepumpe wieder aus einem Teil Strom drei Teile Wärme macht, so gibt es in der gesamten Kette wenigstens keinen Verlust. Das heißt, die JAZ muss mindestens „3" sein, um eine Wärmepumpe als „energieeffizient" bezeichnen zu können. Diese Forderung teilen auch die Deutsche Energieagentur (dena) in Berlin und der Stromversorger RWE. Bei wachsendem Anteil an erneuerbarer Stromerzeugung können auch Wärmepumpen mit JAZ unter 3 eine merkliche Umweltentlastung bewirken. Die Bundesförderung gilt im Marktanreizprogramm nur für besonders energieeffiziente Wärmepumpenanlagen. Luft/Wasser- Wärmepumpenanlagen müssen eine Jahresarbeitszahl von mindestens 3,5 und Wasser-/Wasser- und Sole-/Wasser-Anlagen sogar von mindestens 3,8 erreichen. Die JAZ kann natürlich noch nicht gemessen werden, weil der Förderantrag kurz nach Inbetriebnahme der Anlage gestellt werden muss. Sie wird nach Norm aus dem COP und den Anlagendaten errechnet (zur Bundesförderung www.bafa.de, dann weiterklicken „Energie", „Heizen mit erneuerbaren Energien", „Wärmepumpen". Hier finden Sie auch eine Liste der förderfähigen Wärmepumpen mit vielen Zusatzangaben).

Eine Wärmepumpenanlage besteht aus zahlreichen Komponenten: der Wärmepumpe, einer Pumpe für die Sole bei Erdwärmepumpenanlagen, einem Elektroheizstab für Notfälle und Ladepumpen für Trinkwasser- und gegebenenfalls Pufferspeicher. Alles was dann noch kommt, beispielsweise die Heizungsumwälzpumpe, wird in jeder anderen Heizungsanlage auch benötigt. Die Arbeitszahl kann nun auf verschiedene Systemgrenzen bezogen werden, das heißt, es werden mehr oder weniger elektrische Verbraucher berücksichtigt. Je weniger es sind, umso höher kann eine Jahresarbeitszahl angegeben werden. Für einen sinnvollen Vergleich mit einem herkömmlichen Heizsystem müssen in jedem Fall die Wärmepumpe, die Quellenpumpe und der Heizstab mitge-

messen werden (in der Abbildung der dicke grüne Rahmen AZ2). Die Ladepumpen würde ein Heizkessel ebenfalls benötigen.

Wärmequellen für Wärmepumpen

Eine Wärmepumpe arbeitet besonders effektiv, wenn sie ganzjährig eine Wärmequelle mit relativ hoher Temperatur nutzen kann und die Heizseite möglichst kleine Temperaturen liefern muss. Eine solche Wärmequelle ist das **Grundwasser** und das **Erdreich.** Für beide Nutzungen brauchen Sie eine Genehmigung der Unteren Wasserbehörde. Geologische Landesämter können Sie bei der Beurteilung der Ergiebigkeit der Wärmequelle unterstützen.

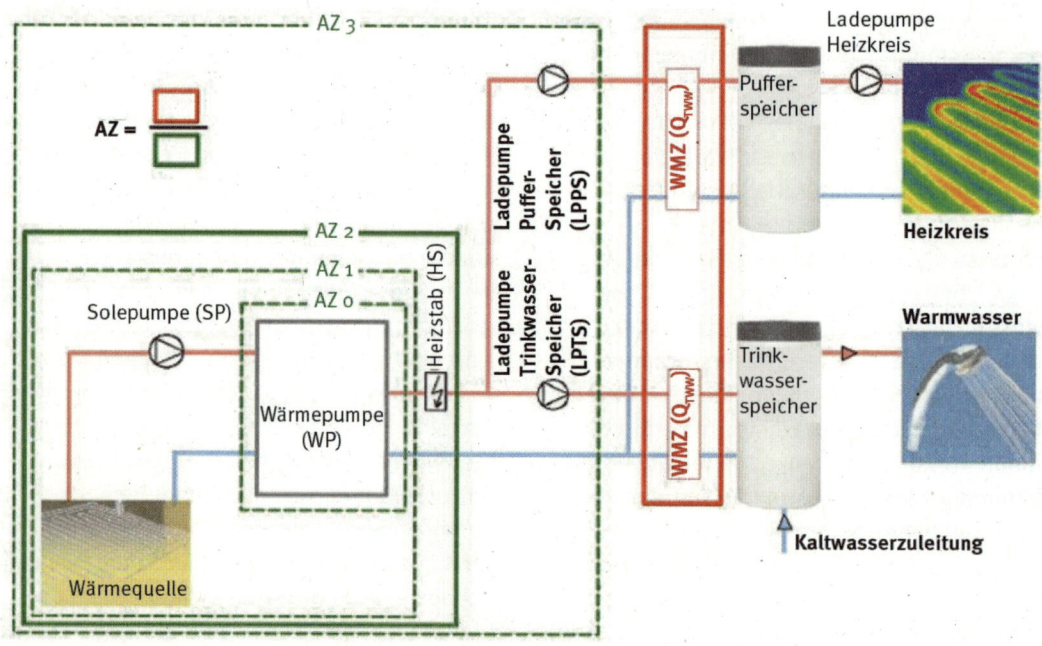

Abbildung 51: Schematische Darstellung einer Wärmepumpenanlage mit eingezeichneten Bilanzgrenzen.

Für die **Nutzung des Grundwassers** benötigen Sie zwei Brunnen. Im Saugbrunnen wird aus einer bestimmten Tiefe das Wasser gewonnen und zum Wärmetauscher der Wärmepumpe gepumpt und beim Schluckbrunnen muss es genau in diesen Grundwasserleiter zurückgeführt werden. Dabei ist die Fließrichtung des Grundwassers vom Saug- zum Schluckbrunnen zu beachten, um einen thermischen Kurzschluss zu vermeiden. Wichtig ist die chemische Zusammensetzung des Grundwassers; denn Eisen und Mangan können dazu führen, dass Stoffe ausfallen und die Poren am Schluckbrunnen verstopfen. Dann müsste ein neuer Brunnen gebohrt werden, was die Anlage häufig unwirtschaftlich macht. Die Grundwasserleitungen müssen ausreichend dimensioniert und die Grundwasserpumpe möglichst leistungsarm gewählt werden, sonst geht das auf Kosten der Jahresarbeitszahl.

Fazit: Eine Grundwasser-Wärmepumpenanlage kann prinzipiell die höchsten Jahresarbeitszahlen von etwa 5 erreichen, sie ist aber nicht überall zu realisieren und benötigt eine genaue Untersuchung und Planung.

Erdwärmenutzung ist an vielen Stellen möglich. Es gibt allerdings einige Gesteinsformationen, die instabil sind und durch eine Bohrung ins Rutschen geraten können. Daher wird empfohlen, nur mit speziell zertifizierten Bohrunternehmen zu arbeiten. Die Unteren Wasserbehörden können hier Auskunft erteilen. Erdwärme kann gewonnen werden mit flachen Erdkollektoren – lange Rohrleitungen in frostfreier Tiefe von etwa 1,5 bis 2 Metern Tiefe verlegt oder mit Erdsonden –, Rohre, die in Bohrlöcher bis 100 Meter Tiefe (ab und zu auch bis 200 Meter Tiefe) eingebracht sind. Für

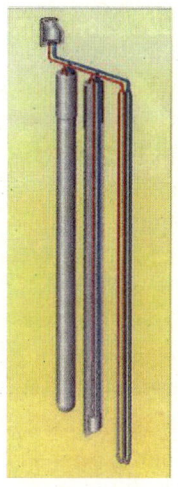

Abbildung 52: Schematische Darstellung von Erdsonden.

Altbauten kommen eher Sondenbohrungen in Betracht, da Erdkollektoren große Flächen benötigen und somit der gesamte Garten zerstört wird. In jeder Sonde führen zwei Leitungen nach unten und zwei Leitungen wieder nach oben. Das Bohrloch wird anschließend mit einem langzeitstabilen und gut wärmeleitfähigen Material dauerhaft gefüllt. Eine Sonde ist zwar teuer, hat aber eine lange Lebensdauer. Reicht eine Sonde für die benötigte Heizleistung nicht aus, so werden mehrere Sonden parallel angeschlossen. Auch wenn Sonden teuer sind: Es ist noch teurer, sie nicht ausreichend zu dimensionieren – dazu später mehr.

Als dritte Möglichkeit zur Nutzung der Erdwärme kommen Grabenkollektoren in Betracht. Ein Graben von etwa drei Meter Tiefe und unten etwa 1,2 oben etwa 2,5 Meter Breite wird ausgehoben. Darin werden parallel im frostfreien Bereich viele Leitungen verlegt und der Graben wieder gefüllt. Die Entzugsleistung ist erheblich größer als diejenige eines Erdkollektors, sodass weniger Grundstücksfläche beeinträchtigt wird. Der Grabenkollektor ist erheblich kostengünstiger als eine Erdsonde. Die Abbildung 53 zeigt, wie der COP bei Erdwärmeanlagen von Wärmequellen- und Wärmenutzungstemperatur abhängt. Der Bereich zwischen den Geraden entspricht Messwerten des WPZ (Wärmepumpen-Testzentrums). Sie sehen deutlich, dass der COP sehr stark von der Temperatur der Wärmequelle abhängt. Die Temperatur im Erdreich ist allerdings recht konstant übers Jahr. Im ungestörten Erdreich liegt sie sommers wie winters bei etwa 10 Grad Celsius. Wird nun die Wärmepumpe betrieben, so wird Wärme aus dem Erdreich geholt. Die Umgebung um Erdkollektor oder Erdsonde kühlt dadurch aus. Je nach Beschaffenheit des Untergrundes kann Wärme mehr oder weniger schnell nachfließen. Resultat ist im Winter eine niedrigere Soletemperatur von etwa 2 Grad. Bei einem Erdkollektor wird die Regeneration im Sommer durch die Sonneneinstrahlung auf

die Erde unterstützt. Wärme kann umso besser nachfließen, je nasser die Erde ist. Die Fläche über einem Erdkollektor darf deswegen nicht versiegelt werden. Erdsonden und Erdkollektoren können Sie zweifach nutzen: fürs Heizen im Winter und zur Kühlung Ihres Hauses im Sommer. Die dadurch in die Erde abgegebene Wärme erhöht dort die Temperatur (Beispiele finden Sie auf Seite 139). Entscheidend für den COP ist die Wärmesenkentemperatur. Sie sehen, dass zwischen 35 Grad und 55 Grad der COP sich um gut 2 verschlechtert. Mindestens 55 Grad benötigen Sie bei einer Heizungsanlage mit normal ausgelegten Heizkörpern. Aber selbst bei einer Fußbodenheizung benötigen Sie ab und zu die hohe Temperatur für die Warmwasserbereitung. Wegen der vergleichsweise hohen Kosten von Erdsonden wurde das Konzept des Eisspeichers entwickelt (siehe Seite 140).

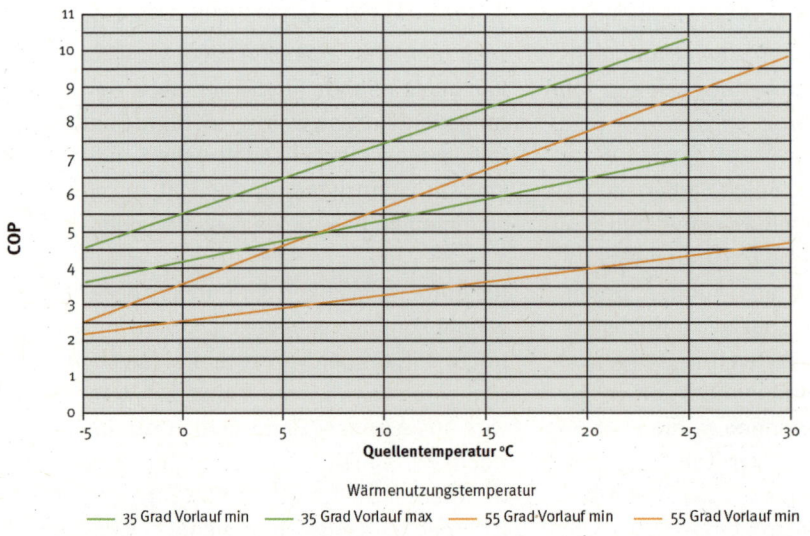

Abbildung 53: Bereich der Temperaturabhängigkeit des COP von Sole-Wasser-Wärmepumpen nach Messwerten des Wärmepumpen-Testzentrums.

Fazit: Eine Erdwärme-Anlage kann prinzipiell hohe Jahresarbeitszahlen von etwa 4 erreichen. Sie ist auf vielen Grundstücken möglich. Erdkollektor und insbesondere Erdsonde sind teuer, aber lange haltbar. Genaue Untersuchung und Planung ist auch hier nötig.

Erdkollektoren und Erdsonden sind teuer und nicht immer möglich. Deswegen hat sich die Nutzung der **Außenluft** immer mehr durchgesetzt. Allerdings handelt es sich hier um eine ungünstigere Wärmequelle; denn wenn Sie heizen müssen, im Winter, ist es besonders kalt draußen. Luft-Wasser-Wärmepumpen können im Haus oder im Außenbereich aufgestellt werden. Sie haben große Ventilatoren, um große Luftmengen zu bewegen, weil der Wärmeinhalt der Luft viel kleiner als derjenige von Wasser ist. Das ist nicht ohne Geräusch möglich. Insbesondere bei Außenaufstellung

Tipp

Eine Wärmepumpe kann oft auch ohne Fußbodenheizung mit niedriger Vorlauftemperatur arbeiten. Gerade im Altbau sind die Heizkörper oft sehr großzügig ausgelegt und brauchen keine sehr hohen Temperaturen. Wenn Sie Ihr Haus wärmedämmen, sinkt die Heizlast und dadurch die benötigte Heizkörpertemperatur. Lassen Sie Ihr Heizsystem hydraulisch abgleichen (siehe Kapitel vier, Seite 188). Diese Maßnahme ist übrigens eine Fördervoraussetzung. Wenn es sich nur um einige Räume handelt, können Sie dort die Heizkörper gegen großflächige austauschen. Es gibt auch Spezialheizkörper mit eingebautem Ventilator, die für die kältesten Tage trotz niedriger Vorlauftemperatur die Heizleistung erhöhen können. Für die kältesten Tage könnte eine Zusatzheizung helfen, zum Beispiel ein Kaminofen.

muss die Lärmbelästigung für Sie und die Nachbarschaft bedacht werden. Wände kön-

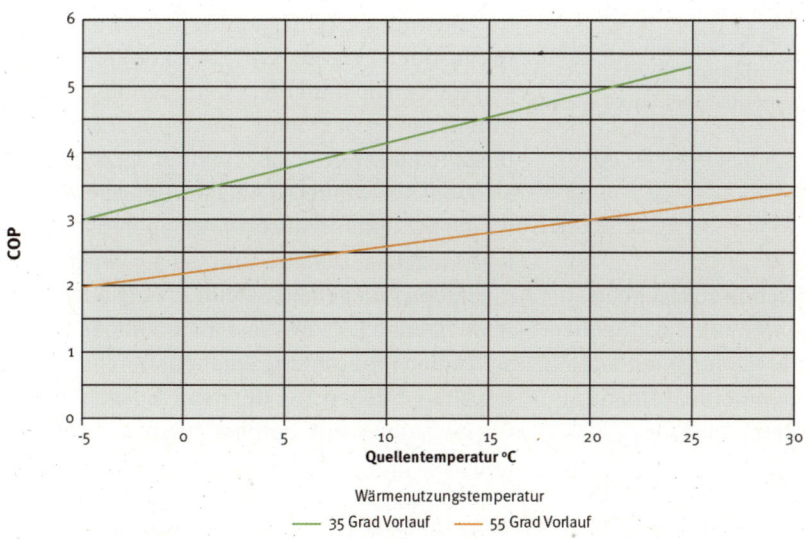

Abbildung 54: Mittlerer Wert für die Temperaturabhängigkeit des COP von Luft-Wasser-Wärmepumpen nach Messwerten des Wärmepumpen-Testzentrums.

nen Schall reflektieren, Hecken dagegen den Schall mindern. Oft ist es sinnvoll, eine längere Leitung zum Haus in Kauf zu nehmen. Auch gibt es Split-Anlagen. In der Außeneinheit sind hier nur der Ventilator und der Verdampfer der Wärmepumpe untergebracht. Von dort führen dünne Kältemittelleitungen ins Haus zum Kompressor und Verflüssiger. Sie haben dann minimale Wärmeverluste der Rohrleitungen und das Kompressorgeräusch bleibt im Haus.

Gut zu wissen

Erdwärmepumpen können ganzjährig als einziger Wärmeerzeuger arbeiten. Eine solche Anlage wird **monovalent** genannt.

Luft-Wärmepumpen benötigen oft im kalten Winter einen zweiten Wärmeerzeuger – **bivalente** Anlage. Das kann zum Beispiel Ihr alter Heizkessel sein, der im kältesten Winter ausschließlich die Wärmeversorgung übernimmt. Die Wärmepumpe ist dann ausgeschaltet – **bivalent alternativ.** Es ist auch denkbar, dass im Winter Heizkessel und Wärmepumpe sich die Arbeit teilen – **bivalent parallel**. Ab einer bestimmten Temperatur wird der Heizkessel zugeschaltet – **Bivalenzpunkt.** Zahlreiche Luft-/Wasserwärmepumpen haben einen Elektroheizstab im Speicher eingebaut, der die Rolle des zweiten Wärmeerzeugers übernimmt – **monoenergetisch.**

Weil die Lüftergeräusche schon zu Nachbarschaftsstreitigkeiten geführt haben, wurde diesem Thema ein besonderer Planungsleitfaden gewidmet (www.waermepumpe.de/verband/publikationen/fachpublikationen/).

Die Werte auf den Geraden der Abb. 54 sind Mittelwerte der Messwerte des WPZ. Der Unterschied zwischen Winter und Sommer bewirkt eine Änderung des COP von gut zwei. Die hö-

here Vorlauftemperatur führt zu einer weiteren Verschlechterung des COP von eins bis zwei.

Einige Hersteller von Sole-/Wasser-Wärmepumpen bieten spezielle Absorber außerhalb des Erdreichs an: Energiezaun und Energiewand. Die Absorberrohre werden hier in Form eines Zaungeflechts geführt oder in eine Betonwand eingegossen. Vorteil: Sie müssen keine größeren Erdarbeiten und aufwendige Sondenbohrungen durchführen und erhalten eine Wärmequelle, die zusätzlich zur Außenlufttemperatur die auffallende Sonnenwärme und ein wenig die von unten kommende Erdwärme nutzen kann. Als Resultat erhalten Sie eine Jahresarbeitszahl (JAZ) zwischen Erd- und Luft-Wärmepumpenanlagen.

Feldtests von Wärmepumpenanlagen

Es gibt Feldtests von Wärmepumpenanlagen. Ein besonders interessanter wurde vom Fraunhoferinstitut ISE durchgeführt (www.wp-monitor.de, dann „Ergebnisse"). Ausgewählte Anlagen wurden über mehrere Jahre vermessen und Arbeitszahlen bestimmt. Die Untersuchung bestand aus zwei Teilabschnitten. Es zeigte sich, dass die neueren Anlagen bessere Werte für die JAZ liefern: Alte Erdwärmepumpenanlagen lagen im Durchschnitt bei 3,9, wogegen die neuen Anlagen im Schnitt 4,3 erzielten. Auch bei den Luft-Wasserwärmepumpen hat sich eine Verbesserung ergeben: Durchschnitt der alten Anlagen 3,0, der neue Anlagen 3,2. Die besseren Werte beruhen hauptsächlich auf neuer Technik der Wärmepumpen, aber auch auf sorgfältigerer Ausführung der Gesamtanlage. Luft-Wasserwärmepumpenanlagen ermöglichen demnach mittlerweile auch eine effiziente Nutzung der Umweltwärme. Erdreich-

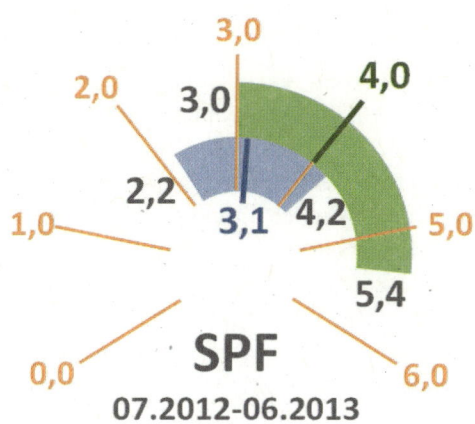

Abbildung 55: Feldtestergebnisse für die Jahresarbeitszahlen (SPF) von Wärmepumpenanlagen.

Wärmepumpenanlagen sind besonders energieeffizient. Sie benötigen nur etwa ein Viertel der genutzten Wärme als Strom und entsprechen den Förderbedingungen des BAFA.

Die Messwerte streuten stark. In der Grafik sind der Bereich der gemessenen Jahresarbeitszahlen sowie die Mittelwerte dargestellt. Es gab etliche Anlagen, die nicht überzeugen können, viele Anlagen im Mittelfeld und einige Anlagen mit Spitzenwerten auch bei Luft-Wasserwärmepumpenanlagen. Dies zeigt, dass Wärmepumpenanlagen kein Ding „von der Stange" sind, sondern gut geplant und ausgeführt und in ein passendes Heizsystem eingebaut werden müssen.

Einzelne Beispielobjekte mit ihren Messdaten finden Sie auf der Seite des Bundesverbandes Wärmepumpe: www.waermepumpe.de/waermepumpe/referenzobjekte/.

Wärmepumpenanlagen

Es gibt Wärmepumpen für die reine Brauchwassererwärmung: Brauchwasserspeicher von etwa 250 bis 300 Liter Inhalt mit aufgesetzter Luft-/Wasser- Wärmepumpe, die ihre Wärme entweder aus dem Aufstellraum gewinnt oder durch einen Schlauch und Mauerdurchbrüche aus der Außenluft. Um auch die kältesten Tage zu überbrücken, ist ein Elektroheizstab eingebaut, mit dem sich die Warmwassertemperatur erhöhen lässt. Oft gibt es Anschlussmöglichkeiten für eine thermische Solaranlage. Wie bei allen Luft-Wärmepumpen müssen Sie den Geräuschpegel beachten. Diese Anlagen kosten einschließlich Aufstellung zirka 2.000 bis 3.000 €.

Heizungswärmepumpen sind teurer. Hier sollten Sie für die Wärmepumpe 8.000 bis 12.000 € einkalkulieren. Bei einer Erdwärmepenanlage kommen noch die Kosten für den Erdkollektor von 3.000 bis 5.000 € oder für die Erdsonde mit 45 bis 55 € pro Meter Sondenlänge hinzu. Wenn die Anlage die Förderkriterien einhält, kann der Zuschuss erheblich sein.

> **Tipp**
>
> Neben der Bundesförderung gibt es Förderprogramme der Länder und eventuell der Kommunen. Fragen Sie bei Ihrer Kommune nach oder schauen Sie für Landes- und Bundesförderprogramme ins Internet: www.foerderdatenbank.de/

Wie groß muss nun ein **Erdkollektor** oder eine **Erdwärmesonde** ausgelegt werden? Das hängt neben der benötigten Heizleistung von der Untergrundbeschaffenheit ab – je feuchter, desto besser. Vereinfacht kann aus einem Quadratmeter Erdkollektor etwa 25 Watt Heizleistung

bezogen werden und aus einem Meter Sondenlänge 50 Watt. Auch der in der Wärmepumpe
eingesetzte Strom wird zu Wärme. Bei einer
Jahresarbeitszahl von 4 müssen 75 Prozent der
Wärme aus dem Erdreich kommen. Beispiel:
Sie benötigen eine Heizleistung von zehn Kilowatt.
Dann müssen 75 Prozent, das heißt 7,5 Kilowatt, aus der Erde kommen. Beim Erdkollektor
benötigen Sie mindestens eine Fläche von
7,5 kW/0,025 kW/m² = 300 Quadratmeter.
Die Erdwärmesonde muss eine Länge von mindestens 7,5 kW/0,05 kW/m = 150 Meter haben.
Auch wenn Erdkollektor und Erdwärmesonde
teuer sind – hier zu sparen heißt sparen am
falschen Ende. Sind diese zu klein, so kühlt
sich das Erdreich in jedem Jahr stärker ab. Die
Arbeitszahl wird schlechter, die Heizleistung
geringer – das Haus wird nicht mehr warm.

Dann bleibt Ihnen nur, eine weitere Sonde zu
bohren oder mithilfe eines Sonnenkollektors
die Erde zu erwärmen. In jedem Fall haben Sie
Zusatzkosten, die vermeidbar waren.

Die Wärmepumpenanlage muss die Investitionskosten im Vergleich zu Ihrem bisherigen
Heizsystem erwirtschaften (Abb. 55). Ob das
möglich ist, hängt neben der erreichten Jahresarbeitszahl vom Wirkungsgrad Ihrer derzeitigen
Heizungsanlage, dem Wärmepumpen-Strom-
preis und Ihrem derzeitigen Heizenergiepreis
ab. Für Wärmepumpen gibt es vergünstigte
Strompreise (www.verbraucherzentrale.nrw/
heizstrom, hier finden Sie auch eine Anbie-
terliste). Sie sehen an Abb. 56, dass bei den
derzeitig niedrigen Brennstoffpreisen eine
merkliche Einsparung nur bei hohen Jahresarbeitszahlen möglich ist.

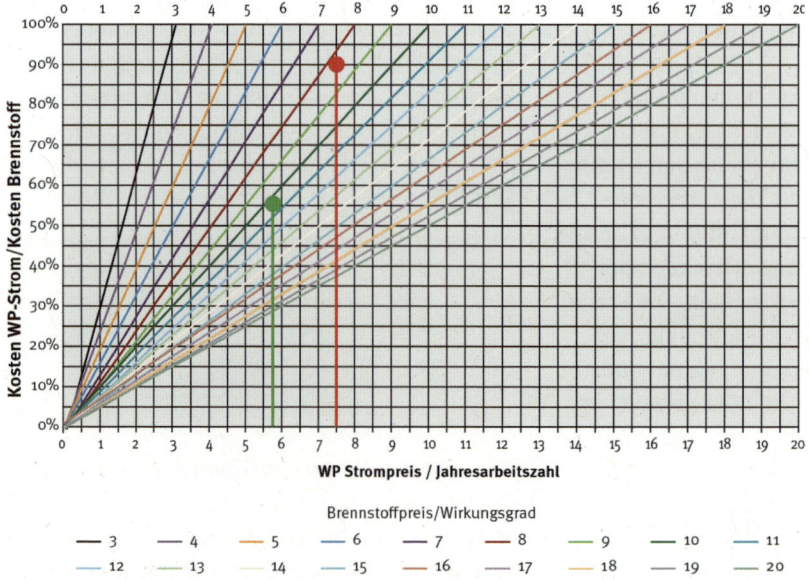

Abbildung 56: Diagramm zur Bestimmung der Wirtschaftlichkeit von Wärmepumpenanlagen.

Beispiel

Sie betreiben eine alte Gasheizung mit Wirkungsgrad 80 Prozent (80/100 =0,8) und zahlen für die Kilowattstunde Gas 6,5 Cent. Die Luft/Wasser-Wärmepumpe hat eine Jahresarbeitszahl von 3,0 und der Wärmepumpenstrom kostet 22 Cent pro Kilowattstunde. Der Wert für die waagerechte Achse ergibt sich dann zu 22 Ct/kWh/3,0 = 7,33. Die auszuwählende Gerade ist 6,5/0,8 = 8,125. Gehen Sie nun auf der waagerechten Achse zu 7,33, dann senkrecht bis zur Geraden 8,125 (der rote Punkt kurz unter der Geraden 8). Auf der senkrechten Achse können Sie dann ablesen, dass die Kosten des Wärmepumpenstroms knapp 90 Prozent der Kosten des Brennstoffs betragen, das heißt, es gibt lediglich gut zehn Prozent Einsparung, die zur Deckung der Investitionskosten beitragen.

Im zweiten Fall handelt es sich ebenfalls um eine alte Heizungsanlage mit Wirkungsgrad 80 Prozent. Der Brennstoff kostet nun aber 8 Cent pro Kilowattstunde bei gleichem Strompreis wie im ersten Beispiel. Es wird eine Erdwärmepumpe betrachtet mit Jahresarbeitszahl 4,0. Wert auf der waagerechten Achse: 22/4 = 5,5. Ausgewählte Gerade: 8,0/0,8 = 10. Sie lesen ab beim grünen Punkt in der Abbildung und finden, dass die Kosten des Wärmepumpenstromes nun nur 55 Prozent der Brennstoffkosten betragen und somit die Anlage erheblich wirtschaftlicher ist.

Beispielfamilien

Untersucht wird bei jeder Beispielfamilie der Einbau einer Brauchwasserwärmepumpe, einer Sole/Wasser-Wärmepumpe und einer Luft/Wasser-Wärmepumpe. Die Heizungssysteme arbeiten mit Fußbodenheizung oder Heizkörpern. Beim Passivhaus der Familie Jansen gibt es nur Varianten mit Fußbodenheizung. Die Ermittlung der Arbeitszahlen erfolgte monatlich auf Grundlage von Feldtest-Messwerten unter Berücksichtigung des jeweiligen Warmwasserverbrauchs. Weil für Erdkollektoren recht große Flächen benötigt werden, wollen alle Familien nur Sonden einbauen. Betrachtungsdauer in allen Fällen 20 Jahre, was der Lebensdauer der Wärmepumpe entspricht. Erdkollektoren und Erdsonden halten vermutlich wesentlich länger, sodass die Wirtschaftlichkeit der Erdwärmepumpen eigentlich besser sein könnte, als in den Beispielen angegeben. Für den Wärmepumpensondertarif und auch für das Marktanreizprogramm wird ein **separater Stromzähler** für die Wärmepumpenanlage verlangt. Die Zählermiete und eine Wartungspauschale von

0,5 Prozent der Kosten der Wärmepumpe kommen zu den jährlichen Wärmepumpenstromkosten als Betriebskosten hinzu. Sie finden einen niedrigen Wert für die Stromkosten, die Betriebskosten pro Jahreserzeugung und den Preis für erzeugte Energie, wenn Stromkosten nicht steigen, und einen hohen Wert für Preissteigerung. Die angenommenen Investitionskosten können Sie an Ihren Angebotspreis anpassen wie im Abschnitt „Kollektoranlagen" (siehe Seite 82) beschrieben.

Familie Meier
Familie Meier möchte von Öl und Gas unabhängig werden und interessiert sich für den Einbau einer Wärmepumpe.

Variante 1: Eine Wärmepumpe zur Erwärmung des Warmwassers (ein „Wärmepumpenboiler") ist die preiswerteste Lösung mit Investitionskosten von 2.000 bis 3.000 €. Eine Anlage, welche Wärme aus der Außenluft gewinnt, erreicht eine Jahresarbeitszahl von 2,3. Wird die Wärme der Kellerluft entzogen, so wird nur ein geringfügig besserer Wert von 2,4 erzielt. Die schlechten Jahresarbeitszahlen beruhen hauptsächlich auf der Notwendigkeit von hohen Temperaturen für die Warmwasserbereitung.

Wärmepumpenstromkosten von etwa 160 bis 240 € fallen an. Die Betriebskosten pro Jahreserzeugung betragen etwa 10 Cent pro Kilowattstunde. Der Preis für erzeugte Energie liegt sehr hoch bei 16 bis 24 Cent pro Kilowattstunde. Die Autarkie bezogen auf Strom und Wärme erreicht nur vier Prozent, da der Warmwasseranteil an der Gesamtwärme gering ist und keine eigene Stromproduktion, dagegen Strommehrverbrauch durch die Wärmepumpe vorliegt. Wegen der geringen Jahresarbeitszahl gibt es keine oder bestenfalls eine Umweltentlastung um 0,1 Tonnen Kohlendioxid jährlich.

Variante 2: Meiers möchten Erdwärme nutzen, aber nicht den Garten verunstalten. Sie entscheiden sich deswegen für eine Erdsonde. Im Zuge des Umbaus wird das Heizungssystem optimiert und auf Fußboden- oder Wandflächenheizung umgestellt, sodass eine Vorlauftemperatur von 35 Grad Celsius am kältesten Tag ausreicht. Als Leistung für Heizung und Warmwasserbereitung benötigen sie 11,1 Kilowatt. Die Wärmepumpenanlage erreicht eine hohe Jahresarbeitszahl von 4,2 und benötigt eine Sondenlänge von insgesamt 170 Metern. Es werden im Abstand von mindestens fünf Meter, besser acht Meter, zwei Bohrungen von jeweils 85 Metern Tiefe durchgeführt. Die Sondenanlage kostet zwischen 7.600 und 9.300 €. Die eigentliche Wärmepumpe mit Zusatzarbeiten kommt mit 8.000 bis 12.000 € hinzu. Für diese effektive Anlage gibt es eine Förderung von 6.000 € einschließlich Bonus-

förderung und Förderung der Heizungsoptimierung, sodass unter dem Strich Mehrkosten von 9.600 bis 15.300 € verbleiben.

Die Warmwasserbereitung macht bei Meiers nur einen kleinen Teil des Wärmebedarfs aus. Deswegen können hohe Arbeitszahlen während des gesamten Jahres erzielt werden. Die Wärmepumpe benötigt Strom im Wert von etwa 1.000 bis 1.600 € pro Jahr. Die Betriebskosten pro Jahreserzeugung betragen 5,7 bis 8,4 Cent pro Kilowattstunde. Der Preis für erzeugte Energie liegt mit 8 bis 12 Cent pro Kilowattstunde in der Nähe der heutigen Energiepreise. Die Autarkie bezogen auf Strom und Wärme erreicht 63 Prozent, obwohl keine eigene Stromproduktion, aber Strommehrverbrauch durch die Wärmepumpe erfolgt. Die Umweltentlastung beträgt 2,1 bis 3,5 Tonnen Kohlendioxid jährlich.

Wie sähe es nun aus, wenn Meiers ihre Heizkörper behalten wollten und deshalb die Wärmepumpe mit einer Vorlauftemperatur von 55 Grad Celsius arbeiten muss? Dieselbe Wärmepumpenanlage erreicht nun nur noch eine Jahresarbeitszahl von 2,6. Die Bundesförderung entfällt, Stromkosten steigen und die Wirtschaftlichkeit verschlechtert sich erheblich.

Variante 3: Meiers scheuen die hohen Kosten und den Aufwand der Erdbohrung, schließen sich dem allgemeinen Trend an und bauen eine Luft/Wasser- Wärmepumpe ein. Sie haben sich für ein Split-Gerät (zwei getrennte Geräte, Außeneinheit mit Ventilator und Kompressor im Keller) entschieden und das laute Außengerät in einer Ecke des Gartens aufgestellt, wo der Schall durch Hecken gut abgeschirmt wird. Sie haben Ihre Heizungslage so

optimiert, dass 35 Grad Celsius Vorlauftemperatur ausreichen. Die Wärmepumpe mit Zusatzarbeiten kostet zwischen 8.000 und 12.000 €.
Sie erreicht eine Jahresarbeitszahl von 3,2 und
muss somit ohne Förderung auskommen.

Die Wärmepumpe benötigt Strom im Wert von
etwa 1.400 bis 2.100 € pro Jahr. Die Betriebskosten pro Jahreserzeugung betragen 7,3 bis
10,9 Cent pro Kilowattstunde und der Preis für
erzeugte Energie 9 bis 14 Cent pro Kilowattstunde. Die Autarkie bezogen auf Strom und
Wärme erreicht 57 Prozent und die Umweltentlastung 1,2 bis 2,6 Tonnen Kohlendioxid
jährlich.

Wie zu erwarten, werden die Werte der Luft/
Wasser-Wärmepumpe erheblich schlechter,
wenn Meiers ihre Heizkörper behalten wollen
und deshalb 55 Grad Celsius benötigt wird.
Nun beträgt die Jahresarbeitszahl lediglich 2,1,
Stromkosten steigen und die Wirtschaftlichkeit
verschlechtert sich sehr.

Fazit: Unter Umweltgesichtspunkten, aber
auch in Hinblick auf Ihre Haushaltskasse sollten Meiers die Hände von einer Wärmepumpenanlage lassen, wenn nicht das Heizsystem
auf 35 Grad Celsius Vorlauf umgerüstet wird.
Dann ist die teurere Lösung – die Sole/Wasser-
Wärmepumpe mit Erdsonden – auf lange Sicht
die preiswertere. Eine reine Brauchwasserwärmepumpe macht keinen Sinn.

Familie Schulte
Familie Schulte plant im Rahmen der
Hausumgestaltung ohnehin den Einbau einer Fußbodenheizung und würde diese
gerne mit einer Wärmepumpe beheizen.

Variante 1: Eine Wärmepumpe zur Erwärmung des Warmwassers entspricht in Bezug
auf Kosten und Arbeitszahl derjenigen von
Familie Meier. Wegen des wesentlich größeren
Warmwasserbedarfs steigen die Wärmepumpenstromkosten auf etwa 350 bis 530 €. Die
Betriebskosten pro Jahreserzeugung bleiben
bei etwa 10 Cent pro Kilowattstunde. Der Preis
für erzeugte Energie sinkt auf 12 bis 19 Cent
pro Kilowattstunde. Die Autarkie bezogen auf
Strom und Wärme erreicht 12 Prozent. Wegen
der geringen Jahresarbeitszahl gibt es keine
oder bestenfalls eine Umweltentlastung um
0,2 Tonnen Kohlendioxid jährlich oder beim
Ersatz der Warmwasserbereitung durch Gas
sogar eine Umweltbelastung von 0,1 Tonnen
Kohlendioxid jährlich.

Variante 2: Als Leistung für Heizung und
Warmwasserbereitung benötigen Schultes 7,5
Kilowatt. Die Erdwärmepumpenanlage erreicht
wegen des höheren Anteils an Warmwasser
eine niedrigere Jahresarbeitszahl von 3,8 im
Vergleich zu derjenigen von Familie Meier.
Die Sonden müssen insgesamt mindestens
112 Meter lang sein. Die Sondenanlage kostet
zwischen 5.000 und 6.100 €. Die eigentliche
Wärmepumpe mit Zusatzarbeiten kommt mit
8.000 bis 12.000 € hinzu. Diese effektive Anlage wird mit 6.000 € gefördert, sodass unter
dem Strich Mehrkosten von 7.000 bis 12.100 €
verbleiben.

Die Wärmepumpe benötigt Strom im Wert von etwa 870 bis 1.300 € pro Jahr. Die Betriebskosten pro Jahreserzeugung betragen 6,4 bis 9,4 Cent pro Kilowattstunde. Der Preis für erzeugte Energie liegt mit 9 bis 13 Cent pro Kilowattstunde in der Nähe der heutigen Energiepreise. Die Autarkie bezogen auf Strom und Wärme erreicht 62 Prozent. Die Umweltentlastung erreicht 1,3 bis 2,4 Tonnen Kohlendioxid jährlich.

Würden Schultes ihre Heizungsanlage nicht optimieren und 55 Grad Celsius Vorlauf blieben nötig, so erreichte die Wärmepumpe nur noch eine Jahresarbeitszahl von 2,6. Bundesförderung entfällt, Stromkosten steigen und die Wirtschaftlichkeit verschlechtert sich erheblich.

Variante 3: Wie sieht es bei einer Luft/Wasser-Wärmepumpe aus? Die Kosten entsprechen derjenigen von Familie Meier. Bei 35 Grad Celsius Vorlauftemperatur erreicht die Wärmepumpe eine Jahresarbeitszahl von 2,9. Sie benötigt Strom im Wert von etwa 1.100 € bis 1.700 € pro Jahr. Die Betriebskosten pro Jahreserzeugung betragen 8,2 bis 12,1 Cent pro Kilowattstunde und der Preis für erzeugte Energie 11 bis 16 Cent pro Kilowattstunde. Die Autarkie bezogen auf Strom und Wärme erreicht 55 Prozent und die Umweltentlastung 0,6 bis 1,7 Tonnen Kohlendioxid jährlich.

Auch hier werden die Werte der Luft/Wasser-Wärmepumpe erheblich schlechter, wenn 55 Grad Celsius benötigt werden. Nun beträgt die Jahresarbeitszahl lediglich 2,1.

Fazit: Unter Umweltgesichtspunkten aber auch in Hinblick auf Ihre Haushaltskasse sollten

Schultes bei der Umstellung auf Fußbodenheizung bleiben. Auch für Schultes ist die teurere Lösung – die Sole/Wasser-Wärmepumpe mit Erdsonden – auf lange Sicht die preiswertere. Eine reine Brauchwasserwärmepumpe macht keinen Sinn. Eine Solarkollektoranlage ist wesentlich wirtschaftlicher.

 **Familie Jansen**
Im Neubaubereich haben sich Wärmepumpen durchgesetzt. Aber ist das auch beim Passivhaus der Familie Jansen sinnvoll? Hier macht die Warmwasserbereitung den größten Teil des Wärmebedarfs aus. Wird hier ein Kombispeicher eingesetzt, so kann die Zuluft der ohnehin erforderlichen Lüftungsanlage mit einem wasserführenden Heizregister im Luftkanal aus dem Speicher erwärmt werden. Es gibt auch spezielle Zentralgeräte für Passivhäuser, die neben der Lüftungsanlage eine kleine Wärmepumpe eingebaut haben, die Wärme aus der Abluft gewinnt und diese auf höherem Temperaturniveau dem Warmwasserspeicher und der Zuluft zuführt. Auf den Seiten des Passivhaus-Instituts finden Sie zertifizierte Anlagen (http://database.passivehouse.com/de/components/). Auch im elektronischen Bulletin des Europäischen Testzentrums für Wohnungslüftungsgeräte (TZWL) sind Messwerte angegeben (www.tzwl.de/tzwl-ebulletin).

Variante 1: Eine Wärmepumpe zur Erwärmung des Warmwassers entspricht in Bezug auf fast alle Werte derjenigen von Familie Schulte. Die Autarkie bezogen auf Strom und Wärme erreicht wegen des sehr geringen Heizwärmebedarfs bei Jansens 26 Prozent.

Variante 2: Als Leistung für Heizung und Warmwasserbereitung benötigen Jansens 2,2 Kilowatt. Die Erdwärmepumpenanlage erreicht wegen des überwiegenden Anteils an Warmwasser eine niedrige Jahresarbeitszahl von 3,2. Die Sonden müssen insgesamt gut 30 Meter lang sein. Die Sondenanlage kostet zwischen 1.400 und 1.700 €. Die eigentliche Wärmepumpe mit Zusatzarbeiten kommt mit 7.000 bis 9.000 € hinzu. Im Neubau käme nur die Innovationsförderung mit sehr hohen Anforderungen an die Jahresarbeitszahl infrage.

Die Warmwasserbereitung übernimmt den größten Teil des Wärmebedarfs (Abb. 57). Die Wärmepumpe benötigt Strom im Wert von etwa 380 bis 570 € pro Jahr. Die Betriebskosten pro Jahreserzeugung betragen 8,4 bis 12,0 Cent pro Kilowattstunde. Der Preis für erzeugte Energie liegt mit 16 bis 22 Cent pro Kilowatt-

stunde weit über den heutigen Energiepreisen. Die Autarkie bezogen auf Strom und Wärme erreicht 44 Prozent, und die Umweltentlastung 0,3 bis 0,7 Tonnen Kohlendioxid jährlich.

Variante 3: Wie sieht es bei einem Zentralgerät mit einer Luft/Luft-Wärmepumpe aus? Die Mehrkosten gegenüber der reinen Lüftungsanlage mit Wärmerückgewinnung betragen etwa 5.000 bis 7.000 €. Diese Anlage erreicht eine Jahresarbeitszahl von 2,6. Sie benötigt Strom im Wert von etwa 470 bis 700 € pro Jahr. Die Betriebskosten pro Jahreserzeugung betragen 9,8 bis 14,2 Cent pro Kilowattstunde und der Preis für erzeugte Energie 14 bis 21 Cent pro Kilowattstunde. Die Autarkie bezogen auf Strom und Wärme erreicht 39 Prozent und die Umweltentlastung 0,1 bis 0,5 Tonnen Kohlendioxid jährlich.

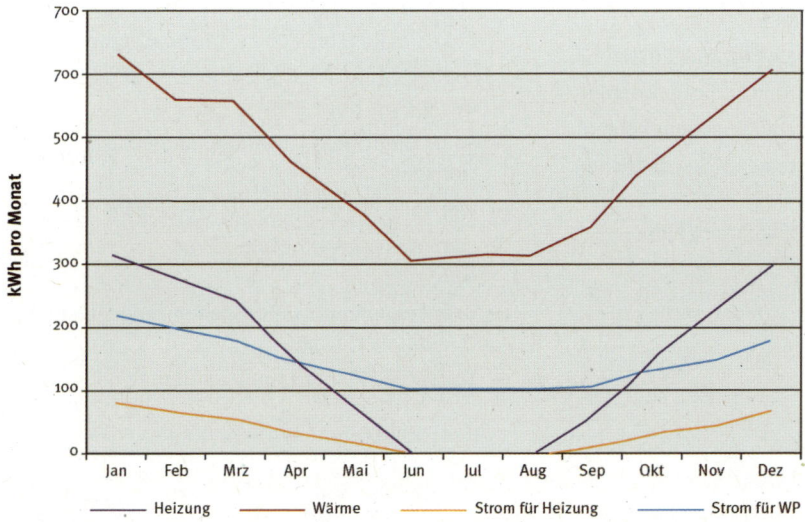

Abbildung 57: Jahresverlauf des Wärmebedarfs der Familie Jansen und dessen Deckung durch die Wärmepumpenanlage Variante 2.

Variante 4: Die schlechten Jahresarbeitszahlen liegen am hohen Warmwasserbedarf. Wenn die Wärmepumpe nun nur die Heizung versorgt? Tatsächlich erreicht eine Sole/Wasser Wärmepumpe dann eine sehr gute Jahresarbeitszahl von 4,4. Nur noch 12 Meter Sonde sind erforderlich und an Gesamtkosten fallen 6.500 bis 8.600 € an. Die Wärmepumpenstromkosten betragen zwar nur noch 90 bis 140 € pro Jahr und die Betriebskosten pro Jahreserzeugung 9,4 bis 12,5 Cent pro Kilowattstunde, allerdings ist die jährliche Wärmeerzeugung nun so gering, dass der Preis für erzeugte Energie mit 28 bis 36 Cent pro Kilowattstunde jenseits von Gut und Böse liegt.

Fazit: Für ein Passivhaus ist allenfalls das Zentralgerät mit eingebauter Wärmepumpe zu empfehlen. Eine reine Brauchwasserwärmepumpe macht keinen Sinn. Solarkollektoranlagen sind wesentlich wirtschaftlicher.

Vorteile/Nachteile: Wärmepumpen

+ Mit zahlreichen Wärmequellen einsetzbar
+ Hoher Autarkiegrad möglich
+ Günstige Wärmepumpensondertarife
+ Wärmelieferung unabhängig von Tages- und Jahreszeit
+ Günstiges System für Warmwasser und Heizung, wenn geringer Warmwasserbedarf
+ Gute Fördermöglichkeiten
+ Thermische Speicherung ist kostengünstig
+ Exergie wird aus der Umwelt zurückgewonnen
+ Erdwärmeanlagen können im Sommer kühlen
+ Unter günstigen Bedingungen wirtschaftlicher Betrieb möglich
+ Bei guter Planung und Ausführung hohe Effektivität

− Vorlauftemperatur des Heizungssystems muss niedrig sein
− Im Winter erhöhter Stromverbrauch
− Tarife können geändert werden und haben kaum eine Langzeitgarantie. Anbieterwechsel kann erschwert sein.
− Unter Umständen hoher Stromverbrauch möglich
− Bei normalem bis hohen Warmwasserbedarf ist thermische Solaranlage besser geeignet
− Mittlere bis hohe Kosten
− Reine Brauchwasserwärmepumpen nicht sinnvoll
− Wertvolle Energie (Exergie) wird entwertet
− Luft/ Wasser-Wärmepumpen können sehr laut sein
− Sehr lange Amortisationszeiten verlangen hohe Qualität der Anlage
− Sorgfältige Planung und Ausführung nötig

✔ Checkliste: Wärmepumpen

☐ Welche Wärmequelle?

☐ Bei Luft/Wasser-Wärmepumpe: Kann der Standort zu Lärmbelästigung führen?

☐ Split-Anlage?

☐ Monovalente Anlage möglich?

☐ Zweiter Wärmeerzeuger nötig?

☐ Energiezaun/Energiewand möglich?

☐ Erdkollektor oder Erdsonde?

☐ Erdkollektor oder Erdsonde ausreichend dimensionieren.

☐ Prüfen, ob Sonden gebohrt werden können (Platz, Zugang? – circa 10 bis 20 m Sonde je kW).

☐ Prüfen, ob der Standort geologisch geeignet ist.

☐ Prüfen, ob die Vorlauftemperatur der Heizung niedrig genug ist (max. 55 °C) für effektive Anlagen besser nur 35 °C.

☐ Größere Heizkörper einbauen – spezielle Niedertemperatur-Heizkörper einbauen.

☐ Ohne Fußbodenheizung sollte ein Pufferspeicher eingebaut werden.

☐ Ein hydraulischer Abgleich der Heizung muss vorgenommen werden.

☐ Zuerst das Haus dämmen, dann reicht eine kleinere Wärmepumpenanlage (Preis!).

☐ Wärmemengenzähler und Stromzähler einbauen (Ermittlung der Jahresarbeitszahl).

☐ Der Anlagenbauer sollte eine Jahresarbeitszahl (JAZ) schriftlich zusichern: für Heizung und Warmwasser: mindestens 3,3 (Luft-Wasser) bzw. 3,8 (Sole-Wasser) nur für Heizung: mindestens 3,5 (Luft-Wasser) bzw. 4,0 (Sole-Wasser)

☐ Gibt es Fördermöglichkeiten? Wann muss der Antrag gestellt werden? Was sind die Förderbedingungen?

☐ Soll die Anlage auch kühlen?

☐ Kombination mit Lüftungsanlage möglich?

☐ Heizstab gegen ungewolltes Einschalten verriegeln.

☐ Ab und zu Wärmemengenzähler und Stromzähler ablesen, Arbeitszahl errechnen und mit Projektdaten vergleichen. Bei Abweichung Installationsfirma ansprechen.

Biomasse nutzen: Scheitholz und Pellets

Im Winter ist es sehr schwer, mit der auf das Grundstück fallenden Sonnenenergie zu heizen. Um die im Sommer reichlich zur Verfügung stehende Sonnenenergie für den Winter zu bevorraten, sind riesige Speicher nötig. Doch gespeicherte Sonnenenergie gibt es auch auf andere Art und Weise in fester und flüssiger Form: Pflanzen wandeln mithilfe von Sonnenenergie Kohlendioxid und Wasser in Pflanzenmasse. Tiere fressen dann die Pflanzen.

Gut zu wissen

Kohle, Öl und Gas, die heute hauptsächlich genutzten Energieträger, entstanden in Jahrmillionen aus abgestorbenen Pflanzen und Tieren. Fossile Energieträger sind demnach nichts anderes als über Jahrmillionen gespeicherte Sonnenenergie. Diese Speicher werden nun seit Beginn der Industrialisierung und insbesondere in den letzten Jahrzehnten in wachsendem Maße geleert und ein Ende ist absehbar. Dabei wird das in Jahrmillionen angesammelte Kohlendioxid wieder freigesetzt mit den bekannten Folgen für unser Klima.

Biomasse werden alle Stoffe genannt, die durch das Wachstum von Lebewesen entstehen. Für die Nutzung im Ein- und Zweifamilienhaus kommt insbesondere **Holz** in Betracht. Wird nicht mehr Holz gebraucht, als in der gleichen Zeit nachwachsen kann, so ist das eine **nachhaltige Nutzung,** ohne die Nachteile beim Einsatz von fossilen Energien. Denn Bäume nehmen aus der Atmosphäre dieselbe Menge an Kohlendioxid auf, wie sie bei der anschließenden Verbrennung wieder freigesetzt wird – die Verbrennung ist **kohlendioxidneutral.** Ver-

bleiben Bäume im Wald, dann sterben sie irgendwann, verrotten und geben dabei ebenso das gespeicherte Kohlendioxid wieder ab.

Holz ist demnach eine Form von gespeicherter Sonnenenergie, mit der Sie bei richtiger Handhabung bedenkenlos im Winter heizen können. Wie sieht das aber mit der Energieautarkie aus? Wie viel Holz kann auf Ihrem eigenen Grundstück wachsen und welche Energiemengen können Sie dadurch ernten? Nach dritter Waldinventur gibt es hierzulande einen jährlichen Zuwachs von durchschnittlich 11,2 m^3 Holz pro Hektar. Ein Hektar entspricht 10.000 Quadratmeter. Wenn Sie ein 1.000 Quadratmeter großes Grundstück vollständig mit Bäumen bepflanzen, können Sie pro Jahr etwa einen Raummeter Holz gewinnen und daraus etwa 1.500 bis 2.000 Kilowattstunden Wärme, je nach Holzart. Zum Vergleich: An Sonnenstrahlung fallen auf diese Fläche etwa 1.000.000 Kilowattstunden jährlich. Das Holz speichert folglich nur 0,15 bis 0,2 Prozent der Sonneneinstrahlung. Eine wesentlich bessere energetische Ausnutzung geschieht durch Solartechnik: Mit einer Photovoltaikanlage können Sie von dieser Einstrahlung etwa 10 bis 20 Prozent nutzen und bei einer solarthermischen Anlage sind es sogar 30 bis 50 Prozent (Abb. 58). Heizen mit Biomasse vom eigenen Grund und Boden ist demnach nur möglich, wenn Sie einen eigenen kleinen Wald besitzen. Ein Holzzukauf ist daher meist unverzichtbar.

Auch wenn Sie das Holz irgendwann mal einkaufen müssen: Durch ein Holzlager am Haus gewinnen Sie Unabhängigkeit und Sie nutzen

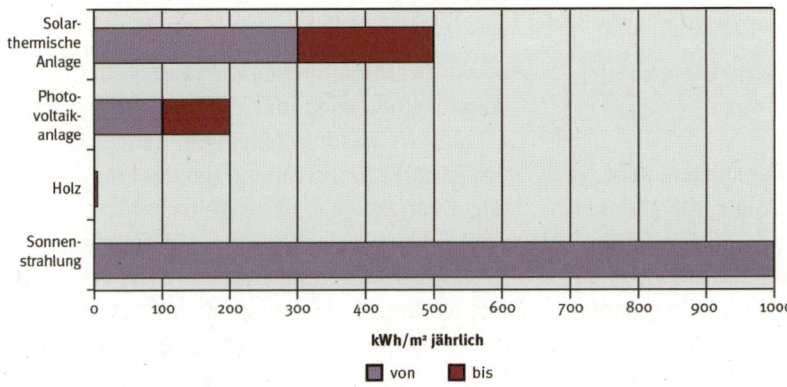

Abbildung 58: Effektivität von Techniken zur Nutzung der Sonnenenergie.

einen kohlendioxidneutralen, heimischen, kostengünstigen Energieträger. Am günstigsten ist Holz aus dem Wald direkt vom Förster, welches natürlich Arbeit macht. „Holz heizt zweimal, einmal beim Hacken und dann im Ofen", so sagt man. Ab 30 € pro Raummeter kommen Sie so an den Brennstoff und die daraus erzeugte Heizenergie kostet etwa 1,5 bis 2,0 Cent pro Kilowattstunde. Für fertig aufbereitetes Scheitholz müssen Sie etwa 60 bis 100 € pro Raummeter rechnen und kommen

Tipp

Es gibt mehrere Normen für Holzpellets. Für die Feuerung im Ein- oder Zweifamilienhaus sollten Sie Pellets nach Norm ENplus A1 einsetzen. Diese Zertifizierung sichert Ihnen eine gute Qualität bis zu Ihnen nach Hause ins Pelletlager. Somit erzielen Sie ein optimales Verbrennungs ergebnis (www.depv.de/de/holzpellets/was_sind_pellets/zertifizierung_pellets/).

auf einen Energiepreis von 3,0 bis 6,7 Cent pro Kilowattstunde. Wichtig ist, dass Sie das Holz erst verheizen, wenn es gut getrocknet ist. (siehe Kasten Seite 130). Sie können dadurch den Heizwert in etwa verdoppeln.

Vollautomatisch, so wie Sie es von Öl- oder Gasheizungen kennen, heizen Sie mit Holzpellets. Pellets werden aus Sägewerksresten unter hohem Druck gepresst und durch das holzeigene Bindemittel Lignin ohne weitere Zusätze zusammengehalten. Sie haben eine genormte Zusammensetzung, brennen mit sehr geringem Rückstand und haben einen Energieinhalt von fast fünf Kilowattstunden pro Kilogramm

Abbildung 59: Holzpellets.

Pellet. Beim Preis von 250 bis 300 € pro Tonne beträgt der Energiepreis zwischen 5,0 und 6,0 Cent pro Kilowattstunde (siehe Kasten Seite 123).

Auch die Pelletpreise sind gestiegen, allerdings wesentlich gleichmäßiger und geringer als die Preise für Heizöl und Gas. Sie sehen, dass über die Jahre der Abstand zwischen der Pelletkurve und der Gaskurve immer größer geworden ist. Der Heizölpreis unterliegt sehr starken Schwankungen. Eine ausgleichende Gerade führt auch hier immer weiter weg vom Pelletpreis. Die jüngsten Ölpreisentwicklungen allerdings unterschreiten den Pelletpreis, während Pellets nach wie vor erheblich günstiger als Erdgas sind. Wie sich die Preise in Zukunft ändern werden, nachdem der Verdrängungswettbewerb beendet ist, bleibt ungewiss.

Holzöfen

Bei der Holzverbrennung laufen mit zunehmender Verbrennungstemperatur mehrere Vorgänge nacheinander ab: Trocknung, Zersetzung, Vergasung, Teilverbrennung und vollständige Verbrennung. Hat der Prozess begonnen, so ist er ohne Weiteres nicht mehr zu stoppen. Das heißt, wenn Sie brennendem Holz, welches bereits etwa 270 Grad Celsius erreicht hat, die Luftzufuhr sperren, so verhindern Sie die Zersetzung nicht, sorgen aber für eine unvollständige Verbrennung, die zahlreiche Schadstoffe freisetzt, Nachbarn durch Gestank ärgert und die im Holz enthaltene Energie nur zum Teil nutzt. Eine vollständige Verbrennung sollte das Ziel sein, bei der außer einem kleinen Ascherest nichts übrig bleibt. Sie können demnach eine Holzverbrennung nicht durch Luftzufuhr regeln, sondern nur durch die Menge an Holz, welches Sie nachlegen. Das funktioniert besonders gut, wenn das

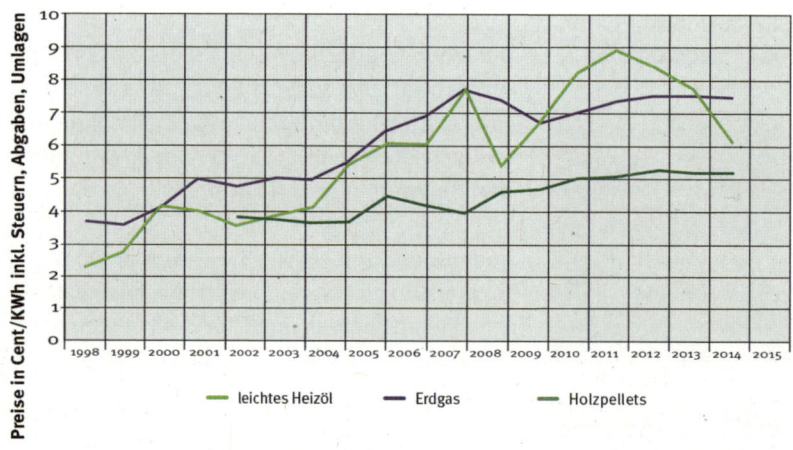

Abbildung 60: Langjährige Energiepreisentwicklung

Holz nur in kleinen Mengen zugeführt wird, wie bei einer Pelletfeuerung. In jedem Fall braucht Holzfeuerung einen Wärmespeicher.

Gut zu wissen

Holzheizungen werden vom Bundeswirtschaftsministerium gefördert, sofern sie ins Heizungssystem eingebunden sind. Es gibt Zuschüsse für Heizkessel mit Pellets oder Holzhackschnitzeln sowie Scheitholzvergaserkessel. Bei Kaminöfen werden nur Pelletöfen mit Wassertasche gefördert. Förderbedingungen und Anträge gibt es unter www.bafa.de, weiter „Energie", „Heizen mit erneuerbaren Energien", „Biomasse". Fragen Sie auch bei Ihrem Bundesland oder Ihrer Kommune nach. Auf den Seiten des BAFA finden Sie Listen von förderfähigen Holzheizungen.

Bei Kaminöfen ohne Anbindung ans Heizsystem geht das nur mit Masse des Ofens, beispielsweise einem Specksteinofen. Es gibt jedoch auch Kaminöfen mit eingebautem Wärmetauscher – einer Wassertasche (Wasserwärmeübertrager). Das Holz liegt auf einem Rost und für die ersten Schritte der Holzverbrennung wird Primärluft von unten zugeführt. Die entstehenden Vergasungsprodukte werden dann mit der Sekundärluft vermischt und vollständig verbrannt. Die heißen Flammen und das Rauchgas erhitzen die Wassertasche. Das warme Wasser kann dann in der Heizungsanlage genutzt werden. Da der Kaminofen möglichst nur mit voller Leistung brennen soll, die Heizung jedoch meistens keine volle Leistung benötigt, ist ein Pufferspeicher (siehe Seite 62) zur Entkopplung von Wärmeproduktion und Wärmeverbrauch nötig. Bei Scheitholz-Anlagen sind das mindestens 55 Liter Pufferspeichervolumen pro Kilowatt Wärmeleistung. Handelt es sich um einen Kaminofen mit Pelletfeuerung,

so verringert sich das benötigte Volumen auf 30 Liter pro Kilowatt. Ein solcher Pelletofen hat einen Vorratsbehälter, den Sie alle paar Tage mit Sackware nachfüllen können. Oder der Vorratsbehälter wird durch ein Gebläse automatisch aus einem Lagerbehälter nachgefüllt. Alle Kaminöfen geben einen Teil der Wärmeproduktion in den Aufstellraum ab. Bei reinen Luftöfen ist das kein Problem – die sind im Sommer aus. Wird die Warmwasserproduktion jedoch durch den Kaminofen mit Wassertasche übernommen, so kann das im Sommer sehr unangenehm werden; denn der Ofen muss brennen, wenn Sie Warmwasser benötigen. Sie sollten in diesem Fall eine Solaranlage einbauen lassen (siehe Seite 133).

Tipp

Kommt die Verbrennungsluft für den Kaminofen aus dem Aufstellraum? Dann schließen Sie während der Heizperiode die Luftklappen in den Betriebspausen des Ofens! Sonst entweicht durch natürlichen Zug Wärme aus der Wohnung in den Schornstein und Kaltluft strömt nach. Das kann zu unangenehmen Zugerscheinungen und erheblichem Mehrverbrauch führen. Überprüfen Sie auch die Dichtheit dieser Klappen mit einer Kerze. Wenn es draußen windet, darf die Kerzenflamme in der Nähe der geschlossenen Luftklappen nicht flackern.

Bei der Neuinstallation eines Kaminofens sollten Sie ein Modell wählen, das sich seine Verbrennungsluft über ein separates Rohr von außen holt. Dies ist insbesondere bei wärmegedämmten Häusern wichtig.

Holzkessel

Für die Beheizung eines ganzen Hauses ist die Leistung eines Kaminofens vermutlich nicht ausreichend. Dann benötigen Sie einen Holz-Vergaserkessel (Abb. 61). Holzscheite werden in den Füllschacht gelegt. Während des Nachlegens schalten die Gebläse ab. Schließen Sie die Klappe, so sorgt das Primärluftgebläse für Luftzufuhr zum Glutbett, um die Vergasung aufrechtzuerhalten. Die entstehenden Gase werden dann mit der Sekundärluft vollständig verbrannt. Heiße Abgase geben ihre Wärme an den Wärmeübertrager und damit an das Heizsystem, das einen Pufferspeicher haben muss (wie oben beschrieben). Typische Wirkungsgrade moderner Scheitholzvergaserkessel liegen bei über 90 Prozent.

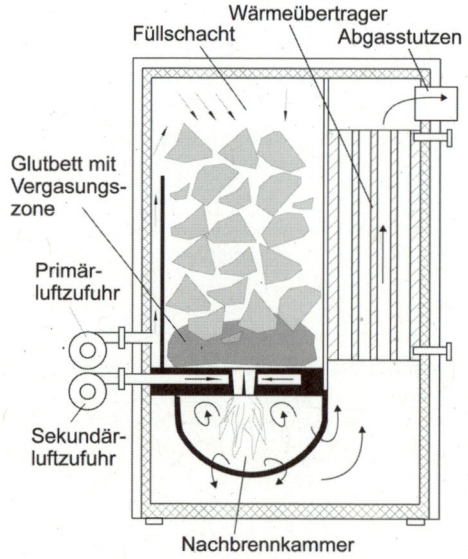

Abbildung 61: Scheitholz-Vergaserkessel.

Ein Holzpelletkessel (Abb. 62) benötigt ein Pelletlager und eine automatische Zuführung aus diesem Lager. Bei der hier dargestellten Anlage erfolgt die Förderung durch ein Gebläse (gelber Zylinder in der Mitte des Bildes mit zwei weißen Schläuchen) von einem weiter entfernten Lagerraum. Es gibt zwei Schläuche zwischen Gebläse und Lager, um Überdruck und Staub ins Lager abzuführen. So können bis zu 25 Meter überbrückt werden. Das Gebläse läuft nur kurze Zeit, bis der Vorratsbehälter am Kessel gefüllt ist. Beachten Sie bei der Wahl des Aufstellungsortes, dass ein solches Gebläse laut ist. Der Kessel (im Vordergrund des Bildes) holt sich die Pellets je nach Leistungsanforderung mithilfe einer Förderschnecke aus dem Vorratsbehälter. Ganz hinten im Bild der Pufferspeicher. Es gibt Pelletkessel, bei denen Sie lediglich ein paar Mal im Jahr den Aschenkasten entleeren müssen. Sie reinigen sich selbsttätig. Aber auch die nicht so komfortablen gewährleisten durch die genau auf die zugeführte Pelletmenge abgestimmte Luftzufuhr eine vollständige Verbrennung. Die optimale Ausnutzung der in den Pellets steckenden Energie erzielen Sie durch Pelletkessel mit Brennwertnutzung (zum Brennwert siehe Seite 160).

Als Pelletlager können ungenutzte Kellerräume (beispielsweise der alte Öllagerraum) umgebaut werden. Meist werden Schrägböden eingebaut und eine Förderschnecke holt die Pellets nach draußen bis zum Anfang des Gebläseschlauchs oder sogar bis zum Pelletkessel. Schnecken arbeiten sehr leise. Es gibt auch Lösungen ohne Schrägböden mit oberer Austragung durch einen „Maulwurf" (Surftipp: zu Lagermöglichkeiten: www.depv.de/de/holzpellets/pelletlagerung/. Dort finden Sie auch eine ausführliche Broschüre mit Sicher-

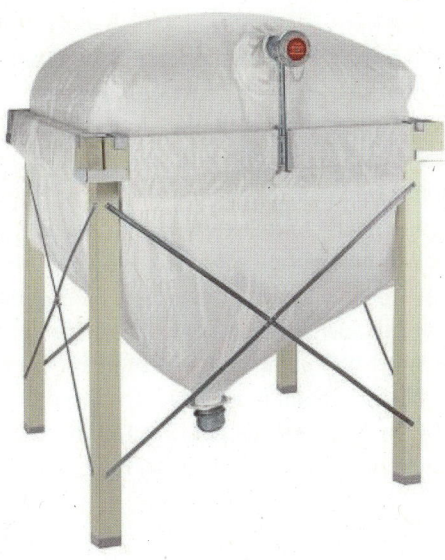

Abbildung 62: Feuerungsanlage für Holzpellets.   *Abbildung 63: Sacksilo für Holzpellets.*

heitshinweisen). Zur Befüllung per Tankwagen werden eine Einblasöffnung und eine Absaugöffnung benötigt. Zum Schutz der Wand und der Pellets wird gegenüber der Einblasöffnung eine „Prallplatte" installiert (die Pellets prallen daran mit einer Richtungsänderung ab). Pellets müssen trocken gelagert werden. Überprüfen Sie, ob ihr gewünschter Lagerraum geeignet ist. Sind die Kellerwände feucht, kann es sinnvoll sein, einen Sacksilo aufzustellen.

Die benötigte Größe des Pelletlagers berechnen Sie mit einer Faustformel: Pro Kilowatt Heizleistung brauchen Sie einen halben Kubikmeter Raum einschließlich des benötigten Luftraums durch Einbau der Schrägböden und oberhalb der Pellets. Von diesem Raum sind etwa zwei Drittel nutzbar. Pro Kubikmeter wie-

Tipp

Bevor Sie einen Ofen oder Kessel einbauen lassen, ist es sinnvoll, den zuständigen Schornsteinfegermeister zu befragen: Kann der vorhandene Schornstein dafür genutzt werden? Erfüllt der Ofen oder Kessel auch in Zukunft die Abgasvorschriften? Wie erfolgt die Verbrennungsluftversorgung? Denn schließlich muss er die Anlage später abnehmen. Er kann Ihnen auch sagen, wie oft der Schornstein künftig gekehrt werden muss und welche Messungen anfallen.

gen Pellets etwa 650 Kilogramm und haben einem Energieinhalt von gut 3.000 Kilowattstunden. In Ihrem Lager sind demnach pro Kubikmeter (einschließlich Leerraum) gut 400 kg Pellets mit einem Energieinhalt von gut 2.000 Kilowattstunden unterzubringen.

Beispielfamilien

Zur Veranschaulichung nun die Beispielfamilien. Die Tipps zur Anpassung der Investitionskosten finden Sie auf Seite 82. Alle Angaben beziehen sich auf eine Betrachtungsdauer von 20 Jahren, da eine längere Lebensdauer unwahrscheinlich ist. Die Spanne der Betriebskosten reicht von „ohne Preissteigerung" bis „mit vier Prozent Preissteigerung". Scheitholzkosten liegen zwischen 60 und 100 € pro Raummeter für fertig aufbereitetes Scheitholz. Sie finden auch eine Angabe für Scheitholz aus dem Wald mit Kosten von 30 € pro Raummeter. Bei Pellets wird mit Kosten zwischen 250 und 400 € pro Tonne gerechnet. Das Autarkiesymbol bezieht sich auf den fiktiven Fall einer eigenen Holzproduktion.

Familie Meier

Familie Meier möchte mit Holz heizen. Ob mit Scheitholz oder Pellets: Die Umwelt wird dadurch von 4,8 bis 6,3 Tonnen Kohlendioxid jährlich entlastet.

 **Variante 1:** Die Meiers haben eine gute Quelle für Scheitholz und entscheiden sich für einen Scheitholzvergaserkessel von gut elf Kilowatt Heizleistung mit 650 Liter Kombispeicher (Heizung und Warmwasser). Sie müssen mit Kosten zwischen 8.000 und 12.000 € rechnen. Davon können Sie den BAFA-Zuschuss von 3.000 € einschließlich neuem Bonus bei Heizungserneuerung abziehen. Dieser Kessel hat einen Wirkungsgrad von etwa 85 Prozent und benötigt jährlich etwa 13 Raummeter Scheitholz zu Kosten von 780 bis 1.300 €. Die Betriebskosten pro Jahreserzeugung (neben den Brennstoffkosten gibt es Kosten für Wartung, Betriebsstrom und Schonsteinfeger) betragen 4,9 bis 7,7 Cent pro Kilowattstunde und

der Preis für erzeugte Energie 6 bis 10 Cent pro Kilowattstunde. Holen Meiers das Holz direkt aus dem Wald, so betragen die Betriebskosten pro Jahreserzeugung 2,9 bis 3,2 Cent pro Kilowattstunde und der Preis für erzeugte Energie 4 bis 5 Cent pro Kilowattstunde.

Variante 2: Meiers möchten auch mit Holz komfortabel heizen und entscheiden sich für einen Pelletkessel, ebenfalls mit elf Kilowatt, und 350 Liter Kombispeicher. Die Kosten einschließlich Pelletlager von 5,5 bis 6 Kubikmeter Größe steigen auf 14.000 bis 18.000 €. Auch der BAFA-Zuschuss steigt auf 4.800 €. Dieser Kessel hat einen Wirkungsgrad von etwa 90 Prozent und benötigt jährlich etwa 4,4 Tonnen Pellets zu Kosten von 1.100 bis 1.800 €. Die Betriebskosten pro Jahreserzeugung betragen 6,7 bis 10,2 Cent pro Kilowattstunde und der Preis für erzeugte Energie 9 bis 14 Cent pro Kilowattstunde.

Fazit: Eine Scheitholzheizung ist für Meiers bereits bei heutigem Gaspreis wirtschaftlich, erst recht, wenn Sie das Holz günstig aus dem Wald holen können. Wie sich der Ölpreis entwickeln wird, ist ungewiss. Der Komfort einer Pelletheizung hat seine Kosten, sodass Meiers hier erst bei Preissteigerung von Öl und Gas in die Wirtschaftlichkeitszone eintreten.

Familie Schulte

Auch Familie Schulte liebäugelt beim ohnehin vorgesehenen Umbau mit einer Umstellung auf Holz. Mit jeder Variante wird die Umwelt von 3,6 bis 4,7 Tonnen Kohlendioxid jährlich entlastet.

 **Variante 1:** Schultes möchten auch was für die Gesundheit tun und „Holz machen". Ein

Scheitholzvergaserkessel (siehe Abbildung 61 Seite 126) von gut acht Kilowatt Heizleistung mit 500 Liter Kombispeicher würde passen. Kosten, Förderung und Wirkungsgrad wie bei Meiers. Dieser Kessel benötigt jährlich etwa zehn Raummeter Scheitholz zu Kosten von 600 bis 1.000 €. Die Betriebskosten pro Jahreserzeugung betragen 5,2 bis 8,1 Cent pro Kilowattstunde und der Preis für erzeugte Energie 7 bis 11 Cent pro Kilowattstunde. Holen Schultes das Holz direkt aus dem Wald, so betragen die Betriebskosten pro Jahreserzeugung 3,2 bis 3,6 Cent pro Kilowattstunde und der Preis für erzeugte Energie 5 bis 7 Cent pro Kilowattstunde.

Variante 2: Schultes möchten lieber etwas mehr Komfort und entscheiden sich für einen Pelletkessel, ebenfalls mit gut acht Kilowatt, und 250 Liter Kombispeicher. Sie brauchen ein Pelletlager von etwa 4,2 Kubikmeter Größe. Kosten, Zuschuss und Wirkungsgrad wie bei Meiers. Schultes verheizen jährlich etwa 3,3 Tonnen Pellet zu Kosten von 850 bis 1.350 €. Die Betriebskosten pro Jahreserzeugung betragen 7,0 bis 10,7 Cent pro Kilowattstunde und der Preis für erzeugte Energie 10 bis 15 Cent pro Kilowattstunde.

Fazit: Wegen des geringeren Wärmebedarfs verteilen sich die Investitionskosten auf weniger Kilowattstunden und die Anlagen werden unwirtschaftlicher. Eine Scheitholzheizung ist für Schultes allerdings bereits bei geringfügig gestiegenem Gaspreis wirtschaftlich, erst recht, wenn das Holz direkt aus dem Wald kommt. Wie sich der Ölpreis entwickeln wird, ist ungewiss. Der Komfort einer Pelletheizung hat seine Kosten, sodass Schultes hier erst bei Preissteigerung von Öl und Gas in die Wirtschaftlichkeitszone eintreten.

Familie Jansen
Auch bei der Passivhausplanung (siehe Seite 11) der Familie Jansen wird über Holzheizung nachgedacht. Mit jeder Variante wird die Umwelt von 1,2 bis 1,6 Tonnen Kohlendioxid jährlich entlastet.

Variante 1: Wegen des geringen Wärmebedarfs ihres Passivhauses ist der Einbau eines Heizkessels nicht sinnvoll. Jansens denken aber an das gemütliche Feuer in einem Kaminofen. Die meiste Wärme benötigen Jansens für die Wassererwärmung, deswegen muss es ein Kaminofen von 3,1 Kilowatt mit Wassertasche und 200 Liter Kombispeicher werden. Im Passivhaus ist eine kontrollierte Lüftung mit Wärmerückgewinnung unumgänglich, sodass nur ein Ofen mit Zuluft von außen infrage kommt. Auch im Sommer benötigen Jansens Warmwasser. Deswegen darf der Ofen dann kaum Wärme in den Wohnraum abgeben. Es gibt Öfen, die für den Sommerfall eine spezielle Wärmedämmplatte besitzen. Die Kosten für die gesamte Anlage liegen zwischen 5.000 und 8.000 €. Als Bundesförderung kommt im Neubau nur eine Innovationsförderung (Brennwertnutzung oder Abgasreinigung) in Betracht. Das ist hier nicht der Fall. Der Ofen hat einen Wirkungsgrad von etwa 85 Prozent und benötigt jährlich etwa vier Raummeter Scheitholz zu Kosten von 220 € bis 360 €. Die Betriebskosten pro Jahreserzeugung betragen 6,9 bis 10,4 Cent pro Kilowattstunde und die Kosten für erzeugte Energie 11 bis 18 Cent pro Kilowattstunde. Holen Jansens das Holz direkt aus dem Wald, so betragen die Betriebskosten pro Jahreserzeugung 5,0 bis 5,8 Cent pro Kilowattstunde und der Preis für erzeugte Energie 10 bis 13 Cent pro Kilowattstunde.

Variante 2: Jansens hätten lieber mehr Komfort und einen Pelletkaminofen ebenfalls mit 3,1 Kilowatt und 200 Liter Kombispeicher. Der Lagerraum muss etwa 1,6 Kubikmeter groß sein. Die Gesamtkosten der Anlage betragen 6.000 bis 10.000 €. Auch hier gibt es keine staatliche Förderung. Der Ofen hat einen Wirkungsgrad von etwa 90 Prozent und benötigt jährlich etwa 1,2 Tonnen Pellet zu Kosten von 310 bis 490 €. Die Betriebskosten pro Jahreserzeugung betragen 8,8 bis 13,1 Cent pro Kilowattstunde und die Kosten für erzeugte Energie 14 bis 22 Cent pro Kilowattstunde.

Fazit: Im Passivhaus heißt der Einbau einer Holzheizung mit Kanonen auf Spatzen schießen – der Aufwand lohnt sich nicht, noch nicht einmal mit günstigem Holz direkt aus dem Wald. Außerdem ist eine Überhitzung der Räume nicht auszuschließen. Jansens sollten auf die gemütliche Holz-Atmosphäre verzichten oder zur Not eine DVD mit knisterndem Kaminfeuer einschieben.

Richtiges Heizen mit Holz im Kaminofen

- Ausschließlich gut getrocknetes Holz nutzen – erkennbar an deutlichen Rissen im Querschnitt. Das Trocknen kann bis zu drei Jahre dauern.

- Die Wärmeleistung des Ofens lässt sich nur durch die Holzmenge regeln, nicht durch Drosselung der Luftzufuhr, deswegen sparsam Holz auflegen.

- Maximal zwei nicht sehr große Scheite auflegen (Gewicht zwischen 0,7 und 1,0 Kilogramm). Größere Scheite brauchen zu lange, um auf Zündtemperatur zu kommen und viel unverbranntes Gas verlässt ungenutzt den Schornstein. Das Gas gibt nur Wärme ab, wenn eine Flamme flackert.

- Rechtzeitig nachlegen, solange noch eine Flamme sichtbar ist.

- Möglichst nur mit Volllast heizen und die überschüssige Wärme in den Pufferspeicher oder die Speichermasse des Ofens bringen.

- In der Übergangszeit kann es bei in der Wohnung aufgestellten Öfen schwierig werden, Überhitzung zu vermeiden. Dann auf andere Heizmöglichkeiten umschwenken.

- Immer die Bedienungsanleitung beachten.

- Keinesfalls große Mengen Holz auflegen und mit geschlossener Klappe ohne Luftzufuhr kokeln lassen, um das erneute Anzünden zu umgehen. Zum Gluthalten eignen sich eventuell Holzbriketts.

- Leider führen in einigen Städten Kaminöfen in der Heizzeit zu unzulässig hohen Feinstaubbelastungen. Das kann in Zukunft durchaus in Verbrennungsverboten münden! Zumindest aber in Auflagen, die den Ofenbetrieb nur mit Staubfilter zulässt.

- Beim Neukauf: Werden die Emissionsvorgaben des Gesetzgebers eingehalten?

Vorteile/Nachteile: Holzöfen

+ In jedem Haus einsetzbar

+ Völlige Unabhängigkeit von fossilen Energien bei Wärme

+ Günstige Scheitholz- und Pelletpreise

+ Wärmelieferung unabhängig von Tages- und Jahreszeit

+ Günstiges System für Warmwasser und Heizung, wenn hoher Wärmebedarf

+ Gute Fördermöglichkeiten

+ Thermische Speicherung ist kostengünstig

+ Kohlendioxidneutrale Verbrennung

+ Bei Kaminöfen gemütliches Flammenspiel und behagliche Wärme

+ In vielen Fällen wirtschaftlicher Betrieb möglich

+ Einfache Einbindung in das Heizsystem möglich

+ Keine Niedertemperaturheizung (zum Beispiel Fußbodenheizung) erforderlich

– Bei gut gedämmten Häusern Überhitzungsproblem

– Nur bei eigenen Wald tatsächliche Autarkie

– Auch Holzpreise steigen, insbesondere bei wachsender Nachfrage

– Schornsteinanschluss nötig

– Bei geringem Wärmebedarf sind die Investitionskosten zu hoch

– Mittlere bis hohe Kosten

– Warmwasserbereitung im Sommer durch Holzkessel nicht sehr effektiv

– Holzvorrat ist begrenzt

– Durch Schornstein kann in den Betriebspausen des Ofens Wärme aus der Wohnung entweichen

– Lange Amortisationszeiten verlangen hohe Qualität der Anlage

– Pufferspeicher nötig

– Kaminöfen wurden 2011 von der Stiftung Warentest geprüft. Nur zwei schnitten mit „gut" ab (www.test.de, Suche „Kaminöfen")

✔ Checkliste: Holzöfen

☐ Im Rahmen einer Energieberatung vor Ort können die Details besprochen werden.

☐ Günstige Quelle für Scheitholz vorhanden?

☐ Ausreichend Platz zur trockenen Lagerung vorhanden?

☐ Hoher Komfort gewünscht?

☐ Prüfen, wo der Lagerplatz für Scheitholz oder Pellets eingerichtet werden kann.

☐ Ist der Raum trocken?

☐ Soll ein Kellerraum umgebaut werden?

☐ Richtlinien und Sicherheitshinweise für Pelletlager beachten.

☐ Belüftete Deckel für Ein- und Ausblasöffnung verwenden.

☐ Prüfen, wie der Transport der Pellets vom Lager zum Kessel erfolgen soll – Schnecke oder Sauggebläse?

☐ Kessel oder Kaminofen?

- ☐ Mit oder ohne Wassertasche?
- ☐ Zuluft von außen?
- ☐ Überhitzungsgefahr im Wohnraum?
- ☐ Prüfen lassen, ob der Schornstein geeignet ist. Ggf. muss ein Rohr eingezogen werden.
- ☐ Im Rahmen der Vorplanung Schornsteinfeger kontaktieren (siehe Kasten Seite 127).
- ☐ Möglichst mit einer Solaranlage für Warmwasser kombinieren.
- ☐ Einen Pufferspeicher einbauen lassen.
- ☐ Besteht laut Energieeinsparverordnung eine Austauschpflicht für den Heizkessel?
- ☐ Kesselleistung auf den Wärmebedarf des Gebäudes abstimmen, ggf. Wärmebedarfsberechnung durchführen lassen.
- ☐ Hocheffiziente Pumpe einbauen (Energieeffizienzindex EEI < 0,23).
- ☐ Möglichst auf zentrale Warmwasserversorgung umstellen.
- ☐ Hydraulischen Abgleich durchführen lassen.
- ☐ Lassen Sie sich in die Bedienung einweisen und fordern Sie eine gut verständliche Bedienungs- und Wartungsanleitung.
- ☐ Zentrale Regelung der Heizungsanlage sollte gut zugängig, gut lesbar und verständlich und der Wärmeerzeuger gut erreichbar sein.
- ☐ Förderbestimmungen beachten und Anträge stellen.
- ☐ Im Vorfeld in den Listen des BAFA überprüfen, ob ausgewählte Anlage förderfähig ist (www.bafa.de, weiter „Energie", weiter „Heizen mit erneuerbaren Energien", weiter „Biomasse", weiter „Publikationen").
- ☐ Öfen mit Wassertasche erfordern üblicherweise einen Wasser- und Abwasseranschluss für die Notkühlung.

Techniken koppeln: gemeinsam geht's besser

Alle in diesem Kapitel dargestellten Techniken, von der Solarthermie über die Wärmepumpe bis zur Holzheizung, schaffen es einzeln nicht, die benötigte Wärme vollständig mit den auf Ihrem Grundstück vorhandenen Energiequellen zu decken. Wie sieht das aus, wenn mehrere gemeinsam genutzt werden? Beispielhaft wären die folgenden drei Möglichkeiten.

Thermische Solaranlagen plus Holzheizung

Im Winter können thermische Solaranlagen den Wärmebedarf nicht vollständig decken. Hier hilft die in Form von Holz gespeicherte Sonnenwärme. Thermische Heizungsunterstützungsanlagen arbeiten am besten in Kombination mit einer Niedertemperaturheizung, beispielsweise mit einer Fußbodenheizung (siehe dazu auch oben „Wärmepumpen"). Eine Holzheizung kann hohe Temperaturen bereitstellen und somit auch mit Heizkörpern gute Wirkungsgrade erzielen. Andererseits hat sie im Sommer das Problem, mit schlechtem Wirkungsgrad zu arbeiten und im Fall von Kaminöfen die Wohnung zu überhitzen. Beide Techniken benötigen einen großen Warmwasserspeicher, der gemeinsam genutzt werden kann. All das spricht für eine Kopplung dieser beiden Techniken. (Siehe dazu auch Seite 171.)

Die thermische Solaranlage verringert den Einsatz des nicht unbeschränkt vorhandenen Holzes und damit auch Ihre Brennstoffkosten. Kopplung von Solarthermie mit Holzheizung liegt dem Konzept des Sonnenhauses (siehe

Tipp

Thermische Solaranlagen und Holzheizungen werden beide vom BAFA gefördert und es gibt zusätzlich einen Kombinationsbonus (www.bafa. de, weiter „Energie", „Heizen mit erneuerbarer Energie"). Landesförderprogramme sind im Allgemeinen mit der Bundesförderung kombinierbar. Es gibt Programme, die eine Holzheizung nur fördern, wenn sie mit einer thermischen Solaranlage gekoppelt ist (den aktuellen Stand unter www.foerderdatenbank.de, Rubrik „Förderrecherche", dort unter Förderassistenten die gesuchten Begriffe eingeben, eventuell müssen Sie es mit mehreren Begriffen versuchen). Eine Kombination von Förderprogrammen verschiedener Fördergeber ist für Privatpersonen meist möglich, solange die Gesamtförderung nicht die zu fördernde Summe übersteigt. Bei Gewerbebetrieben greifen die Beschränkungen für Beihilfen der EU bereits bei einem Fördergeber und erst recht bei einer Kombination. Für Wohnungsvermietung gelten diese Beschränkungen jedoch nicht.

auch Seite 171, Kapitel vier) zugrunde. Das Sonnenhaus-Institut (www.sonnenhaus-institut.de) hat mehrere Referenzobjekte dokumentiert. Das Sonnenhaus Renningen ist ein Neubau mit großer Sonnenkollektoranlage, Kombispeicher und Holzheizung. An Abbildung 64 sehen Sie die zentrale Bedeutung des großen Kombispeichers, der im Zentrum des Hauses steht. Über einen Wärmetauscher im unteren Teil dieses Speichers ist der Solarkreis mit den wegen der tiefstehenden Wintersonne steil stehenden Kollektoren angebunden. Im mittleren oder oberen Bereich kann der Holz-

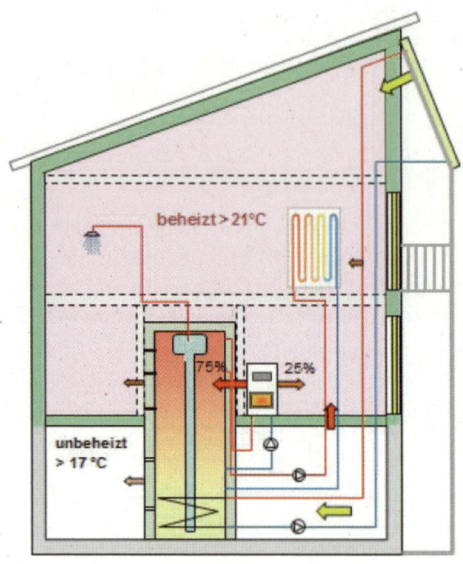

Abbildung 64: Schema des Sonnenhauses Renningen.

ofen mit Wassertasche (siehe Seite 125) die Nacherwärmung übernehmen. Der Holzofen gibt 75 Prozent seiner Wärme an den Speicher ab. Das restliche Viertel dient der direkten Heizung des Wohnraums. Die Fußbodenheizung erhält aus dem mittleren Speicherbereich mit der passenden Temperatur ihre Wärme. Das Brauchwasser ist im ungedämmt eingehängten Speicher enthalten und wird aus der obersten, heißesten Temperaturschicht entnommen. Die Restverluste des zwar sehr gut gedämmten Großspeichers kommen der Beheizung des Hauses zugute.

Über vier Heizperioden wurde im Sonnenhaus Renningen gemessen, welche Energie aus der Solaranlage kommt und wie viel zugeheizt werden musste. Sie sehen in Abb. 65, dass nur im tiefsten Winter der Holzofen benötigt wurde und da hauptsächlich an drei Monaten. Der gemessene solare Deckungsgrad betrug zwischen 66 und 75 Prozent.

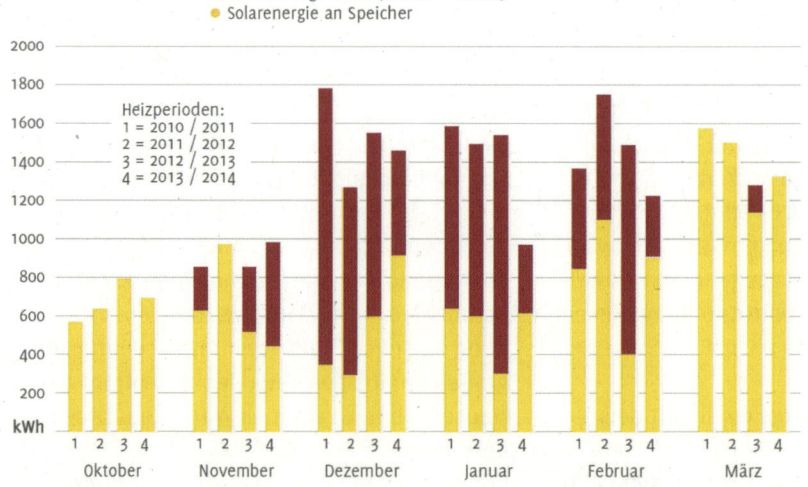

Abbildung 65: Messwerte von Zusatzenergie und Sonnenenergienutzung über mehrere Heizperioden beim Sonnenhaus Renningen.

Beispielfamilien

Wie sieht das nun bei den Beispielfamilien aus? Aus den solarthermischen Varianten wurden jeweils die zwei günstigsten ausgewählt, welche eine passende Kombispeichergröße besitzen. Bei den Familien Meier und Schulte sind das die kleine und die große Anlage zur Heizungsunterstützung. Im Passivhaus der Jansens kommen eher die Brauchwassersolaranlage und die kleine Heizungsunterstützungsanlage in Betracht. Die Solaranlage wird mit einem Scheitholz- oder einem Pelletkessel beziehungsweise -Ofen kombiniert. Sie finden Anpassungsrechnungen an Angebotspreise oder Ihre Solareinstrahlung im Abschnitt „Solarkollektoranlagen", siehe Seite 82 und 89. Die Vorgaben der Berechnungen entsprechen denjenigen im Abschnitt „Solarkollektoren" beziehungsweise „Nutzung von Biomasse". Die Umweltauswirkung wird durch die Kombination nicht verbessert, da auch die Holzheizung bereits zu 100 Prozent erneuerbar und kohlendioxidneutral war. Sie finden zwei Symbole für den Autarkiegrad, das erste mit der fiktiven Annahme der eigenen Holzproduktion und das zweite für zugekauftes Holz.

Familie Meier

Familie Meier möchte Holz sparen und setzt deswegen auf die Kombination ihrer Holzheizung mit einer Solarkollektoranlage. Mit jeder Variante wird die Umwelt von 4,8 bis 6,3 Tonnen Kohlendioxid jährlich entlastet.

Variante 1: Auf dem Süddach werden zwölf Quadratmeter Flachkollektoren installiert und ein 1.000-Liter-Speicher eingebaut, an den auch der Holzkessel angeschlossen werden kann. Zusammen mit einem Scheit-holz-Vergaserkessel (siehe Bild Seite 126) kostet diese Anlage zwischen 14.000 und 20.000 €. Dabei ist berücksichtigt, dass der Speicher nur einmal benötigt wird. Abzüglich der Förderung für Solaranlage, Holzheizung und Kombinationsbonus in Höhe von 6.000 € verbleiben 8.000 bis 14.000 €. Der solare Deckungsgrad erreicht 21 Prozent. Meiers verheizen dann jährlich gut zehn Raummeter Holz für 620 bis 1.040 €. Die Betriebskosten pro Jahreserzeugung liegen bei 4,2 bis 6,6 Cent pro Kilowattstunde und der Preis für erzeugte Energie bei 6 bis 10 Cent pro Kilowattstunde. Holen Meiers das Holz direkt aus dem Wald, dann kostet es nur etwa 310 €, die Betriebskosten pro Jahr sinken auf 2,7 bis 3,0 Cent pro Kilowattstunde und der Preis für erzeugte Energie auf 5 bis 6 Cent pro Kilowattstunde.

Der höhere Komfort durch einen Pelletkessel hat seinen Preis: Die Investitionskosten steigen auf 20.000 bis 26.000 €. Trotz höherer Förderung von 7.800 € verbleibt ein Betrag von 12.200 bis 18.200 €. Meiers verheizen dann jährlich etwa 3,5 Tonnen Pellets für 880 bis 1.400 €. Die Betriebskosten pro Jahreserzeugung liegen bei 5,7 bis 8,6 Cent pro Kilowattstunde und der Preis für erzeugte Energie bei 9 bis 13 Cent pro Kilowattstunde.

Variante 2: Es werden 39 Quadratmeter Flachkollektoren installiert und ein 8.000-Liter-Speicher eingebaut, an den auch der Holzkessel angeschlossen werden kann. Zusammen mit einem Scheitholz-Vergaserkessel kostet diese Anlage zwischen 26.000 und 35.000 €. Dabei ist berücksichtigt, dass der Speicher nur einmal benötigt wird. Abzüglich der Förderung für Solaranlage, Holzheizung und Kombinationsbonus in Höhe von circa

10.150 € verbleiben 15.850 bis 24.850 €. Der solare Deckungsgrad erreicht 47 Prozent. Meiers verheizen dann nur noch knapp sieben Raummeter Holz für 410 bis 690 €. Die Betriebskosten pro Jahreserzeugung liegen bei 3,5 bis 5,2 Cent pro Kilowattstunde und der Preis für erzeugte Energie bei 7 bis 11 Cent pro Kilowattstunde. Holen Meiers das Holz direkt aus dem Wald, dann kostet es nur etwa 210 €, die Betriebskosten pro Jahr sinken auf 2,4 bis 2,8 Cent pro Kilowattstunde und der Preis für erzeugte Energie auf 6 bis 9 Cent pro Kilowattstunde.

Die Investitionskosten für die Kombination mit einen Pelletkessel steigen auf 32.000 bis 41.000 €. Trotz höherer Förderung von ca. 11.950 € verbleibt ein Betrag von 20.050 bis 29.050 €. Meiers verheizen dann jährlich etwa 2,3 Tonnen Pellets für 590 bis 940 €. Die Betriebskosten pro Jahreserzeugung liegen bei 4,5 bis 6,6 Cent pro Kilowattstunde und der Preis für erzeugte Energie bei 9 bis 14 Cent pro Kilowattstunde.

Fazit: Durch die Kombination mit einer kleinen Solaranlage verschlechtert sich die Wirtschaftlichkeit der Scheitholzheizung etwas: Der Preis für erzeugte Energie steigt um maximal 1 Cent pro Kilowattstunde. Die Wirtschaftlichkeit der Pelletheizung dagegen wird etwas besser. Das Einsparen von Brennstoff durch Sonnenenergie rechnet sich umso mehr, je teurer die Meiers Holz oder Pellets einkaufen. Die große Solaranlage verringert den Holzverbrauch auf etwa die Hälfte. Sie ist allerdings trotz guter Förderung so teuer, das der Preis für erzeugte Energie um 1 bis 2 Cent pro Kilowattstunde steigt. Das Bild sieht etwas anders aus, wenn die Lebensdauer der Solaranlage mit 30 Jahren angesetzt

wird. So lange hält allerdings die Holzheizung vermutlich nicht. Beim schlecht gedämmten Altbau ist der wirtschaftliche Unterschied zwischen Kombination und reiner Holzheizung gering. Eine Solaranlage verringert allerdings den Holzverbrauch und damit die laufenden Kosten der Meiers und Meiers werden von Holzkäufen unabhängiger und müssen weniger lagern.

Familie Schulte

Die Anlagengrößen, Kosten und Förderung der Familie Schulte gleichen denjenigen von Familie Meier. Mit jeder Variante wird die Umwelt von 3,6 bis 4,7 Tonnen Kohlendioxid jährlich entlastet.

 Variante 1: Der solare Deckungsgrad erreicht 30 Prozent. Schultes verheizen jährlich knapp sieben Raummeter Scheitholz für 410 bis 690 €. Die Betriebskosten pro Jahreserzeugung liegen bei 4,2 bis 6,5 Cent pro Kilowattstunde und der Preis für erzeugte Energie bei 7 bis 11 Cent pro Kilowattstunde. Holen Schultes das Holz direkt aus dem Wald, dann kostet es nur etwa 210 €, die Betriebskosten pro Jahr sinken auf 2,8 bis 3,3 Cent pro Kilowattstunde und der Preis für erzeugte Energie auf 6 bis 8 Cent pro Kilowattstunde.

Alternativ verheizen Schultes jährlich etwa 2,3 Tonnen Pellets für 580 bis 940 €. Die Betriebskosten pro Jahreserzeugung liegen bei 5,6 bis 8,3 Cent pro Kilowattstunde und der Preis für erzeugte Energie bei 10 bis 14 Cent pro Kilowattstunde.

Variante 2: Bei der großen Anlage erreicht der solare Deckungsgrad 56 Prozent und Schultes verheizen nur noch gut vier Raummeter Scheitholz für 260 bis 430 €. Die

Betriebskosten pro Jahreserzeugung liegen bei 3,6 bis 5,2 Cent pro Kilowattstunde und der Preis für erzeugte Energie bei 9 bis 14 Cent pro Kilowattstunde. Holen Schultes das Holz direkt aus dem Wald, dann kostet es nur etwa 130 €, die Betriebskosten pro Jahr sinken auf 2,7 bis 3,2 Cent pro Kilowattstunde und der Preis für erzeugte Energie auf 8 bis 12 Cent pro Kilowattstunde.

Alternativ verheizen Schultes jährlich etwa 1,5 Tonnen Pellets für 370 bis 580 €. Die Betriebskosten pro Jahreserzeugung liegen bei 4,5 bis 6,5 Cent pro Kilowattstunde und der Preis für erzeugte Energie bei 11 bis 16 Cent pro Kilowattstunde.

Fazit: Die Wirkung der Kombination mit einer kleinen Solaranlage ist bei den Familien Schulte und Meier ähnlich. Die große Solaranlage verringert den Holzverbrauch auf unter die Hälfte, allerdings steigt der Preis für erzeugte Energie um 1 bis 3 Cent pro Kilowattstunde. Auch beim gut gedämmten Altbau ist der wirtschaftliche Unterschied zwischen Kombination und reiner Holzheizung gering. Der Holzverbrauch wird stärker reduziert als bei Familie Meier.

Familie Jansen

Ist bei der Passivhausplanung der Familie Jansen die Kombination von Holzheizung und thermischer Solaranlage sinnvoll? Mit jeder Variante wird die Umwelt von 1,2 bis 1,6 Tonnen Kohlendioxid jährlich entlastet.

Variante 1: Im Abschnitt „Solarkollektoren" war die Brauchwassersolaranlage (Seite 76) für Jansens eine sinnvolle Lösung:

Auf dem Süddach werden sechs Quadratmeter Flachkollektoren installiert und ein 400 Liter Speicher eingebaut, an den auch der Holzofen angeschlossen werden kann. Zusammen mit einem Scheitholz-Kaminofen kostet diese Anlage zwischen 8.000 und 12.000 €. Im Neubau gibt es für eine solche Anlage keine Förderung. Der solare Deckungsgrad erreicht 43 Prozent. Jansens brauchen lediglich zwei Raummeter Scheitholz für 120 bis 200 €. Die Betriebskosten pro Jahreserzeugung liegen bei 5,7 bis 8,1 Cent pro Kilowattstunde und der Preis für erzeugte Energie bei 13 bis 19 Cent pro Kilowattstunde. Holen Jansens das Holz direkt aus dem Wald, dann kostet es nur etwa 60 €, die Betriebskosten pro Jahr sinken auf 4,6 bis 5,5 Cent pro Kilowattstunde und der Preis für erzeugte Energie auf 12 bis 16 Cent pro Kilowattstunde.

Der höhere Komfort durch einen Pelletkaminofen mit Wassertasche hat seinen Preis: Die Investitionskosten steigen auf 9.000 bis 14.000 €. Förderung ist auch hier nicht möglich. Der Pelletbedarf von Familie Jansen ist jährlich etwa 0,7 Tonnen Pellets für 170 bis 280 €. Die Betriebskosten pro Jahreserzeugung liegen bei 6,7 bis 9,6 Cent pro Kilowattstunde und der Preis für erzeugte Energie bei 15 bis 22 Cent pro Kilowattstunde.

Variante 2: Für die kleine solare Heizungsunterstützungsanlage werden zwölf Quadratmeter Flachkollektoren installiert und ein 1.000-Liter-Speicher eingebaut, an den auch die Wassertasche des Scheitholz-Kaminofen angeschlossen werden kann. Zusammen mit diesem Holzofen kostet diese Anlage zwischen 12.000 und 17.000 €. Im Neubau gäbe es nur für besonders innovative Anlagen eine Bundesförderung, sie gilt aber nicht für Jansens Passivhausplanung, da die Kollektorfläche zu klein ist. Der solare Deckungsgrad erreicht 60 Prozent. Jansens brauchen dann jährlich lediglich 1,4 Raummeter Holz für 90 bis 140 €. Die Betriebskosten pro Jahreserzeugung liegen bei 5,4 bis 7,5 Cent pro Kilowattstunde und der Preis für erzeugte Energie bei 16 bis 23 Cent pro Kilowattstunde. Holen Jansens das Holz direkt aus dem Wald, dann kostet es nur etwa 40 €, die Betriebskosten pro Jahr sinken auf 4,6 bis 5,6 Cent pro Kilowattstunde und der Preis für erzeugte Energie auf 16 bis 21 Cent pro Kilowattstunde.

Für die Kombination mit Pelletkaminofen steigen die Investitionskosten auf 13.000 bis 19.000 €. Auch hier gibt es keine Förderung. Jansens benötigen jährlich nur noch 0,5 Tonnen Pellets für 120 bis 200 €. Die Betriebskosten pro Jahreserzeugung liegen bei 6,1 bis 8,6 Cent pro Kilowattstunde und der Preis für erzeugte Energie bei 18 bis 26 Cent pro Kilowattstunde.

Vorteile/Nachteile: Thermische Solaranlage plus Holzheizung

+ Auch bei gut gedämmten Häusern kein Überhitzungsproblem
+ Hoher Autarkiegrad möglich, bei niedrigem Wärmebedarf und großem Grundstück sogar völlige Autarkie in Bezug auf Wärme
+ Günstige Scheitholz- und Pelletpreise
+ Wärmelieferung unabhängig von Tages- und Jahreszeit
+ Günstiges System für Warmwasser und Heizung, wenn hoher Wärmebedarf
+ Gute Fördermöglichkeiten
+ Thermische Speicherung ist kostengünstig
+ Kohlendioxidneutrale Verbrennung
+ Bei Kaminöfen gemütliches Flammenspiel und behagliche Wärme
+ In einigen Fällen wirtschaftlicher Betrieb möglich
+ Einfache Einbindung in das Heizsystem möglich
+ Pufferspeicher wird doppelt genutzt
+ Keine Niedertemperaturheizung (zum Beispiel Fußbodenheizung) erforderlich

– Günstige Lage zur Sonne nötig
– Bei höherem Wärmebedarf nur bei eigenen Wald tatsächliche Autarkie
– Auch Holzpreise steigen, insbesondere bei wachsender Nachfrage
– Schornsteinanschluss nötig
– Bei geringem Wärmebedarf sind die Investitionskosten zu hoch
– Mittlere bis hohe Kosten
– Pufferspeicher nötig
– Holzvorrat ist begrenzt
– Durch Schornstein kann in den Betriebspausen des Ofens Wärme aus der Wohnung entweichen
– Lange Amortisationszeiten verlangen hohe Qualität der Anlage

Fazit: Durch die Kombination mit einer Solaranlage verschlechtert sich die ohnehin bereits sehr schlechte Wirtschaftlichkeit der Holzheizung noch mehr. Bei dem sehr geringen Wärmebedarf des Passivhauses lassen sich hohe Investitionskosten nicht erwirtschaften. Wenn Jansens allerdings die Wärme zu 100 Prozent vom eigenen Grundstück ernten wollen, so wäre die Heizungsunterstützungsanlage mit Kaminofen überlegenswert, da sie dann so wenig Holz benötigen, dass sie es auf dem eigenen Grundstück ernten können. Bei etwas größerem Grundstück gilt das sogar für die Kombination mit der Brauchwassersolaranlage.

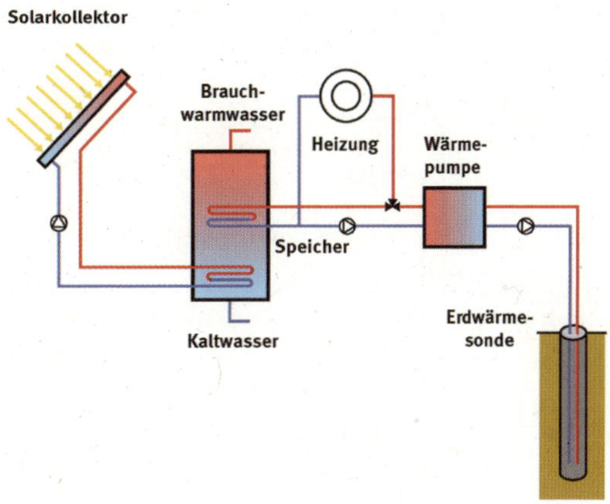

Abbildung 66: Schema der Kopplung einer Brauchwassersolaranlage mit einer Erdwärmepumpe.

✔ Checkliste: Thermische Solaranlage plus Holzheizung

☐ Ausreichend großer Wärmebedarf?

☐ Pufferspeicher muss Anschlussmöglichkeit für Holzkessel bzw. Wassertasche des Holzofens haben.

☐ Beachten Sie die Checklisten „Thermische Solaranlage" (Seite 90) und „Holzheizung" (Seite 131).

Wärmepumpe plus Solarthermie

Eine Wärmepumpe arbeitet besonders effizient, wenn die Wärmequelle eine hohe Temperatur hat und wenn das Heizungssystem keine hohe Temperatur verlangt. In beiden Fällen kann eine thermische Solaranlage unterstützen.

Erste Möglichkeit: Werden beide Anlagen kombiniert, so übernimmt die thermische Solaranlage mit Vorrang die Wärmelieferung, da bei ihr das Verhältnis gewonnener Wärme zu eingesetztem Strom (für die Umwälzpumpen) – vergleichbar der Arbeitszahl einer Wärmepumpe – bei 30 bis 70 liegt. Die Wärmepumpe muss dann erstens weniger Wärme bereitstellen und zweitens arbeitet sie weniger im ungünstigen

Bereich mit hoher Temperatur für die Warmwasserbereitung. Folge: Die Jahresarbeitszahl steigt und der Stromverbrauch nimmt ab. Wie in der Abbildung dargestellt, arbeiten beide Anlagen unabhängig voneinander mit demselben Brauchwasserspeicher. Als Speicher für die Heizungswärme dient die träge Fußbodenheizung.

Zweite Möglichkeit: Die Solaranlage kann sogar noch mehr zur Effizienzsteigerung beitragen, indem die Wärmequellentemperatur der Wärmepumpe durch überschüssige Sonnenwärme erhöht wird. Besonders gut gelingt das bei einer Erdwärmepumpe durch Speicherung von ungenutzter Sommerwärme im Erdreich. Die Temperatur der Wärmequelle wird dadurch

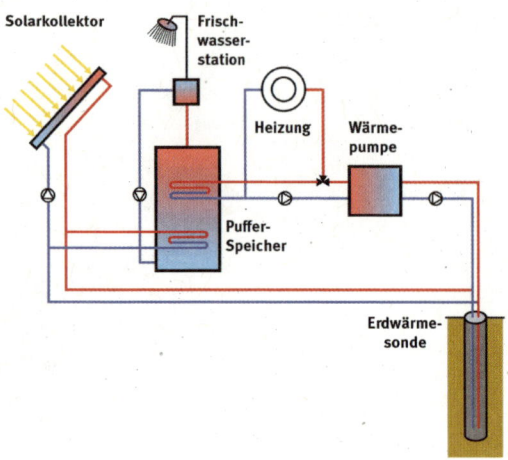

*Abbildung 67: Schema der Kopplung einer solaren
Heizungsunterstützungsanlage, die auch die Erdreichtemperatur regeneriert, mit einer Erdwärmepumpe.*

um einige Grad angehoben. Auch bei Luft/
Wasser-Wärmepumpen gibt es Anbieter von
Systemen mit direkter Einspeisung von Wärme
aus den Kollektoren in den Verdampfer der
Wärmepumpe. Im Bild sehen Sie, wie eine
solare Heizungsunterstützungsanlage mit der
Wärmepumpe gekoppelt ist. Die Wärmepumpe
nutzt den Pufferspeicher der solarthermischen
Anlage und die Solarkollektoren werden zur
Erwärmung der Sonde eingesetzt, wenn es
solare Überschüsse gibt. So wird eine Überhitzung der Kollektoren verhindert und die Wärmepumpe nutzt eine wärmere Wärmequelle, es
fallen allerdings höhere Pumpenstromkosten
an, um die Wärme ins Erdreich zu bringen.

Dritte Möglichkeit: Es gibt spezielle Solar-Wär-
mepumpensysteme, die mit einem Eisspeicher
oder einem Langzeit-Erdspeicher arbeiten und
sogenannte Hybridkollektoren (siehe Kasten)
oder Absorber ohne Abdeckung auf dem Dach
nutzen, um auch aus der Umgebungsluft

Wärme für die Wärmepumpe zu gewinnen. Ein
Eisspeicher wird eingesetzt, da beim Übergang
von Wasser zu Eis eine große Wärmemenge
gewonnen werden kann, ohne ein weiteres Ab-
sinken der Temperatur. Die Speichergröße wird
dadurch entscheidend verkleinert. Die Wärmemenge, die zum Schmelzen von Eis benötigt
wird, würde die gleiche Menge Wasser von 10
auf 90 Grad aufheizen.

Eine spezielle Anlage besteht aus Hybridkollektoren auf dem Dach, einem hochwertigen
Solar-Pufferspeicher, einem kleinen Eisspeicher von gut 300 Liter und einer Wärmepumpe.
Abbildung 68 zeigt, wie ein solches System
sich während des Jahres verhält.

Hybridkollektoren können wie gewöhnliche
Sonnenkollektoren arbeiten, wie sie es bei
hoher Sonneneinstrahlung (Abb. 68 links
oben) auch tun. Dann handelt es sich um eine
ganz normale Heizungsunterstützungsanlage
– Wärmepumpe und Eisspeicher werden nicht
benötigt. Wird die Sonneneinstrahlung geringer (Abb. 68 rechts oben), so reicht die Tempe-

ratur der Kollektoren nicht mehr. Nun läuft die Wärmepumpe an und nutzt die Vorwärmung durch die Kollektoren als Wärmequelle. Da es sich hier um recht hohe Temperaturen handelt, arbeitet die Wärmepumpe mit sehr hoher Arbeitszahl. Nimmt die Sonneneinstrahlung noch weiter ab, so kommt der zweite Teil des Hybridkollektors zum Einsatz (Abb. 68 links unten). Ein Gebläse drückt Außenluft im Kollektor durch ein Kanalsystem unterhalb des Absorbers und so kann die Wärmepumpe ähnlich einer Luft/Wasser-Wärmepumpe arbeiten.

Wird es in der Nacht ganz kalt und die Außenlufttemperatur sinkt unter den Gefrierpunkt, so muss die Wärmepumpe nicht diese tiefen Temperaturen nutzen. Sie bezieht die Wärme nun aus dem Eisspeicher (Abb. 68, rechts unten). Dem Speicher kann bei null Grad Celsius so lange Wärme entnommen werden, bis er vollständig eingefroren ist. Erst dann sinkt die Temperatur weiter. Die Wärmemenge im Eisspeicher reicht für die Überbrückung einer Nacht. Im Allgemeinen sind sehr kalte Nächte mit klarem Himmel verbunden, sodass

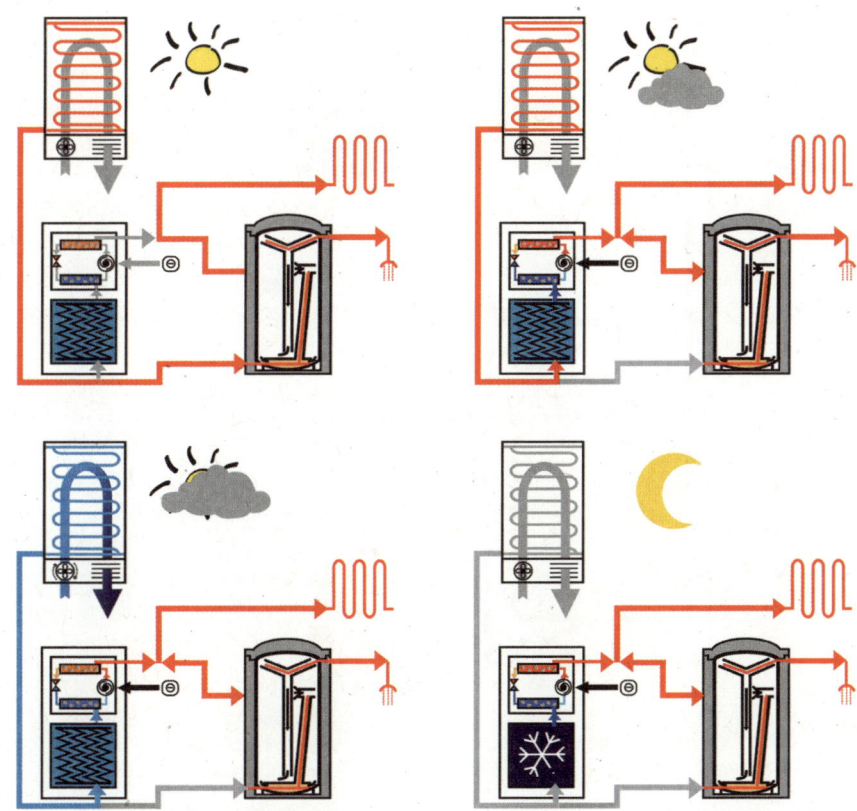

Abbildung 68: Betriebszustände einer Anlage mit Hybridkollektoren, Kurzzeit-Eisspeicher und Wärmepumpe.

am nächsten Tag die Sonne scheint und der Sonnenertrag den Eisspeicher auftauen kann. Da das System auf wesentlich niedrigerer Temperatur arbeitet als eine normale Solaranlage selbst mit Fußbodenheizung, erreichen die Kollektoren einen sehr hohen Wirkungsgrad. Es gibt unabhängige Langzeituntersuchungen dieses Systems, die eine **Systemjahresarbeitszahl (SJAZ)** zwischen fünf und sechs gemessen haben. Bei der Systemjahresarbeitszahl werden alle elektrischen Verbraucher des Gesamtsystems betrachtet und nicht nur die Wärmepumpenanlage.

Ein anderer Hersteller arbeitet mit sehr großen Eisspeichertanks von etwa zehn Kubikmetern, die im Garten vergraben werden und durch den direkten Kontakt mit dem Erdreich auch Erdwärme nutzen können. Sie reichen aus, einige Wochen ohne Sonneneinstrahlung zu überbrücken. Auf dem Dach sind bei diesem System spezielle, unabgedeckte Absorber. Sie sind eine gute Wärmequelle auf hoher Temperatur für die Wärmepumpe. Außerdem dienen Sie zur Beheizung des Eisspeichers. Bei sehr niedriger Außentemperatur nutzt die Wärmepumpe den Eisspeicher als Wärmequelle. Der Eisspei-

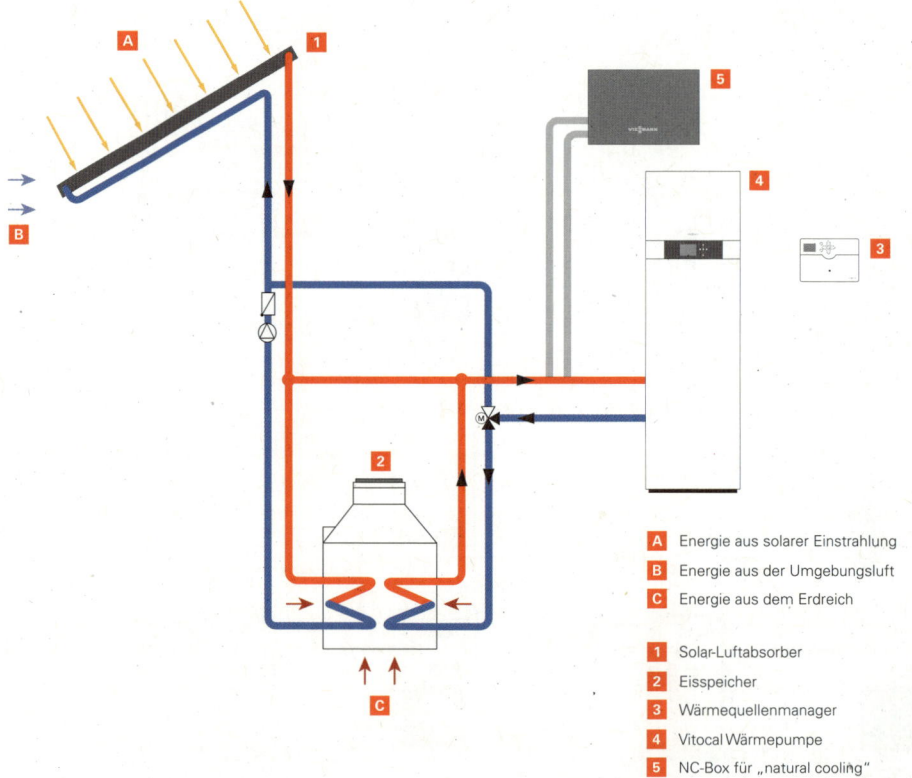

A	Energie aus solarer Einstrahlung
B	Energie aus der Umgebungsluft
C	Energie aus dem Erdreich
1	Solar-Luftabsorber
2	Eisspeicher
3	Wärmequellenmanager
4	Vitocal Wärmepumpe
5	NC-Box für „natural cooling"

Abbildung 69: Schema einer Anlage mit Solar-Luftabsorbern, Langzeit-Eisspeicher und Wärmepumpe.

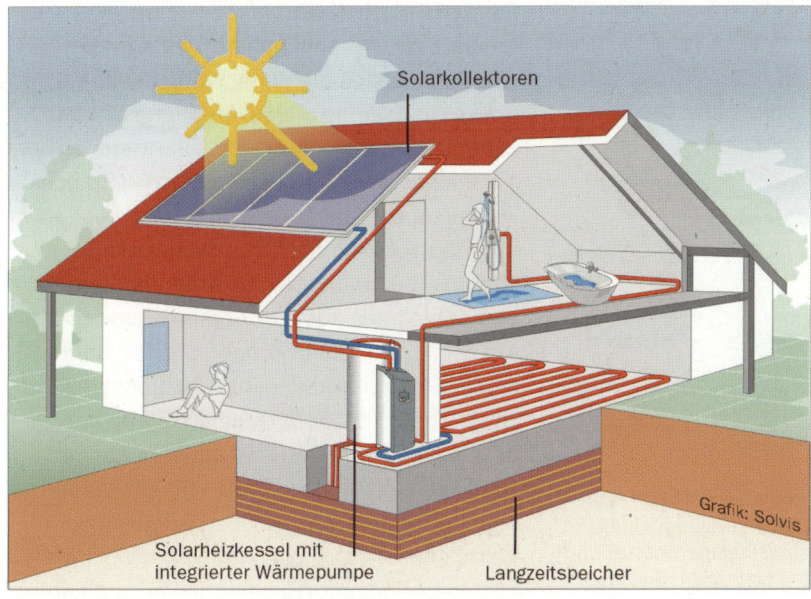

Abbildung 70: Schema der Kombination einer Solaranlage zur Heizungsunterstützung mit einem Langzeit-Erdspeicher und einer Wärmepumpe.

cher kann sehr gut im Sommer zur Kühlung des Gebäudes genutzt werden. Es liegen keine unabhängigen Messwerte für die **Systemjahresarbeitszahl (SJAZ)** vor, jedoch ist zu vermuten, dass sie auch zwischen 5 und 6 liegen wird.

Noch einen Schritt weiter geht ein System mit einem Langzeit-Erdspeicher. Hier wird eine normale solare Heizungsunterstützungsanlage mit einer Sole/Wasser-Wärmepumpe und diesem Langzeitspeicher verbunden. Bei Neubauten unter der Grundplatte und bei Altbauten neben dem Haus werden in einer Grube bis zu einer Tiefe von circa 1,5 Metern zahlreiche Polyethylen-Leitungen dicht gepackt in mehreren Schichten Erdreich verlegt. Der gesamte Bereich wird gegen Wärmeverluste an den Seiten und von oben gedämmt. Im Frühling,

Sommer und Herbst leiten die Kollektoren nicht genutzte Sonnenwärme ins Erdreich und dienen ansonsten zur Warmwasserbereitung und gegebenenfalls zur Heizungsunterstützung. Reicht die Energie der Sonne nicht mehr zur direkten Nutzung, springt die Wärmepumpe ein und nutzt den Langzeitspeicher als Wärmequelle mit der um etwa 10 Grad höheren Temperatur gegenüber einem Erdkollektor oder einer Erdsonde einer ungekoppelten Erdwärmepumpe. Resultat ist eine hohe Arbeitszahl. Die Wärme im Langzeitspeicher reicht über die gesamte Heizperiode. Ein intelligentes Ladesystem sorgt dafür, dass die Kollektoren einen Wirkungsgrad von etwa 80 Prozent erreichen und die Wärmepumpe im optimalen Bereich arbeitet.

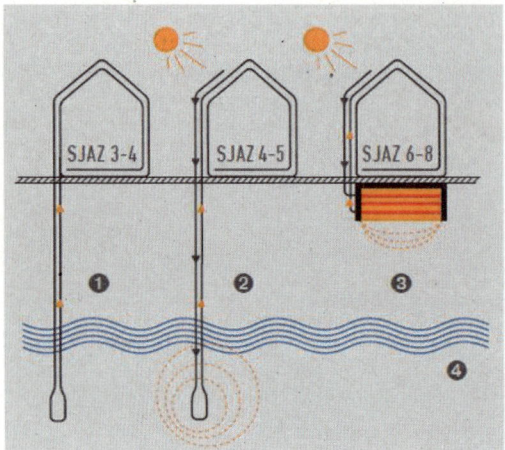

Abbildung 71: Systemjahresarbeitszahlen von Erd-wärmepumpen ohne solare Unterstützung (1), mit solarer Regeneration der Erdreichtemperatur (2) und mit solarer Unterstützung und Langzeit-Erdwärme-speicher (3).

Erdwärmepumpen ohne Kopplung mit einer Solaranlage erreichen nach Feldtestmessungen **Systemjahresarbeitszahlen (SJAZ)** zwischen 3 und 4. Durch die Kopplung mit einer thermischen Solaranlage, welche das Erdreich thermisch regeneriert, steigt die SJAZ auf 4 bis 5. Der Anbieter spricht von gemessenen Systemjahresarbeitszahlen für das System mit Langzeiterdspeicher zwischen 6 und 8.

Tipp

Thermische Solaranlagen und Wärmepumpen werden beide vom BAFA gefördert und es gibt zusätzlich einen Kombinationsbonus (www.bafa. de, weiter „Energie", „Heizen mit erneuerbarer Energie") Auch hier kann es zusätzliche Landes- oder Kommunalprogramme geben. Siehe Tipp im vorigen Abschnitt (siehe Seite 133).

Beispielfamilien

Anhand der Beispielfamilien wird nun dargestellt, wie sich die Wirtschaftlichkeit und Umweltentlastung dieser Kopplungsmöglichkeiten abschätzen lässt. Die solarthermischen Anlagen entsprechen den Varianten „Brauch-wassersolaranlage" und „kleine Heizungs-unterstützungsanlage" aus dem Abschnitt „Solarkollektoranlagen" und die Wärmepumpen denjenigen aus dem entsprechenden Abschnitt. Alle Daten können Sie dort nachlesen. Die Anpassung der Investitionskosten ist im Abschnitt „Solaranlagen" (Seite 82) beschrieben. Alle Systeme arbeiten nur mit Fußbodenheizung. Sie finden für alle Varianten eine Bandbreite von Werten. Die günstigsten Werte ergeben sich bei niedrigen Investitions-kosten und Strompreisen ohne Preissteigerung und die höchsten bei hohen Investitionskosten und Preissteigerung. In allen Fällen wird mit einem Betrachtungszeitraum von 20 Jahren gerechnet. Zwar hat die solarthermische Anlage sicher eine längere Lebensdauer, die Wärmepumpe aber nicht.

Familie Meier
Familie Meier möchte möglichst wenig Strom für die Wärmepumpe einsetzen und plant deswegen die Kopplung mit einer solarthermischen Anlage.

 Variante 1: Eine Brauchwassersolar-anlage mit drei Quadratmeter Flachkollektor und 300 Liter Solarspeicher soll zusätzlich zur Wärmepumpe angeschafft werden. Das System erreicht eine Jahresarbeitszahl von 4,3. Eine etwas kürzere Sondengesamtlänge von gut 161 Meter reicht nun aus. Die Gesamtkosten für Erdwärmepumpe und Solaranlage betragen etwa 19.000 bis 26.000 €. Davon wird die

Bundesförderung in Höhe von 7.200 € für Solarthermie, Wärmepumpe, Kombinations- und Extrabonus abgezogen und es verbleiben etwa 12.000 bis 19.000 €. Die Autarkie bezogen auf Strom und Wärme erreicht 55 Prozent. Die jährlichen Betriebskosten (für Wärmepumpen- und Solarpumpenstrom und Wartung) liegen zwischen 1.100 und 1.600 €, die Betriebskosten pro Jahreserzeugung bei 5,4 bis 8,0 Cent pro Kilowattstunde und der Preis für erzeugte Energie bei 8 bis 13 Cent pro Kilowattstunde. Die Umwelt wird von 2,3 bis 3,7 Tonnen Kohlendioxid pro Jahr entlastet.

Wählen Meiers eine Luft/Wasser-Wärmepumpe mit Jahresarbeitszahl nur noch 3,2, so sinken zwar die Investitionskosten auf 12.000 bis 17.000 €, die Förderung jedoch auch auf 1.800 €, da die Wärmepumpe nicht mehr förderfähig ist. Die verbleibenden Kosten liegen trotzdem niedriger bei etwa 10.000 bis 15.000 €. Die Autarkie bezogen auf Strom und Wärme erreicht 47 Prozent. Die jährlichen Betriebskosten steigen auf etwa 1.400 bis 2.100 €, die Betriebskosten pro Jahreserzeugung liegen bei 7,1 bis 10,5 Cent pro Kilowattstunde und der Preis für erzeugte Energie bei 10 bis 14 Cent pro Kilowattstunde. Die Umwelt wird von 1,3 bis 2,8 Tonnen Kohlendioxid pro Jahr entlastet.

Variante 2: Eine Heizungsunterstützungs-Solaranlage mit zwölf Quadratmeter Flachkollektor und 1.000 Liter Pufferspeicher soll zusätzlich zur Wärmepumpe angeschafft werden. Das System erreicht eine Jahresarbeitszahl von 4,8 dank der Anhebung der Erdreichtemperatur durch die Überschüsse der Solaranlage. Eine etwas kürzere Sondengesamtlänge von knapp 140 Meter reicht nun aus. Die Gesamtkosten

für Erdwärmepumpe und Solaranlage betragen etwa 22.300 bis 29.700 €. Die Bundesförderung steigt wegen der größeren Solaranlage und der guten Jahresarbeitszahl (Innovationsförderung für Wärmepumpe möglich) auf 11.700 € und es verbleiben etwa 10.600 bis 18.000 €. Die Autarkie bezogen auf Strom und Wärme erreicht 69 Prozent. Die jährlichen Betriebskosten liegen zwischen 890 und 1.300 €, die Betriebskosten pro Jahreserzeugung bei 4,4 bis 6,5 Cent pro Kilowattstunde und der Preis für erzeugte Energie bei 7 bis 11 Cent pro Kilowattstunde. Die Umwelt wird von 2,9 bis 4,3 Tonnen Kohlendioxid pro Jahr entlastet.

Wählen Meiers eine Luft/Wasser-Wärmepumpe, so sinken zwar die Investitionskosten auf 16.000 bis 22.000 €, die Förderung jedoch auch auf 3.600 € (die Wärmepumpe ist wegen schlechter Jahresarbeitszahl 3,2 nicht förderfähig). Die verbleibenden Kosten liegen etwas höher bei etwa 12.400 bis 18.400 €. Die Autarkie bezogen auf Strom und Wärme erreicht 62 Prozent. Die jährlichen Betriebskosten steigen auf etwa 1.200 bis 1.800 €, die Betriebskosten pro Jahreserzeugung liegen bei 6,2 bis 9,1 Cent pro Kilowattstunde und der Preis für erzeugte Energie bei 9 bis 14 Cent pro Kilowattstunde. Die Umwelt wird von 1,9 bis 3,3 Tonnen Kohlendioxid pro Jahr entlastet.

Variante 3: Meiers möchten keine Erdbohrung und entscheiden sich deswegen für ein System mit 22 Quadratmetern Hybridkollektoren auf dem Dach und Eisspeicher. Das System erreicht eine Jahresarbeitszahl von 5 bis 6. Die Autarkie bezogen auf Strom und Wärme erreicht 67 beziehungsweise 69 Prozent. Die Gesamtkosten betragen etwa 30.000 bis 40.000 €. Die Bundesförderung steigt wegen großer Solaranlage und Innovationsförderung für Wärmepumpe auf circa 12.100 € und es verbleiben etwa 17.900 bis 27.900 €. Die Wartungskosten sind für teurere Anlagen höher, sodass die jährlichen Betriebskosten bei Jahresarbeitszahl 5 zwischen 1.100 und 1.600 € liegen, die Betriebskosten pro Jahreserzeugung bei 5,5 bis 8,0 Cent pro Kilowattstunde und der Preis für erzeugte Energie bei 10 bis 15 Cent pro Kilowattstunde. Die Umwelt wird von 2,5 bis 3,9 Tonnen Kohlendioxid pro Jahr entlastet. Wird eine Jahresarbeitszahl von 6 erreicht, so sinken die jährlichen Betriebskosten auf 960 bis 1.380 €, die Betriebskosten pro Jahreserzeugung auf 4,8 bis 6,9 Cent pro Kilowattstunde und der Preis für erzeugte Energie auf 9 bis 14 Cent pro Kilowattstunde. Die Umwelt wird dann von 2,9 bis 4,3 Tonnen Kohlendioxid pro Jahr entlastet.

Variante 4: Der innovative Langzeit-Erdreichspeicher erscheint Familie Meier als sinnvolle Lösung. Es werden 22 Quadratmeter normale Flachkollektoren auf dem Dach installiert. Das System erreicht eine Jahresarbeitszahl von 6 bis 8. Die Autarkie bezogen auf Strom und Wärme erreicht 69 beziehungsweise 73 Prozent. Die Gesamtkosten betragen etwa 35.000 bis 45.000 €. Die Bundesförderung beträgt auch in diesem Fall circa 12.100 € und es verbleiben etwa 22.900 bis 32.900 €. Hohe Wartungskosten erhöhen die Betriebskosten. Sie liegen pro Jahr bei Jahresarbeitszahl 6 zwischen 980 und 1.410 €, die Betriebskosten pro Jahreserzeugung bei 4,9 bis 7,0 Cent pro Kilowattstunde und der Preis für erzeugte Energie bei 11 bis 15 Cent pro Kilowattstunde. Die Umwelt wird von 2,9 bis 4,3 Tonnen Kohlendioxid pro Jahr entlastet. Wird eine Jahresarbeitszahl von 8 erreicht, so sinken die jährlichen Betriebskosten auf 800 bis 1.100 €, die Betriebskosten pro Jahreserzeugung auf 4,0 bis 5,7 Cent pro Kilowattstunde und der Preis für erzeugte Energie auf 10 bis 14 Cent pro Kilowattstunde. Die Umwelt wird dann von 3,4 bis 4,8 Tonnen Kohlendioxid pro Jahr entlastet.

Fazit: Für Familie Meier ist das wirtschaftlichste System die Kombination von Erdwärmepumpe mit kleiner solarer Heizungsunterstützungsanlage. Dieses System ist dank der hohen Förderung sogar billiger als die reine Wärmepumpe und ergibt einen niedrigeren Preis für erzeugte Energie und eine höhere Umweltentlastung. Der Preis für erzeugte Energie liegt im günstigsten Fall nur wenig über dem aktuellen Gaspreis.

Alle Kombinationen mit Luft/Wasser-Wärmepumpen sind unwirtschaftlicher.

Die innovativen Systeme erzielen zwar einen wesentlich besseren Ertrag, sind aber so viel teurer, dass der Preis für erzeugte Energie erheblich höher ist und demjenigen der Luft/Wasser-Wärmepumpensysteme entspricht.

Familie Schulte
Auch Familie Schulte beabsichtigt im Rahmen Ihrer Umbauplanung die Kopplung der Wärmepumpe mit Sonnenkollektoren. Die Varianten sind ähnlich zu den Planungen der Familie Meier.

Variante 1: Die Brauchwassersolaranlage ist wegen des höheren Warmwasserbedarfs mit sechs Quadratmeter Flachkollektor und 400 Liter Solarspeicher etwas größer. Das System erreicht eine Jahresarbeitszahl von 4,1. Eine etwas kürzere Sondengesamtlänge

von gut 106 Meter reicht nun aus. Die Gesamtkosten für Erdwärmepumpe und Solaranlage
betragen etwa 16.800 bis 22.800 €. Davon
wird die Bundesförderung in Höhe von 7.200
€ abgezogen und es verbleiben etwa 9.600
bis 15.600 €. Die Autarkie bezogen auf Strom
und Wärme erreicht 66 Prozent. Die jährlichen
Betriebskosten liegen zwischen 800 und 1.200
€, die Betriebskosten pro Jahreserzeugung bei
5,3 bis 7,9 Cent pro Kilowattstunde und der
Preis für erzeugte Energie bei 9 bis 13 Cent pro
Kilowattstunde. Die Umwelt wird von 1,8 bis
2,9 Tonnen Kohlendioxid pro Jahr entlastet.

Folgende Werte ergeben sich bei einer
Luft/Wasser-Wärmepumpe: Jahresarbeitszahl
nur noch 3,1, Investitionskosten 12.000 bis
17.000 €, Förderung 1.800 €, verbleibende
Kosten etwa 10.000 bis 15.000 €, Autarkie
bezogen auf Strom und Wärme 61 Prozent,
jährliche Betriebskosten etwa 1.000 bis 1.500
€, Betriebskosten pro Jahreserzeugung 6,8
bis 10,0 Cent pro Kilowattstunde, Preis für
erzeugte Energie 10 bis 15 Cent pro Kilowattstunde, Umweltentlastung 1,2 bis 2,3 Tonnen
Kohlendioxid pro Jahr.

Variante 2: Die Heizungsunterstützungs-
Solaranlage entspricht derjenigen der Familie
Meier. Das System erreicht eine Jahresarbeitszahl von 4,5 dank der Erwärmung des Erdreichs
durch die Solaranlagenüberschüsse. Eine
etwas kürzere Sondengesamtlänge von knapp
91 Meter reicht nun aus. Die Gesamtkosten für
Erdwärmepumpe und Solaranlage betragen
etwa 20.100 bis 27.000 €. Die Bundesförderung beträgt wieder 11.700 € und es verbleiben
etwa 8.400 bis 15.300 €. Die Autarkie bezogen
auf Strom und Wärme erreicht 70 Prozent. Die
jährlichen Betriebskosten liegen zwischen

660 und 960 €, die Betriebskosten pro Jahreserzeugung bei 4,4 bis 6,4 Cent pro Kilowattstunde und der Preis für erzeugte Energie bei
7 bis 11 Cent pro Kilowattstunde. Die Umwelt
wird von 2,3 bis 3,3 Tonnen Kohlendioxid pro
Jahr entlastet.

Wieder die Werte für die Anlage mit Luft/
Wasser-Wärmepumpe: Jahresarbeitszahl nur
noch 3,0, Investitionskosten 16.000 bis
22.000 €, Förderung 3.600 €, verbleibende
Kosten 12.400 bis 18.400 €, Autarkie bezogen
auf Strom und Wärme 64 Prozent, jährliche
Betriebskosten etwa 900 bis 1.300 €, Betriebskosten pro Jahreserzeugung 6,0 bis 8,8 Cent
pro Kilowattstunde, Preis für erzeugte Energie
10 bis 15 Cent pro Kilowattstunde, Umweltentlastung 1,6 bis 2,7 Tonnen Kohlendioxid pro
Jahr.

Variante 3: Auch Schultes möchten ein
Eisspeichersystem. Wegen des geringeren
Wärmebedarfs reichen 16 Quadratmeter Hybridkollektoren. Die Gesamtkosten betragen
etwa 25.000 bis 35.000 €. Die Bundesförderung von circa 11.100 € wird abgezogen und es
verbleiben etwa 13.900 bis 23.900 €. Die Autarkie bezogen auf Strom und Wärme erreicht
67 beziehungsweise 69 Prozent. Die jährlichen
Betriebskosten liegen bei Jahresarbeitszahl 5
zwischen 860 und 1.250 €, die Betriebskosten pro Jahreserzeugung bei 5,7 bis 8,3 Cent
pro Kilowattstunde und der Preis für erzeugte
Energie bei 10 bis 16 Cent pro Kilowattstunde.
Die Umwelt wird von 1,8 bis 2,9 Tonnen Kohlendioxid pro Jahr entlastet. Wird eine Jahresarbeitszahl von 6 erreicht, so sinken die jährlichen Betriebskosten auf 750 bis 1.080 €, die
Betriebskosten pro Jahreserzeugung auf 5,0
bis 7,2 Cent pro Kilowattstunde und der Preis

für erzeugte Energie auf 10 bis 15 Cent pro Kilowattstunde. Die Umwelt wird dann von 2,1 bis 3,2 Tonnen Kohlendioxid pro Jahr entlastet.

 **Variante 4:** Die Anlage mit Langzeit-Erdreichspeicher der Familie Schulte hat ebenfalls 16 Quadratmeter Kollektorfläche. Die Gesamtkosten betragen etwa 35.000 bis 45.000 €. Die Bundesförderung beträgt auch in diesem Fall circa 11.100 € und es verbleiben etwa 23.900 bis 33.900 €. Die Autarkie bezogen auf Strom und Wärme erreicht 69 beziehungsweise 73 Prozent. Die Betriebskosten liegen pro Jahr bei Jahresarbeitszahl sechs zwischen 800 und 1.130 €, die Betriebskosten pro Jahreserzeugung bei 5,3 bis 7,6 Cent pro Kilowattstunde und der Preis für erzeugte Energie bei 13 bis 19 Cent pro Kilowattstunde. Die Umwelt wird von 2,1 bis 3,2 Tonnen Kohlendioxid pro Jahr entlastet. Wird eine Jahresarbeitszahl von 8 erreicht, so sinken die jährlichen Betriebskosten auf 660 bis 930 €, die Betriebskosten pro Jahreserzeugung auf 4,4 bis 6,2 Cent pro Kilowattstunde und der Preis für erzeugte Energie auf 12 bis 17 Cent pro Kilowattstunde. Die Umwelt wird dann von 2,5 bis 3,6 Tonnen Kohlendioxid pro Jahr entlastet.

Fazit: Auch für Familie Schulte ist das wirtschaftlichste System die Kombination von Erd-Wärmepumpe mit kleiner solarer Heizungsunterstützungsanlage. Dieses System ist dank der hohen Förderung sogar billiger als die reine Wärmepumpe und ergibt einen niedrigeren Preis für erzeugte Energie und eine höhere Umweltentlastung. Der Preis für erzeugte Energie liegt im günstigsten Fall nur wenig über dem aktuellen Gaspreis.

Alle Kombinationen mit Luft/Wasser-Wärmepumpen sind sowohl teurer als auch unwirtschaftlicher.

Die innovativen Systeme erzielen zwar einen wesentlich besseren Ertrag, sind aber so viel teurer, dass der Preis für erzeugte Energie erheblich höher ist und demjenigen der Luft/Wasser-Wärmepumpensysteme entspricht oder beim Erdspeicher ihn sogar übertrifft. Der erhöhte Aufwand lohnt sich erst bei größeren Wärmeverbräuchen.

Familie Jansen
Alle oben beschriebenen Varianten sind für das Passivhaus (siehe Seite 11) der Familie Jansen zu aufwendig. Es ergibt sich ein Preis für erzeugte Energie von mindestens 15 Cent pro Kilowattstunde – mehr als dem doppelten des aktuellen Gaspreises.

Gut zu wissen

Vor kurzem haben Forscher die Messergebnisse des „Effizienzhaus Plus Schlagmann/BayWa" in Raitenhaslach bei Burghausen bekanntgegeben. Die Kombination einer großen solarthermischen Anlage mit einer Wärmepumpe hat für diese Wärmepumpe eine Rekord-Jahresarbeitszszahl erzielt: Im zweiten Messjahr wurde für das Solar-Wärmepumpen-System eine Arbeitszahl von 10,7 gemessen.

Weitere Informationen: Sonnenhaus-Institut e.V.: www.sonnenhaus-institut.de

Vorteile/Nachteile: Wärmepumpe plus Solarthermie

+ Auch bei gut gedämmten Häusern kein Überhitzungsproblem

+ Hoher Autarkiegrad möglich

+ Stromverbrauch geringer als bei reiner Wärmepumpe

+ Wärmelieferung unabhängig von Tages- und Jahreszeit

+ Günstiges System für Warmwasser und Heizung, wenn hoher Wärmebedarf

+ Gute Fördermöglichkeiten

+ Thermische Speicherung ist kostengünstig

+ Kein Schornstein notwendig und bei einigen Systemen auch keine Erdbohrung oder Erdkollektor

+ Einfache Einbindung in das Heizsystem möglich

+ Bei erdgebundenen Anlagen ist sommerliche Kühlung wenig aufwendig

+ Pufferspeicher wird doppelt genutzt

+ Keine Überhitzungsprobleme der Solaranlage

– Günstige Lage zur Sonne nötig

– Strombedarf steigt

– Strompreissteigerung ist denkbar

– Wärmequelle nötig; am sinnvollsten Erdwärmenutzung

– Bei geringem Wärmebedarf sind die Investitionskosten zu hoch

– Mittlere bis hohe Kosten

– Pufferspeicher nötig

– Lange Amortisationszeiten verlangen hohe Qualität der Anlage

– Niedertemperaturheizung (zum Beispiel Fußbodenheizung) erforderlich

– Die Anlagen mit Hybridkollektoren können lediglich die kühle Nachtluft zur Raumkühlung nutzen

✔ Checkliste: Wärmepumpe plus Solarthermie

☐ Ausreichend großer Wärmebedarf?

☐ Soll auf Erdsonde oder Erdkollektor verzichtet werden?

☐ Ist sommerliche Kühlung gewünscht?

☐ Pufferspeicher muss Anschlussmöglichkeit für Wärmepumpe haben.

☐ Beachten Sie die Checklisten „Thermische Solaranlage" und „Wärmepumpe" (Seite 90 bzw. 121)

Wärmepumpe plus Photovoltaik

Eine Wärmepumpe beheizt Ihr Haus zum großen Teil mit Umweltwärme und Sie erreichen eine große Unabhängigkeit. Exergie (siehe Seite 91) wird zurückzugewonnen, indem Wärme von einer tieferen Temperatur auf eine für Heizung oder Warmwasserbereitung nutzbare Temperatur angehoben wird. Allerdings benötigt die Wärmepumpe dafür Strom, das heißt reine Exergie. Da liegt es nahe, diesen Strom auf dem eigenen Grundstück zu gewinnen, mit einer Photovoltaik- oder auch – eher selten – mit einer Kleinwindanlage (siehe Tippkasten).

Tipp

Kleinwindanlagen kommen nur in wenigen Fällen in Betracht – windgünstige Standorte in der Nähe von Ein- und Zweifamilienhäusern sind selten. Falls Sie jedoch über einen windgünstigen Standort verfügen, so ist die Kombination Wärmepumpe mit Kleinwindanlage besonders interessant, da in der kalten Jahreszeit, wenn eine Wärmepumpe den meisten Strom benötigt, der Wind bläst. Die Tipps im Abschnitt „Kleinwindanlagen" (siehe Seite 36) helfen bei der ersten Einschätzung. Ob eine solche Kombination in Ihrem Fall tatsächlich sinnvoll ist, kann ein Energieberater beurteilen.

Im Folgenden finden Sie einen Überblick über die Techniken und eine Einschätzung anhand der Beispielfamilien für die Kombination Wärmepumpe mit Photovoltaikanlage.

Zahlreiche Wärmepumpen sind für den Anschluss an eine Photovoltaikanlage vorgesehen und tragen dann das „SG-Ready"-Label (SG steht für „Smart Grid". Eine Liste von Geräten finden Sie auf der Seite des BWP www.waermepumpe.de/sg-ready/). Eine solche Wärmepumpe kann durch einen Steuerbefehl des Wechselrichters oder Energiemanagementsystems anlaufen, wenn ausreichend Photovoltaikstrom zur Verfügung steht. Besonders gut klappt die Zusammenarbeit mit der Photovoltaikanlage, wenn die Wärmepumpe ihre Leistung anpassen kann. Im Bild ist dargestellt, wie der zeitliche Verlauf des Photovoltaikstroms zu zwei verschiedenen Wärmepumpentypen passt. Eines der Wärmepumpenmodelle hat eine feste Leistung und muss deswegen abschalten, wenn kein Wärmebedarf besteht. Diese „An-Aus"-Betriebsweise passt schlecht zur Produktion der Photovoltaikanlage und es kann wenig Photovoltaikstrom für die Wärmepumpe genutzt werden. Anders bei einer Wärmepumpe, die ihre Leistung mithilfe von Invertertechnik anpasst. Im Beispiel kann diese ab der Mittagszeit vollständig mit selbst erzeugtem Strom betrieben werden, da sie moduliert und lange im Teillastbereich arbeitet.

Brauchwasserwärmepumpen haben einen größeren Warmwasserspeicher und können diesen aufladen, wenn ausreichend Photovoltaikstrom zur Verfügung steht. Wie im Abschnitt „Elektrische Warmwasserbereitung" für den Heizstab beschrieben, kann eine Photovoltaikanlage direkt mit der Brauchwasserwärmepumpe verbunden werden. Ein Anschluss ans öffentliche Stromnetz ist nicht nötig. Allerdings benötigt die Photovoltaikanlage einen sogenannten Wechselrichter (siehe Seite 27). Zeiten ohne ausreichende Sonneneinstrahlung können entweder über einen Elektroheizstab, über einen Wärmetauscher im Speicher mit der vorhandenen Heizungsanlage oder durch Betrieb der Wärmepumpe mit Netzstrom überbrückt werden. Wenn ausreichend Solarstrom

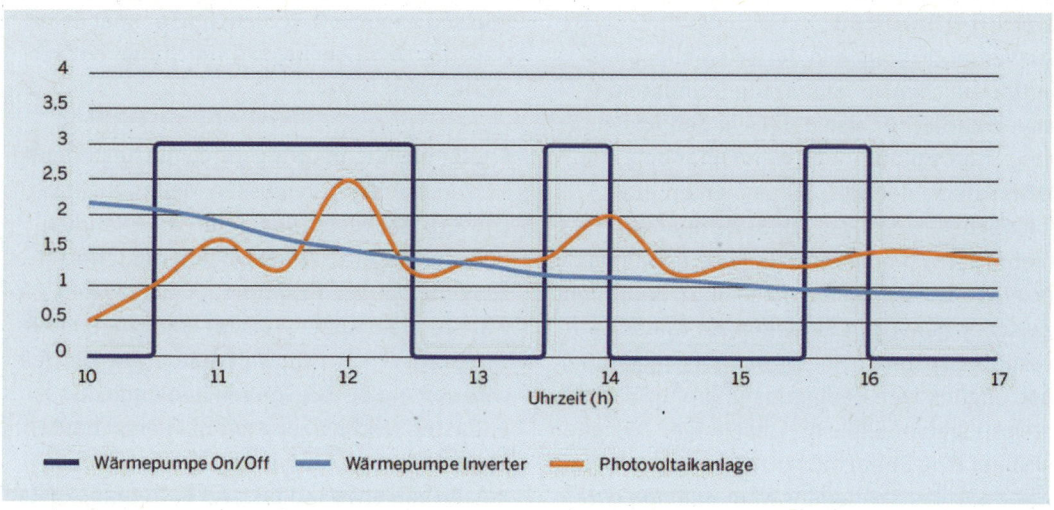

Abbildung 72: Leistungsverlauf von Wärmepumpen mit und ohne Invertertechnik im Vergleich zur Photovolta-ikerzeugung.

vorhanden ist, kann die Wärmepumpe den Brauchwasserspeicher auf etwas höhere Temperatur bringen und speichert so für die dunkle Nacht warmes Wasser.

Heizungswärmepumpen haben manchmal einen Pufferspeicher oder sie nutzen bei Fußbodenheizung den Heizestrich zur Zwischenspeicherung. Auch hier ist eine geringe Temperaturerhöhung zur Überbrückung von sonnenarmen Zeiten möglich. Auf den günstigen Wärmepumpentarif müssen Sie in den allermeisten Fällen verzichten. Diesen gibt es nur, wenn Sie die Wärmepumpe ausschließlich aus dem Netz versorgen. Sie ersetzen aller-

dings bei der Kopplung mindestens 30 Prozent des Stromes zu 22 Cent pro Kilowattstunde durch die entgangene Einspeisevergütung von zurzeit 12,31 Cent pro Kilowattstunde. (Ihre Photovoltaikanlage produziert den Strom zwar zu niedrigeren Kosten, Sie könnten den Strom jedoch an den Netzbetreiber verkaufen.) Außerdem sparen Sie die Grundgebühr für Wärmepumpenstrom, sodass der Verzicht auf den Sondertarif meistens sinnvoll ist. Bedenken Sie auch, dass die Einspeisevergütung über 20 Jahre gleich bleibt, während der Wärmepumpenstromtarif vermutlich steigen wird. Und: Sie erhöhen erheblich Ihre Unabhängigkeit, Ihre Autarkie.

Beispielfamilien

Zur Verdeutlichung nun die Beispielfamilien mit zahlreichen Varianten. Die Grundannahmen entsprechen denjenigen in den Abschnitten „Photovoltaik" und „Wärmepumpe". Alle Heizsysteme der Beispielfamilien arbeiten mit höchstens 35 Grad Vorlauftemperatur. Betriebskosten pro Jahreserzeugung und Preis für erzeugte Energie finden Sie in einer Bandbreite zwischen günstigen Bedingungen (niedrige Investitionskosten, keine Strompreissteigerung) und ungünstigen Bedingungen (hohe Kosten, Preissteigerung). Alle Abschätzungen beziehen sich auf eine Betrachtungszeit von 20 Jahren, was der Lebensdauer der Wärmepumpe entspricht. Die Photovoltaikanlage hält vermutlich länger. Auf Seite 82 und 34 finden Sie Tipps zur Anpassung der Ergebnisse für andere Investitionskosten und andere solare Einstrahlungen.

Familie Meier
Familie Meier möchte gerne eine Wärmepumpe einbauen und diese mit einer Photovoltaikanlage betreiben.

Variante 1: Meiers benötigen wenig Warmwasser, sodass eine Brauchwassersolaranlage nicht sinnvoll ist. Die elektrische Warmwasserbereitung mit speziellem Heizstab ist wirtschaftlicher (siehe Seite 92). Eine Brauchwasserwärmepumpe benötigt weniger Strom. Wie sieht es dann mit der Wirtschaftlichkeit aus? Die optimale Größe für die Photovoltaikanlage sind lediglich 0,7 Kilowatt-Peak. Diese Anlage zusammen mit der Brauchwasserwärmepumpe kostet zwischen 3.400 und 4.750 € und wird nicht gefördert. Sie kann 76 Prozent der Wärme für die Brauchwassererwärmung bereitstellen. Im Winter reicht der Photovoltaikstrom nicht aus und weitere Energiequellen müssen angezapft werden. Im Sommer liefert die Photovoltaikanlage zu viel Strom, der verworfen wird.

Erfolgt die Nachheizung durch die bestehende Heizungsanlage, so müssen Meiers zusätzliche Betriebskosten von 20 bis 40 € jährlich aufwenden, die Betriebskosten pro Jahreserzeugung betragen 1,9 bis 2,5 Cent pro Kilowattstunde und der Preis für erzeugte Energie 15 bis 21 Cent pro Kilowattstunde. Die Umwelt wird von 0,3 bis 0,4 Tonnen Kohlendoxid entlastet. Nachheizung mit dem eingebauten Elektroheizstab führt zu jährlichen Betriebskosten von etwa 140 bis 200 €, Betriebskosten pro Jahreserzeugung von 8,1 bis 11,9 Cent pro Kilowattstunde und einem Preis für erzeugte Energie von 18 bis 26 Cent pro Kilowattstunde. Die Umwelt wird nur noch von 0,2 bis 0,3 Tonnen Kohlendioxid pro Jahr entlastet. Ein besseres Ergebnis hat die Nachheizung mit der Wärmepumpe, nun mit Haushaltsstrom betrieben. Die jährlichen Betriebskosten betragen etwa 80 bis 120 €, die Betriebskosten pro Jahreserzeugung 4,7 bis 6,8 Cent pro Kilowattstunde. Der Preis für erzeugte Energie fällt auf 15 bis 21 Cent pro Kilowattstunde. Die Umweltentlastung beträgt wieder 0,3 bis 0,4 Tonnen Kohlendioxid jährlich.

Variante 2: Familie Meier baut sich eine Heizungswärmepumpe ein, die auch die Warmwasserbereitung übernimmt. Der Strom für die Wärmepumpe soll zum Teil von der ohnehin vorgesehenen Photovoltaikanlage geliefert werden. Die Größe der Photovoltaikanlage entspricht den in Kapitel zwei besprochenen Werten. Als Wärmepumpe wählen Meiers zunächst eine Erdwärmepumpe mit Sondenbohrung. Die Kosten für die Photovoltaik werden durch

Eigenstromnutzung und Einspeisung erwirtschaftet und bleiben hier unberücksichtigt. Die Wärmepumpenanlage kostet zwischen 15.600 und 21.300 €. Sie wird mit 6.000 € vom Bund gefördert, da sie eine Jahresarbeitszahl von 4,2 erreicht. Zunächst wird die kleine Photovoltaikanlage mit vier Kilowatt-Peak betrachtet. Betriebskosten pro Jahr betragen 1.100 bis 1.600 €, Betriebskosten pro Jahreserzeugung 5,8 bis 8,1 Cent pro Kilowattstunde und der Preis für erzeugte Energie 8 bis 12 Cent pro Kilowattstunde. Die Umwelt wird von 3,0 bis 4,5 Tonnen Kohlendioxid jährlich entlastet. In Bezug auf Strom und Wärme erreichen Meiers mit dieser Anlage eine Autarkie von 75 Prozent. Es werden noch gut 1.100 Kilowattstunden ins öffentliche Netz eingespeist. Ob sich hier noch der Einbau eines Batteriespeichers zur Erhöhung des Autarkiegrades lohnt, müsste ein Energieberater anhand der Bedingungen vor Ort entscheiden.

Setzen sich Meiers die größere Photovoltaikanlage mit acht Kilowatt-Peak aufs Dach, so sinken die Betriebskosten pro Jahr auf 1.000 bis 1.300 €. Die Betriebskosten pro Jahreserzeugung betragen 4,9 bis 6,5 Cent pro Kilowattstunde und der Preis für erzeugte Energie 7 bis 10 Cent pro Kilowattstunde. Die Umwelt wird von 3,7 bis 5,1 Tonnen Kohlendioxid jährlich entlastet. In Bezug auf Strom und Wärme erreichen Meiers mit dieser Anlage eine Autarkie von 80 Prozent. Die Warmwasserbereitung kann ganzjährig und die Heizungswärme in der Übergangszeit durch Photovoltaikstrom gedeckt werden. Lediglich im kalten Winter benötigt die Wärmepumpe Netzstrom. Es werden noch knapp 3.700 Kilowattstunden ins öffentliche Netz eingespeist. Hier lohnt

sich vermutlich der Einbau eines Batteriespeichers.

Falls sich Familie Meier für eine Luft/Wasser-Wärmepumpe entscheidet, so sinken die Investitionskosten auf 8.000 bis 12.000 €. Es gibt allerdings keine Förderung, da die Jahresarbeitszahl nur noch 3,2 beträgt. Im Fall der kleinen Photovoltaikanlage steigen die Betriebskosten pro Jahr auf 1.500 bis 2.200 €, die Betriebskosten pro Jahreserzeugung auf 7,7 bis 11,0 Cent pro Kilowattstunde und der Preis für erzeugte Energie auf 10 bis 14 Cent pro Kilowattstunde. Die Umwelt wird von 2,2 bis 3,6 Tonnen Kohlendioxid jährlich entlastet. In Bezug auf Strom und Wärme erreichen Meiers mit dieser Anlage eine Autarkie von 69 Prozent. Die restliche Einspeisung beträgt etwa 1.000 Kilowattstunden, sodass der Einbau eines Batteriespeichers fraglich ist.

Bei der großen Photovoltaikanlage betragen die Betriebskosten pro Jahr 1.300 bis 1.800 €, die Betriebskosten pro Jahreserzeugung 6,7 bis 9,1 Cent pro Kilowattstunde und der Preis für erzeugte Energie 9 bis 12 Cent pro Kilowattstunde. Die Umwelt wird von 2,9 bis 4,4 Tonnen Kohlendioxid jährlich entlastet. In Bezug auf Strom und Wärme erreichen Meiers mit dieser Anlage eine Autarkie von 75 Prozent. Hier werden etwa 3.400 Kilowattstunden eingespeist, die sich vermutlich durch einen Batteriespeicher sinnvoll nutzen lassen.

Variante 3: Im vorigen Abschnitt erwies sich die Kopplung einer Erdwärmepumpe mit einer solarthermischen Heizungsunterstützungsanlage als besonders sinnvoll. Meiers denken an die Installation einer solchen Anlage und möchten diese außerdem mit der ohnehin geplanten Photovoltaikanlage betreiben. Die Zusatzkosten zur Photovoltaik betragen etwa 22.300 bis 29.700 €. Meiers können die hohe Bundesförderung von 11.700 € wegen der hohen Jahresarbeitszahl von 4,8 bekommen und haben Restkosten von etwa 10.600 bis 18.000 € zu tragen. Betriebskosten pro Jahr betragen etwa 900 bis 1.200 €, die Betriebskosten pro Jahreserzeugung 4,3 bis 8,9 Cent pro Kilowattstunde und der Preis für erzeugte Energie 7 bis 10 Cent pro Kilowattstunde. Die Umwelt wird von 3,7 bis 5,1 Tonnen Kohlendioxid jährlich entlastet. In Bezug auf Strom und Wärme erreichen Meiers mit dieser Anlage eine Autarkie von 79 Prozent und es werden noch gut 1.400 Kilowattstunden pro Jahr eingespeist. Ein Batteriespeicher könnte sinnvoll sein.

Den höchsten Einspar- und Umweltentlastungseffekt erzielt Familie Meier mit der großen Photovoltaikanlage. Allerdings ist ihr Dach mit 12 Quadratmetern Solarkollektoren und 54 Quadratmetern Photovoltaikmodulen nun gänzlich belegt. Die Betriebskosten pro Jahr sinken auf 740 bis 960 € und die Betriebskosten pro Jahreserzeugung auf 3,7 bis 4,8 Cent pro Kilowattstunde. Der Preis für erzeugte Energie beträgt nur noch 6 bis 9 Cent pro Kilowattstunde. Die Umwelt wird von 4,1 bis 5,6 Tonnen Kohlendioxid jährlich entlastet. In Bezug auf Strom und Wärme erreichen Meiers nun eine Autarkie von 83 Prozent. Die Warmwasserbereitung kann ganzjährig und die Heizungswärme in der Übergangszeit durch Solarthermie und Photovoltaikstrom gedeckt werden. Lediglich im kalten Winter benötigt die Wärmepumpe Netzstrom.

In den kältesten Wintermonaten benötigen der Haushalt und die Wärmepumpe den gesamten Photovoltaikstrom. In der Übergangszeit und im Sommer produziert die Anlage allerdings einen Überschuss von gut 4.300 Kilowattstunden, der ins öffentliche Netz eingespeist wird. Hier lohnt sich vermutlich der Einbau eines Batteriespeichers. In der Jahresbilanz haben Meiers nun ein Plusenergiehaus: Sie benötigen für die Wärmepumpe gut 1.230 Kilowattstunden und für den Haushalt noch gut 2.720 Kilowattstunden aus dem Netz, demnach insgesamt gut 3.950 Kilowattstunden. Das sind etwa 350 Kilowattstunden weniger als sie einspeisen.

Fazit: Die Wirtschaftlichkeit der Brauchwasserwärmepumpe entspricht derjenigen des Systems mit Heizstab. Allerdings ist bei diesem eine längere Lebensdauer wahrscheinlich, sodass sich dann eine bessere Wirtschaftlichkeit ergibt. Alle Systeme zur Warmwasserbereitung sind allerdings erst bei wesentlichen Preissteigerungen gegenüber Öl und Gas wirtschaftlich.

Die Wirtschaftlichkeit der Erdwärmepumpe ist höher als diejenige der Luft/Wasser-Wärmepumpe. Meiers müssen jedoch mehr Geld in die Hand nehmen. Die Wirtschaftlichkeit verbessert sich durch Kopplung mit einer Photovoltaikanlage. Insbesondere die große Anlage ist zu empfehlen. Dann liegt der Preis für erzeugte Energie nur noch knapp über dem aktuellen Gaspreis.

Die zusätzliche Investition in eine thermische Solaranlage zur Heizungsunterstützung und Anhebung der Erdsondentemperatur ist bei heutigen Förderbedingungen besonders lohnend. Der Preis für erzeugte Energie liegt in der

Gegend des aktuellen Gaspreises und Meiers haben dann ein Plusenergiehaus.

Familie Schulte

Im Rahmen ihrer Umbauplanungen möchte auch Familie Schulte eine Wärmepumpe einbauen und diese mit einer Photovoltaikanlage betreiben.

Variante 1: Beim normalem Warmwasserverbrauch der Schultes ist eine Brauchwassersolaranlage (siehe Seite 76) sinnvoll, die elektrische Warmwasserbereitung mit speziellem Heizstab (siehe Seite 92) allerdings nicht. Wie sieht es mit der Wirtschaftlichkeit einer Brauchwasserwärmepumpe aus? Die optimale Größe für die Photovoltaikanlage ist hier 1,7 Kilowatt-Peak. Diese Anlage zusammen mit der Brauchwasserwärmepumpe kostet zwischen 5.400 und 7.250 € und wird nicht gefördert. Sie kann 79 Prozent der Wärme für die Brauchwassererwärmung bereitstellen. Im Winter reicht der Photovoltaikstrom nicht aus und weitere Energiequellen müssen angezapft werden. Im Sommer liefert die Photovoltaikanlage zu viel Strom, der verworfen wird.

Erfolgt die Nachheizung durch die bestehende Heizungsanlage, so müssen Schultes zusätzliche Betriebskosten von 40 bis 60 € jährlich aufwenden, die Betriebskosten pro Jahreserzeugung betragen 1,5 bis 2,0 Cent pro Kilowattstunde und der Preis für erzeugte Energie 11 bis 14 Cent pro Kilowattstunde. Die Umwelt wird von 0,7 bis 0,9 Tonnen Kohlendoxid entlastet. Nachheizung mit dem eingebauten Elektroheizstab führt zu jährlichen Betriebskosten von etwa 260 bis 390 €, Betriebskosten pro Jahreserzeugung von 7,1 bis 10,4 Cent pro Kilowattstunde und einem Preis für erzeugte

Energie von 14 bis 20 Cent pro Kilowattstunde. Die Umwelt wird nur noch von 0,4 bis 0,7 Tonnen Kohlendioxid pro Jahr entlastet. Die Nachheizung mit der durch Haushaltsstrom betriebenen Wärmepumpe führt zu jährlichen Betriebskosten von etwa 150 bis 220 €, Betriebskosten pro Jahreserzeugung von 4,1 bis 5,9 Cent pro Kilowattstunde und einem Preis für erzeugte Energie von 11 bis 16 Cent pro Kilowattstunde. Die Umweltentlastung beträgt wieder 0,7 bis 0,9 Tonnen Kohlendioxid jährlich.

Variante 2: Als Wärmepumpe wählen Schultes zunächst eine Erdwärmepumpe mit Sondenbohrung für 13.000 bis 18.100 €. Sie wird mit 6.000 € vom Bund gefördert, da sie eine Jahresarbeitszahl von 3,8 erreicht. Zunächst wird die kleine Photovoltaikanlage mit drei Kilowatt-Peak betrachtet. Betriebskosten pro Jahr betragen 920 bis 1.270 €, Betriebskosten pro Jahreserzeugung 6,1 bis 8,4 Cent pro Kilowattstunde und der Preis für erzeugte Energie 8 bis 12 Cent pro Kilowattstunde. Die Umwelt wird von 2,3 bis 3,4 Tonnen Kohlendioxid jährlich entlastet. In Bezug auf Strom und Wärme erreichen Schultes eine Autarkie von 75 Prozent. Es werden noch knapp 560 Kilowattstunden ins öffentliche Netz eingespeist. Vermutlich lohnt sich der Einbau eines Batteriespeichers bei diesem geringen Wert nicht.

Wählen Schultes die größere Photovoltaikanlage mit sechs Kilowatt-Peak, so sinken die Betriebskosten pro Jahr auf 780 bis 1.010 €. Die Betriebskosten pro Jahreserzeugung betragen 5,2 bis 6,7 Cent pro Kilowattstunde und der Preis für erzeugte Energie 8 bis 11 Cent pro Kilowattstunde. Die Umwelt wird von 2,8 bis 3,9 Tonnen Kohlendioxid jährlich entlastet. In Bezug auf Strom und Wärme erreichen Schultes nun eine Autarkie von 80 Prozent. Es werden noch knapp 2.500 Kilowattstunden ins öffentliche Netz eingespeist. Hier lohnt sich vermutlich der Einbau eines Batteriespeichers.

Falls sich Familie Schulte für eine Luft/Wasser-Wärmepumpe entscheidet, so sinken die Investitionskosten auf 8.000 bis 12.000 €. Es gibt allerdings keine Förderung, da die Jahresarbeitszahl nur noch 2,9 beträgt. Im Fall der kleinen Photovoltaikanlage steigen die Betriebskosten pro Jahr auf 1.200 bis 1.700 €, die Betriebskosten pro Jahreserzeugung auf 8,0 bis 11,3 Cent pro Kilowattstunde und der Preis für erzeugte Energie auf 11 bis 15 Cent pro Kilowattstunde. Die Umwelt wird von 1,6 bis 2,7 Tonnen Kohlendioxid jährlich entlastet. In Bezug auf Strom und Wärme erreichen Schultes eine Autarkie von 69 Prozent. Die restliche Einspeisung beträgt gut 430 Kilowattstunden, sodass der Einbau eines Batteriespeichers vermutlich nicht lohnend ist.

Bei der großen Photovoltaikanlage betragen die Betriebskosten pro Jahr 1.050 bis 1.400 €, die Betriebskosten pro Jahreserzeugung 7,0 bis 9,3 Cent pro Kilowattstunde und der Preis für erzeugte Energie 10 bis 13 Cent pro Kilowattstunde. Die Umwelt wird von 2,2 bis 3,3 Tonnen Kohlendioxid jährlich entlastet. In Bezug auf Strom und Wärme erreichen Schultes mit dieser Anlage eine Autarkie von 75 Prozent. Es werden etwa 2.200 Kilowattstunden eingespeist, die sich vermutlich durch einen Batteriespeicher sinnvoll nutzen lassen.

Variante 3: Auch Schultes erwägen die Installation einer Wärmepumpe in Kombination mit einer solarthermischen Anlage zur Heizungsunterstützung. Die Zusatzkosten zur Photovoltaik betragen etwa 20.100 bis 27.000 €. Die Jahresarbeitszahl von 4,6 berechtigt auch Schultes zur Innovationsförderung der Wärmepumpe und einer Gesamtbundesförderung von 11.700 €. Es bleiben Restkosten von etwa 8.400 bis 15.300 €. Betriebskosten pro Jahr betragen etwa 600 bis 820 €, Betriebskosten pro Jahreserzeugung 4,0 bis 6,4 Cent pro Kilowattstunde und der Preis für erzeugte Energie 7 bis 11 Cent pro Kilowattstunde. Die Umwelt wird von 2,9 bis 4,0 Tonnen Kohlendioxid jährlich entlastet. In Bezug auf Strom und Wärme erreichen Schultes mit dieser Anlage eine Autarkie von 80 Prozent und es werden noch gut 1.000 Kilowattstunden pro Jahr eingespeist. Die Installation eines Batteriespeichers ist vermutlich nicht sinnvoll.

Durch die große Photovoltaikanlage ist das Dach von Familie Schulte mit 12 Quadratmetern Solarkollektoren und 40 Quadratmetern Photovoltaikmodulen gut belegt. Die Betriebskosten pro Jahr sinken auf 520 bis 660 € und die Betriebskosten pro Jahreserzeugung auf 3,5 bis 4,4 Cent pro Kilowattstunde. Der Preis für erzeugte Energie beträgt nur noch 6 bis 10 Cent pro Kilowattstunde. Die Umwelt wird von 3,2 bis 4,3 Tonnen Kohlendioxid jährlich entlastet. In Bezug auf Strom und Wärme erreichen Schultes nun eine Autarkie von 84 Prozent. Die Anlage produziert einen Überschuss von etwa 3.280 Kilowattstunden, der ins öffentliche Netz eingespeist wird. Hier lohnt sich vermutlich der Einbau eines Batteriespeichers. In der Jahresbilanz haben auch Schultes nun ein Plusenergiehaus: Sie benötigen für die Wärmepumpe gut 710 Kilowattstunden und für den Haushalt noch 2.130 Kilowattstunden aus dem Netz, demnach insgesamt gut 2.840 Kilowattstunden. Das sind etwa 440 Kilowattstunden weniger als sie einspeisen.

Fazit: Die Wirtschaftlichkeit der Brauchwasserwärmepumpe entspricht derjenigen des Systems mit Heizstab und ist schlechter als diejenige der Brauchwassersolaranlage.

Die Wirtschaftlichkeit der Erdwärmepumpe ist besser als diejenige der Luft/Wasser-Wärmepumpe. Allerdings müssen Schultes mehr Geld in die Hand nehmen. Die Wirtschaftlichkeit verbessert sich durch Kopplung mit einer Photovoltaikanlage. Insbesondere die große Anlage ist zu empfehlen. Dann liegt der Preis für erzeugte Energie nur noch knapp über dem aktuellen Gaspreis.

Die zusätzliche Investition in eine thermische Solaranlage zur Heizungsunterstützung und Anhebung der Erdsondentemperatur ist bei heutigen Förderbedingungen besonders lohnend. Der Preis für erzeugte Energie liegt in der Gegend des aktuellen Gaspreises und auch Schultes haben dann ein Plusenergiehaus.

Familie Jansen

Familie Jansen überlegt, ob es möglich sein könnte, die schlechte Wirtschaftlichkeit von Wärmepumpen bei ihrem Passivhaus mit einer Photovoltaikanlage zu verbessern.

Variante 1: Diese Variante entspricht vollständig derjenigen von Familie Schulte.

Variante 2: Als Wärmepumpe wählen Jansens zunächst eine Erdwärmepumpe mit Sondenbohrung für 8.400 bis 10.700 €. Sie wird vom Bund nicht gefördert, da sie nur eine Jahresarbeitszahl von 3,2 erreicht. Zunächst wird die kleine Photovoltaikanlage mit drei Kilowatt-Peak betrachtet. Betriebskosten pro Jahr betragen 340 bis 420 €, Betriebskosten pro Jahreserzeugung 6,1 bis 7,6 Cent pro Kilowattstunde und der Preis für erzeugte Energie 14 bis 17 Cent pro Kilowattstunde. Die Umwelt wird von 1,1 bis 1,4 Tonnen Kohlendioxid jährlich entlastet. In Bezug auf Strom und Wärme erreichen Jansens eine Autarkie von 68 Prozent. Es werden noch knapp 860 Kilowattstunden ins öffentliche Netz eingespeist. Vermutlich lohnt sich der Einbau eines Batteriespeichers bei diesem geringen Wert nicht.

Wählen Jansens die größere Photovoltaikanlage mit sechs Kilowatt-Peak, so sinken die Betriebskosten pro Jahr auf 280 bis 310 €. Die Betriebskosten pro Jahreserzeugung betragen 5,0 bis 5,6 Cent pro Kilowattstunde und der Preis für erzeugte Energie 13 bis 15 Cent pro Kilowattstunde. Die Umwelt wird von 1,3 bis 1,7 Tonnen Kohlendioxid jährlich entlastet. In Bezug auf Strom und Wärme erreichen Jansens nun eine Autarkie von 74 Prozent. Es werden noch knapp 3.300 Kilowattstunden ins öffentliche Netz eingespeist. Hier lohnt sich vermutlich der Einbau eines Batteriespeichers. In der Jahresbilanz haben auch Jansens nun ein Plusenergiehaus: Sie benötigen für die Wärmepumpe knapp 140 Kilowattstunden und für den Haushalt noch 2.130 Kilowattstunden aus dem Netz, demnach insgesamt knapp 2.270 Kilowattstunden. Das sind gut 1.000 Kilowattstunden weniger als sie einspeisen.

Wie sieht es bei einem Zentralgerät mit einer Luft/Luft- Wärmepumpe aus? Die Mehrkosten gegenüber der reinen Lüftungsanlage mit Wärmerückgewinnung betragen etwa 5.000

bis 7.000 €. Diese Anlage erreicht eine Jahres-arbeitszahl von 2,5 und ist nicht förderfähig. Im Fall der kleinen Photovoltaikanlage steigen die Betriebskosten pro Jahr auf 420 bis 530 €, die Betriebskosten pro Jahreserzeugung auf 7,6 bis 9,7 Cent pro Kilowattstunde und der Preis für erzeugte Energie sinkt auf 12 bis 16 Cent pro Kilowattstunde. Die Umwelt wird von 0,9 bis 1,3 Tonnen Kohlendioxid jährlich entlastet. In Bezug auf Strom und Wärme er-reichen Jansens eine Autarkie von 65 Prozent. Die restliche Einspeisung beträgt etwa 680 Kilowattstunden, sodass der Einbau eines Bat-teriespeichers fraglich ist.

Bei der großen Photovoltaikanlage be-tragen die Betriebskosten pro Jahr 350 bis 400 €, die Betriebskosten pro Jahreserzeu-gung 6,3 bis 7,2 Cent pro Kilowattstunde und der Preis für erzeugte Energie 11 bis 14 Cent pro Kilowattstunde. Die Umwelt wird von 1,2 bis 1,6 Tonnen Kohlendioxid jährlich entlastet. In Bezug auf Strom und Wärme erreichen Jan-sens mit dieser Anlage eine Autarkie von 71 Prozent. Es werden gut 3.000 Kilowattstunden eingespeist, die sich vermutlich durch einen Batteriespeicher sinnvoll nutzen lassen. In der Jahresbilanz haben Jansens auch in diesem Fall ein Plusenergiehaus: Sie benötigen für die Wärmepumpe gut 320 Kilowattstunden und für den Haushalt noch 2.130 Kilowattstunden aus dem Netz, demnach insgesamt gut 2.450 Kilowattstunden. Das sind gut 550 Kilowatt-stunden weniger als sie einspeisen.

Variante 3: Der Aufwand für die zusätzliche Installation einer solarthermischen Anlage zur Heizungsunterstützung ist bei dem geringen Wärmebedarf des Passivhauses nicht sinnvoll. Der Preis für erzeugte Energie liegt über 18

Cent pro Kilowattstunde und damit weit über dem doppelten des derzeitigen Gaspreises.

Fazit: Die Wirtschaftlichkeit der Brauchwas-serwärmepumpe entspricht derjenigen des Systems mit Heizstab und ist schlechter als diejenige der Brauchwassersolaranlage.

Im Passivhaus lohnt sich der Aufwand für eine Erdwärmepumpe nicht. Das Lüftungsgerät mit eingebauter Wärmepumpe ist wirtschaftlicher. Die Wirtschaftlichkeit verbessert sich durch Kopplung mit einer Photovoltaikanlage. Ins-besondere die große Anlage ist zu empfehlen. Selbst dann liegt der Preis für erzeugte Energie

Gut zu wissen

Die hier beschriebenen Systeme der Beispielfa-milien sind recht komplex. Sie benötigen des-wegen eine Regelung, welche die Komponenten passend zueinander schaltet, beispielsweise sollte die Wärmepumpe möglichst weitgehend mit Strom aus der Photovoltaikanlage versorgt werden. Die SG-Ready-Schnittstelle ist dafür eine einfache Möglichkeit (siehe Seite 150), es gibt je-doch ausgeklügelte Regelungen, die der Wärme-pumpe vorgeben, mit welcher Leistung sie arbei-ten darf. Das geht allerdings nur bei Wärmepum-pen mit Invertertechnik (siehe Seite 150). Auch muss die Regelung merken, ob Wärmebedarf vorliegt, ob die Solaranlage vermutlich in nächs-ter Zeit Wärme liefern kann, ob Solarstrom zu er-warten ist. Es gibt Regelungen, die eine solche Wetterprognose enthalten. Es besteht weiterhin die Möglichkeit, diese Regelungsanlage mit der gesamten Haustechnik zu vernetzen und durch Ihr Smartphone zu steuern (Smart-home, siehe Seite 56). Fragen Sie Ihren Haustechniker, ob er Erfahrung mit solch komplexen Systemen hat und ob es möglicherweise sogar Referenzobjekte zur Besichtigung gibt.

Vorteile/Nachteile: Wärmepumpe plus Photovoltaik

+ Mit zahlreichen Wärmequellen einsetzbar

+ Hoher Autarkiegrad möglich

+ Strom aus der Photovoltaikanlage verbessert die Wirtschaftlichkeit

+ Wärmelieferung unabhängig von Tages- und Jahreszeit

+ Günstiges System für Warmwasser, wenn geringer Warmwasserbedarf

+ Gute Fördermöglichkeiten

+ Thermische Speicherung ist kostengünstig

+ Exergie wird aus der Umwelt zurückgewonnen

+ Durch die Photovoltaikanlage wird wertvolle Energie (reine Exergie) gewonnen

+ Bei mittlerem bis hohem Wärmebedarf und Kopplung mit solarthermischer Anlage wird bei großer Photovoltaikanlage Plusenergiehaus erreicht

+ Bei geringem Wärmebedarf und großer Photovoltaikanlage wird Plusenergiehaus auch ohne Kopplung mit Solarthermie erreicht

+ Erdwärmeanlagen können im Sommer kühlen

+ Unter günstigen Bedingungen wirtschaftlicher Betrieb möglich

+ Bei guter Planung und Ausführung hohe Effektivität

− Vorlauftemperatur des Heizungssystems muss niedrig sein

− Im Winter kann die Photovoltaikanlage den Bedarf nicht vollständig decken

− Wärmepumpensondertarif meistens nicht nutzbar

− Geeignetes Dach für Photovoltaikanlage nötig

− Bei normalem bis hohen Warmwasserbedarf ist thermische Solaranlage besser geeignet

− Mittlere bis hohe Kosten

− Reine Brauchwasserwärmepumpen nicht sinnvoll

− Wertvolle Energie (Exergie) wird entwertet

− große Photovoltaikanlage nötig

− Luft/ Wasser-Wärmepumpen können sehr laut sein

− sehr lange Amortisationszeiten verlangen hohe Qualität der Anlage

− Sorgfältige Planung und Ausführung nötig

✔ Checkliste: Wärmepumpe plus Photovoltaik

☐ Hoher oder niedriger Wärmebedarf?

☐ Beachten Sie bitte die Checklisten zu „Photovoltaik" (siehe Seite 35) und „Wärmepumpe" (siehe Seite 121) sowie gegebenenfalls „Solarthermie" (siehe Seite 90).

allerdings noch weit über dem aktuellen Gaspreis. Diese Kombination verhilft der Familie Jansen jedoch zu einem Plusenergiehaus.

Die zusätzliche Investition in eine thermische Solaranlage zur Heizungsunterstützung ist für das Passivhaus nicht zu vertreten.

Für den Rest:
Nutzung fossiler Energieträger

Öl und Gas bestehen hauptsächlich aus Kohlenstoff und Wasserstoff. Bei der Verbrennung entsteht daraus Kohlendioxid und Wasser. In der heißen Flamme verdampft das Wasser sofort. Sie wissen, dass es lange dauert, auf dem Herd einen Topf voll Wasser zu verdampfen. Das zeigt, dass im Wasserdampf viel Energie steckt. Bis vor einigen Jahrzehnten konnte diese Energie nicht genutzt werden, weil Schornsteine und Heizkessel nicht feuchtigkeitsunempfindlich waren und Abgase deswegen sehr heiß bleiben mussten. Die so nutzbare Energie der Brennstoffe heißt **Heizwert.** Wird zusätzlich die im Abgas enthaltene Wärme des Wasserdampfes genutzt, so erhält man den **Brennwert.** Je höher der Anteil des Wasserstoffs im Brennstoff ist, umso mehr Wasserdampf entsteht und umso größer ist der Unterschied zwischen Brennwert und Heizwert. Bei Erdgas liegt der Brennwert um elf Prozent, bei Heizöl sechs Prozent über dem Heizwert. Aus historischen Gründen wurden die Wirkungsgrade von Heizkesseln auf den Heizwert bezogen, was zu so skurrilen Angaben wie zum Beispiel 104 Prozent Wirkungsgrad für einen Brennwertkessel führte. In Bezug auf den Brennwert liegt dieser Wirkungsgrad bei knapp 94 Prozent.

Nach neuen Bestimmungen werden Wirkungsgrade grundsätzlich auf den Brennwert bezogen. Ökodesign und Label-Richtlinien für Wärmeerzeuger führen eine jahreszeitbedingte Raumheizungs-Energieeffizienz ein. Dabei wird für fossile Brennstoffe grundsätzlich der obere Heizwert (= Brennwert, GCV) als Bezug verwendet. Bei Verbrennungsgeräten kann kein Wert über 100 Prozent erreicht werden. Auch bei der Holzverbrennung entsteht Wasserdampf, dessen Wärme in Brennwert-Holzkesseln genutzt wird.

Solarthermische Anlagen und Brauchwasserwärmepumpen mit Photovoltaikanlage ohne Netzanbindung können im Winter den Wärmebedarf nicht decken. Ein weiterer Wärmeerzeuger ist nötig. Kopplung mit einer Holzheizung ist oft sinnvoll – siehe Seite 122. Sollte dies nicht möglich sein, so bleiben die fossilen Energieträger Öl und Gas. Stand der Technik bei deren Nutzung ist die Brennwerttechnik.

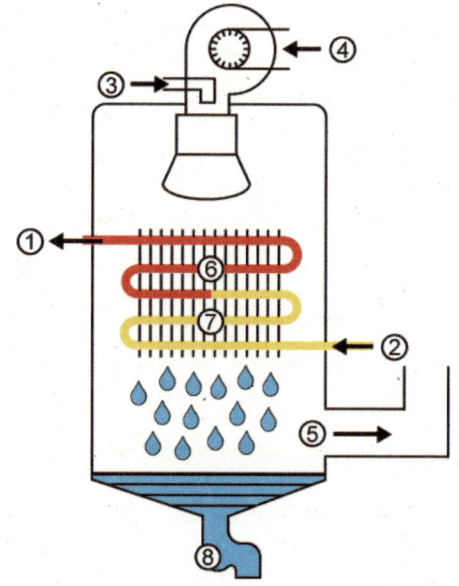

Abbildung 73: Schematische Darstellung eines Brennwertkessels. 1: Vorlauf, 2: Rücklauf, 3: Brennstoff, 4: Zuluft zum Gebläsebrenner, 5: Abgas, 6 + 7: Wärmetauscher, 8: Kondensatablauf.

Tipp

Lassen Sie einen Heiz-Check in der nächsten Heizperiode durchführen. Experten der Verbraucherzentrale führen Messungen durch und können Ihnen dann sagen, ob Ihre Heizungsanlage effizient arbeitet und wo Verbesserungsbedarf besteht. Termine für den Heiz-Check können unter der kostenlosen Nummer 0800 – 809 802 400 gebucht werden. Die Kostenbeteiligung beträgt 30 €, für einkommensschwache Haushalte mit entsprechendem Nachweis ist der Heiz-Check kostenlos.

Der Brennwertkessel enthält einen vergrößerten Wärmetauscher, der die Abgase mithilfe des kalt von den Heizkörpern zurückkommenden Heizungswassers unter die Kondensationstemperatur des Wasserdampfes abkühlt. Die Verdampfungswärme kommt dann dem Heizungswasser zugute. Über den Daumen erreicht ein Brennwertgerät eine um etwa zehn Prozent bessere Ausnutzung des Brennstoffes. Voraussetzung zur Nutzung des Brennwerteffekts ist allerdings, dass das Wasser von den Heizkörpern tatsächlich gut abgekühlt zum Kessel kommt. Viele Brennwertkessel arbeiten nicht optimal, wie der bundesweite Brennwertcheck der Verbraucherzentralen gezeigt hat.

Nicht ausreichend dimensionierte Heizkörper und fehlender Abgleich des Heizungssystems (siehe Seite 188) können die Kondensation behindern. Die kalten Abgase verlassen den Schornstein nicht freiwillig, sie benötigen ein Gebläse, beispielsweise in Form eines Gebläsebrenners. Weil sie nun unter Druck stehen, muss die Abgasanlage eines Brennwertgeräts druckdicht sein. Zur kostengünstigen Schornsteinsanierung können wegen der kühlen Abgase spezielle Kunststoffrohre genutzt werden.

Das Kondensat muss abgeleitet werden. Es darf bei kleineren Anlagen unbehandelt in die Kanalisation gelangen. Die Sanierung einer alten Heizungsanlage mithilfe von Brennwerttechnik wird von der Kreditanstalt für Wiederaufbau (KfW), der bundeseigenen Förderbank, mit Zuschüssen oder Krediten gefördert (www.kfw.de), wenn gleichzeitig die nötigen Optimierungsmaßnahmen durchgeführt werden. Sie benötigen zur Antragstellung einen anerkannten Energieberater (www.energieeffizienz-experten.de). Ob sich für Ihre Heizungssanierung dieser Aufwand lohnt, können Sie beispielsweise bei der Energieberatung der Verbraucherzentrale erfahren (www.verbraucherzentrale.de/beratung, dann Ihr Bundesland wählen). Wenn es um die Nutzung erneuerbarer Wärme geht, ist das Förderprogramm der BAFA (www.bafa.de) zielführender.

Beispielfamilien

Zur Verdeutlichung nun einige Varianten anhand der Beispielfamilien. Verglichen wird der Einbau eines Brennwertkessels mit den Kombinationen Brennwertkessel und solarthermische Anlage sowie Brennwertkessel und Brauchwasserwärmepumpe mit Photovoltaikanlage ohne Netzkopplung. In allen Fällen ist der Betrachtungszeitraum 20 Jahre. Wegen des unberechenbaren Ölpreises beziehen sich die Beispielfälle nur auf einen Gas-Brennwertkessel. Bei allen Varianten können noch Kosten für einen Gasanschluss hinzukommen. Sie finden auf Seite 82 einen Tipp zur Anpassung an Ihren Angebotspreis. Der Einbau eines Brennwertkessels trägt selbstverständlich nicht zur Energieautarkie bei, sondern nur in Kombination mit Solaranlagen.

Familie Meier

Familie Meier möchte keine Holzheizung, dafür aber einen Brennwertkessel einbauen. Eine Schornsteinsanierung ist ohnehin notwendig und die Sanierung mit Kunststoffrohr kostengünstig. Da sie auch ihr Heizsystem auf Niedertemperatur umstellen wollen, ist der Brennwertnutzen gegeben.

Variante 1: Meiers möchten eine möglichst kostengünstige Lösung und verzichten auf Solaranlagen. Der Brennwertkessel kostet zwischen 6.000 und 8.000 €. Von der KfW-Förderung verbleiben nach Abzug der Energieberaterkosten vermutlich 300 bis 500 €. Betriebskosten pro Jahr (Brennstoff und Wartung) liegen zwischen 1.400 und 2.000 €, Betriebskosten pro Jahreserzeugung bei 6,8 bis 10,1 Cent pro Kilowattstunde und der Preis für erzeugte Energie zwischen 8 und 12 Cent pro Kilowattstunde.

Variante 2: Meiers möchten unabhängiger werden und eine Sonnenkollektoranlage einbauen. Als günstigste Variante hatte sich für Ihr Haus die kleine Heizungsunterstützungsanlage mit 12 Quadratmeter Kollektorfläche und 1.000 Liter Speicher erwiesen. Investitionskosten einschließlich Brennwertkessel betragen 14.000 bis 18.000 €. Förderung durch BAFA einschließlich Bonus für den Kesselaustausch und Heizungsoptimierung beträgt 3.600 €. Betriebskosten pro Jahr sinken auf etwa 1.200 bis 1.700 €, Betriebskosten pro Jahreserzeugung auf 5,9 bis 8,7 Cent pro Kilowattstunde und der Preis für erzeugte Energie steigt leicht auf 9 bis 12 Cent pro Kilowattstunde. Die Umweltentlastung beträgt 1,0 bis 1,3 Tonnen Kohlendioxid pro Jahr.

Variante 3: Meiers möchten einen Teil des Brauchwassers mit einer Wärmepumpe erwärmen. Sie benötigen dafür eine 0,7-Kilowatt-Peak-Photovoltaikanlage ohne Netzkopplung. Gesamtkosten betragen 9.400 bis 12.750 €. KfW-Förderung könnte beantragt werden. Betriebskosten pro Jahr liegen bei etwa 1.300 bis 1.900 €, Betriebskosten pro Jahreserzeugung bei 6,5 bis 9,6 Cent pro Kilowattstunde und der Preis für erzeugte Energie bei 9 bis 13 Cent pro Kilowattstunde. Die Umweltentlastung beträgt 0,3 bis 0,4 Tonnen Kohlendioxid pro Jahr.

Fazit: Die Wirtschaftlichkeit der Lösungen unterscheidet sich nur wenig. Unter dem Gesichtspunkt der Energieautarkie ist die solarthermische Anlage am sinnvollsten. Allerdings ist die Wirtschaftlichkeit der mit einer Photovoltaikanlage gekoppelten Heizungswärmepumpen oder der Scheitholzheizungen in Kombination mit Solarthermie aus den vorigen Abschnitten günstiger als alle Varianten mit Brennwertkessel.

Familie Schulte

Auch Familie Schulte bevorzugt einen Brennwertkessel.

Variante 1: Der Brennwertkessel kostet zwischen 6.000 und 8.000 €. Von der KfW-Förderung verbleiben nach Abzug der Energieberaterkosten vermutlich 300 bis 500 €. Betriebskosten pro Jahr liegen etwa zwischen 1.000 € und 1.500 €, Betriebskosten pro Jahreserzeugung bei 6,9 bis 10,2 Cent pro Kilowattstunde und der Preis für erzeugte Energie zwischen 9 und 13 Cent pro Kilowattstunde.

Variante 2: Als günstigste Variante hatte sich auch für Familie Schulte eine kleine Heizungsunterstützungsanlage erwiesen, die derjenigen von Meiers gleicht. Betriebskosten pro Jahr sinken auf etwa 800 bis 1.200 €, Betriebskosten pro Jahreserzeugung auf 5,6 bis 8,1 Cent pro Kilowattstunde und der Preis für erzeugte Energie bleibt bei 9 bis 13 Cent pro Kilowattstunde. Die Umweltentlastung beträgt 1,1 bis 1,4 Tonnen Kohlendioxid pro Jahr.

Variante 3: Schultes planen den Einbau einer Brauchwasserwärmepumpe. Sie benötigen dafür eine 1,7-Kilowatt-Peak-Photovoltaikanlage ohne Netzkopplung. Die Gesamtkosten betragen 11.400 bis 14.750 €. KfW-Förderung könnte beantragt werden. Betriebskosten pro Jahr liegen bei etwa 900 bis 1.300 €, Betriebskosten pro Jahreserzeugung bei 5,9 bis 8,7 Cent pro Kilowattstunde und der Preis für erzeugte Energie bei 10 bis 14 Cent pro Kilowattstunde. Die Umweltentlastung beträgt 0,7 bis 0,9 Tonnen Kohlendioxid pro Jahr.

Fazit: Lediglich die Wirtschaftlichkeit der Brauchwasserwärmepumpe ist schlechter. Für Energieautarkie ist die solarthermische Anlage am sinnvollsten. Allerdings ist die Wirtschaftlichkeit der mit einer Photovoltaikanlage gekoppelten Heizungswärmepumpen oder der Scheitholzheizungen in Kombination mit Solarthermie aus den vorigen Abschnitten günstiger als alle Varianten mit Brennwertgerät.

Familie Jansen

Könnte sich ein Brennwertkessel für das Passivhaus der Familie Jansen eignen?

Variante 1: Der Brennwertkessel kostet zwischen 6.000 und 8.000 €. KfW-Förderung dafür ist im Neubau nicht möglich. Betriebs-

kosten pro Jahr liegen etwa zwischen 400 und 600 €, Betriebskosten pro Jahreserzeugung bei 7,6 bis 11,2 Cent pro Kilowattstunde und der Preis für erzeugte Energie zwischen 13 und 18 Cent pro Kilowattstunde.

Variante 2: Als günstigste Variante hatte sich für Familie Jansen eine Brauchwassersolaranlage erwiesen. Investitionskosten einschließlich Brennwertkessel liegen zwischen 10.000 und 13.000 €. Betriebskosten pro Jahr sinken auf etwa 300 bis 450 €, Betriebskosten pro Jahreserzeugung auf 5,7 bis 8,2 Cent pro Kilowattstunde und der Preis für erzeugte Energie steigt auf 15 bis 20 Cent pro Kilowattstunde. Die Umweltentlastung beträgt 0,6 bis 0,7 Tonnen Kohlendioxid pro Jahr.

Variante 3: Diese Anlage gleicht derjenigen von Familie Schulte. Betriebskosten pro Jahr liegen bei etwa 270 bis 400 €, Betriebskosten pro Jahreserzeugung bei 4,9 bis 7,2 Cent pro Kilowattstunde und der Preis für erzeugte Energie bei 15 bis 21 Cent pro Kilowattstunde. Die Umweltentlastung beträgt 0,7 bis 0,9 Tonnen Kohlendioxid pro Jahr.

Fazit: Die bereits sehr schlechte Wirtschaftlichkeit des Brennwertkessels wird durch die zusätzlichen Anlagen weiter verschlechtert. Für Jansens ist die Kopplung einer Wärmepumpe in der Lüftungsanlage mit einer Photovoltaikanlage sinnvoller oder auch die Kombination eines Scheitholzkaminofens mit einer solarthermischen Anlage (siehe vorige Abschnitte).

Vorteile/Nachteile: Nutzung fossiler Energieträger

+ Geringe Investitionskosten

+ Weit verbreitete Technik

+ Konkurrenz zwischen den Anbietern kann günstige Brennstoffpreise hervorrufen

+ Wärmelieferung unabhängig von Tages- und Jahreszeit

+ Günstiges System für Warmwasser und Heizung, wenn mittlerer bis hoher Wärmebedarf

+ Niedrige bis mittlere Kosten

+ Unter günstigen Bedingungen wirtschaftlicher Betrieb möglich

+ Bei guter Planung und Ausführung hohe Effektivität

− Vorlauftemperatur des Heizungssystems muss niedrig sein

− Abhängigkeit von Öl- oder Gaslieferanten

− Tarife können geändert werden

− Umweltbelastung durch Kohlendioxid und andere Stoffe

− Wärmepumpe in Kombination mit Photovoltaik und eventuell Solarthermie oder Scheitholzheizungen in Kombination mit Solarthermie sind wirtschaftlicher

− Schlechte Fördermöglichkeiten

− Lange Amortisationszeiten verlangen hohe Qualität der Anlage

− Sorgfältige Planung und Ausführung nötig

✔ Checkliste Nutzung: fossiler Energieträger

☐ Wärmepumpe mit Photovoltaikanlage gekoppelt oder Scheitholzheizung in Kombination mit Solarthermie ist vermutlich wirtschaftlicher – siehe entsprechenden Abschnitt.

☐ Energieberater kontaktieren, insbesondere wenn KfW-Förderung geplant.

☐ Besteht laut EnEV eine Austauschpflicht für den Heizkessel?

☐ Kesselleistung auf den Wärmebedarf des Gebäudes abstimmen, ggf. Wärmebedarfsberechung durchführen lassen.

☐ Moderne Gas-Brennwertkessel verfügen über leistungsvariable Brenner (modulierend). Der Modulationsbereich sollte eine möglichst niedrige untere Grenze haben.

☐ Hocheffiziente Pumpe einbauen (Energieeffizienzindex EEI < 0,23).

☐ Möglichst auf zentrale Warmwasserversorgung umstellen.

☐ Prüfen, ob Kaminsanierung oder Abgasleitung erforderlich und im Angebot enthalten ist.

☐ Hydraulischen Abgleich durchführen lassen.

☐ Lassen Sie sich in die Bedienung einweisen und fordern Sie eine gut verständliche Bedienungs- und Wartungsanleitung.

☐ Die zentrale Regelung der Heizungsanlage sollte gut zugänglich, gut lesbar und verständlich und der Wärmeerzeuger gut erreichbar sein.

Hybrid-Wärmepumpe, Gas-Wärmepumpe

Eine Luft/Wasser-Wärmepumpe ist im kältesten Winter nicht sehr effektiv. Sie benötigt Unterstützung durch eine weitere Wärmequelle – dann entsteht eine Hybrid-Wärmepumpe. Eine solche besteht aus einem Heizkessel (meist ein Gas-Brennwertgerät), der über eine intelligente Regelung mit einer Luft/Wasser-Wärmepumpe gekoppelt ist. Diese Regelung errechnet aufgrund des Gas- und Strompreises und der Temperaturbedingungen, ob es günstiger ist, mit dem Brennwertkessel zu heizen oder die Wärmepumpe zu nutzen. Es gibt wandhängende Geräte, die direkt gegen eine Heiztherme ausgetauscht werden können – nur die Außeneinheit mit Ventilator und Verdampfer muss über dünne Kühlmittelleitungen angeschlossen werden. Andere Hersteller bieten zwei getrennte Geräte an. Auch vorhandene Gasheizungen können über spezielle Regelungen mit der entsprechenden Luft/Wasser-Wärmepumpe gekoppelt werden. Wegen des Gas-Brennwertkessels kann die Wärmepumpe im günstigen Bereich betreiben werden und erreicht dadurch hohe Arbeitszahlen. Außerdem ist es nun möglich, ein Heizsystem mit höherer Vorlauftemperatur zu nutzen. Heizkörper können bleiben und der Einbau einer Fußbodenheizung ist nicht mehr unbedingt nötig. Bundesförderung durch BAFA kann für die Wärmepumpe beantragt werden, da sie in der Hybridanlage eine ausreichend hohe Jahresarbeitszahl erzielt.

Es gibt Wärmepumpen (siehe Abb. 74), die nicht durch Strom, sondern Gas angetrieben werden. Sie kennen vermutlich Gas-Kühlschränke aus dem Campingbereich. Die Gasflamme betreibt einen „thermischen Verdich-

Gut zu wissen

Auch die in den vorigen Abschnitten beschriebenen Kopplungen mit Solarthermie oder Photovoltaik werden bisweilen als Hybridanlagen bezeichnet.

Es gibt noch weitere Entwicklungen: Eine Hybrid-Wärmepumpe als Kombination mit einem Pelletkessel wurde von einem österreichischen Anbieter auf den Markt gebracht. Sie ist eine der Varianten bei den Beispielfamilien. Eine solche Anlage kann insbesondere sinnvoll sein, wenn Sie keinen Gasanschluss bekommen können.

Ein anderer Anbieter hat eine Anlage entwickelt, die zwischen den Wärmequellen Luft, Erde und Solarthermie umschaltet, je nachdem, welche gerade am günstigsten ist. Hier liegen jedoch noch keine Langzeiterfahrungen vor.

Abbildung 74: Gas-Wärmepumpe.

ter" in einer Sole/Wasser-Wärmepumpe. Bei einer solchen Anlage kommt die meiste Wärme von der Gasflamme und nur etwa 25 bis 30 Prozent zusätzlich aus der Umwelt. Für gleiche Heizleistung wird deswegen eine erheblich kleinere Erdsonde im Vergleich zur Elektro-Wärmepumpe benötigt. Eine solche Gas-Wärmepumpe finden Sie ebenfalls als Variante.

Beispielfamilien

In den folgenden Beispielen wird eine Bandbreite der Ergebnisse zwischen günstigen und ungünstigen Bedingungen angegeben. Günstig: Niedrige Investitionskosten, keine Energiepreissteigerung, hoher Wirkungsgrad des Brennwertkessels (90 Prozent bezogen auf Brennwert), 80 Prozent der Gesamtwärme liefert die Wärmepumpe, bei der Gaswärmepumpe kommen 30 Prozent der Wärme aus der Umwelt. Ungünstig: hohe Investitionskosten, Energiepreissteigerung, niedrigerer Wirkungsgrad des Brennwertkessels (81 Prozent bezogen auf Brennwert), Wärmepumpe liefert nur 70 Prozent der Wärme, Gaswärmepumpe mit 25 Prozent aus der Umwelt. Für die Hybrid-Wärmepumpen wird der Wärmepumpensondertarif genutzt. Alle Abschätzungen gelten für die Betrachtungszeit 20 Jahre. Anpassung der Investitionskosten siehe Seite 82.

Familie Meier

Meiers möchten keine Fußbodenheizung einbauen und benötigen wegen der hohen Heiztemperatur eine Hybridanlage (siehe Seite 165).

Variante 1: Eine Hybridanlage mit eingebautem Brennwertgerät und Außeneinheit soll es sein. Meiers haben geprüft, dass es keine Lärmprobleme mit den Nachbarn gibt. Diese Anlage kostet 8.000 bis 12.000 €. Die Bundesförderung in Höhe von 2.160 € kann wegen einer Jahresarbeitszahl von 4,0 beantragt werden. Es verbleiben Kosten von 5.840 bis 9.840 €. Ein Autarkiegrad in Bezug auf Strom und Wärme in Höhe von 59 Prozent wird durch Nutzung der Umweltwärme erzielt. Betriebskosten pro Jahr betragen 1.270 bis 1.970 €, Betriebskosten pro Jahreserzeugung 6,4 bis 9,8 Cent pro Kilowattstunde und der Preis für erzeugte Energie 8 bis 12 Cent pro Kilowattstunde. Die Umwelt wird von 1,5 bis 2,6 Tonnen Kohlendioxid entlastet.

Variante 2: Meiers möchten weg vom Gas und die innovative Pellet-Hybrid-Wärmepumpe nutzen. Diese Anlage kostet komplett mit kleinem Pelletlager für einen Jahresverbrauch von gut einer Tonne Pellets 14.000 bis 20.000 €. Die Bundesförderung in Höhe von 6.960 € kann wegen einer Jahresarbeitszahl von 4,0 sowie der Kombination mit Pelletkessel und Pufferspeicher beantragt werden. Es verbleiben Kosten von 7.040 bis 13.040 €. Auch hier wird ein Autarkiegrad in Bezug auf Strom und Wärme in Höhe von 59 Prozent erzielt. Trotz niedrigem Pelletpreis steigen wegen höherer Wartungs- und Betriebsstromkosten die Betriebskosten pro Jahr auf 1.350 bis 2.000 €, Betriebskosten pro Jahreserzeugung auf 6,7 bis 10,0 Cent pro Kilowattstunde und der Preis für erzeugte Energie auf 9 bis 13 Cent pro Kilowattstunde. Die Umwelt wird von 2,4 bis 4,1 Tonnen Kohlendioxid entlastet.

Variante 3: Meiers interessieren sich aber auch für eine Gas-Wärmepumpe. Diese Anlage kostet komplett mit Erdsonde von knapp 70 Metern Länge 15.000 bis 20.000 €. Die Bundesförderung in Höhe von 6.000 €

kann wegen einer Jahresarbeitszahl besser als 1,25 beantragt werden. Es verbleiben Kosten von 9.000 bis 14.000 €. Hier wird ein Autarkiegrad in Bezug auf Strom und Wärme wegen der geringen Nutzung von Umweltwärme in Höhe von nur 31 Prozent erzielt. Betriebskosten pro Jahr betragen 1.200 bis 1.800 €, Betriebskosten pro Jahreserzeugung 6,0 bis 9,0 Cent pro Kilowattstunde und der Preis für erzeugte Energie 8 bis 13 Cent pro Kilowattstunde. Die Umwelt wird von 1,1 bis 2,4 Tonnen Kohlendioxid entlastet.

Fazit: Die Hybrid-Wärmepumpe mit Brennwertkessel liegt in der Wirtschaftlichkeit etwas günstiger als die anderen beiden Varianten und als eine ungekoppelte Luft-Wärmepumpe. Sie ist gleich günstig wie ein Brennwertkessel oder eine ungekoppelte Erdwärmepumpe. Sie erreicht eine Autarkie von 59 Prozent und bewirkt eine Umweltentlastung. Sie ist ungünstiger als die Kombination Wärmepumpe mit Photovoltaik oder Scheitholzheizung in Kombination mit Solarthermie. Für Familie Meier ist die Hybrid-Wärmepumpe eine mögliche Lösung, insbesondere, wenn keine Fußbodenheizung eingebaut werden soll.

Familie Schulte

Auch Familie Schulte möchte auf den Einbau einer Fußbodenheizung verzichten.

Variante 1: Die Hybridanlage entspricht in Bezug auf Kosten und Förderung derjenigen von Familie Meier. Auch Schultes erzielen einen Autarkiegrad in Bezug auf Strom und Wärme in Höhe von 50 Prozent. Betriebskosten pro Jahr betragen 990 bis 1.520 €, Betriebskosten pro Jahreserzeugung 6,6 bis 10,1 Cent

pro Kilowattstunde und der Preis für erzeugte Energie 9 bis 13 Cent pro Kilowattstunde. Die Umwelt wird von 1,1 bis 2,0 Tonnen Kohlendioxid entlastet.

Variante 2: Auch Schultes möchten weg vom Gas und eine Pellet-Hybrid-Wärmepumpe nutzen, die in Bezug auf Kosten und Förderung derjenigen von Familie Meier entspricht. Das Pelletlager für etwa eine Tonne Pellets Jahresverbrauch kann etwas kleiner als bei Meiers ausfallen. Der Autarkiegrad in Bezug auf Strom und Wärme bleibt bei 50 Prozent. Betriebskosten pro Jahr betragen 1.070 bis 1.590 €, Betriebskosten pro Jahreserzeugung 7,2 bis 10,6 Cent pro Kilowattstunde und der Preis für erzeugte Energie 9 bis 15 Cent pro Kilowattstunde. Die Umwelt wird von 1,8 bis 3,1 Tonnen Kohlendioxid entlastet.

Variante 3: Auch Familie Schulte interessiert sich für eine Gas-Wärmepumpe, die in Bezug auf Kosten und Förderung derjenigen der Familie Meier entspricht. Die Erdsonde kann mit etwa 50 Metern Länge kürzer ausfallen. Der Autarkiegrad in Bezug auf Strom und Wärme beträgt nur 19 Prozent, Betriebskosten pro Jahr 950 bis 1.410 €, Betriebskosten pro Jahreserzeugung 6,3 bis 9,4 Cent pro Kilowattstunde und der Preis für erzeugte Energie 9 bis 14 Cent pro Kilowattstunde. Die Umwelt wird von 0,9 bis 1,8 Tonnen Kohlendioxid entlastet.

Fazit: Die Hybrid-Wärmepumpe mit Brennwertkessel liegt in der Wirtschaftlichkeit etwas günstiger als die anderen Varianten oder eine ungekoppelte Luft/Wasser-Wärmepumpe. Sie ist auch in diesem Fall gleich günstig wie ein Brennwertkessel oder eine Erdwärmepumpe. Sie erreicht bei Schultes eine Autarkie von

50 Prozent, bewirkt eine Umweltentlastung, ist allerdings ungünstiger als die Kombination Wärmepumpe mit Photovoltaik oder Scheitholzheizung mit Solarthermie. Für Familie Schulte ist die Hybridwärmepumpe eine sinnvolle Lösung, um mit recht geringen Kosten Energieautarkie zu erzielen.

Familie Jansen
Macht auch im Passivhaus der Familie Jansen eine Hybridwärmepumpe Sinn?

Variante 1: Die Hybridanlage entspricht in Bezug auf die Kosten derjenigen von Familie Meier. Allerdings ist für diese Anlage im Neubau keine Förderung möglich. Jansens erzielen einen Autarkiegrad in Bezug auf Strom und Wärme in Höhe von 39 Prozent. Betriebskosten pro Jahr betragen 440 bis 660 €, Betriebskosten pro Jahreserzeugung 8,1 bis 12,1 Cent pro Kilowattstunde und der Preis für erzeugte Energie 15 bis 23 Cent pro Kilowattstunde. Die Umwelt wird von 0,4 bis 0,7 Tonnen Kohlendioxid entlastet.

Varianten 2 und 3: Bereits die kostengünstigste Lösung hat einen sehr hohen Preis für erzeugte Energie. Bei den anderen Varianten liegt dieser weit über 20 Cent pro Kilowattstunde.

Fazit: Alle Varianten sind ungünstiger als ein Brennwertkessel oder gar eine Wärmepumpe integriert in der Lüftungsanlage und gekoppelt mit einer Photovoltaikanlage oder einem Scheitholzkaminofen in Kombination mit Solarthermie.

Vorteile/Nachteile: Hybrid- und Gaswärmepumpen

+ Auch für höhere Vorlauftemperaturen geeignet

+ Unproblematischer Einbau

+ Konkurrenz zwischen den Anbietern kann günstige Brennstoffpreise hervorrufen

+ Wärmelieferung unabhängig von Tages- und Jahreszeit

+ Günstiges System für Warmwasser und Heizung, wenn mittlerer bis hoher Wärmebedarf

+ Niedrige bis mittlere Kosten

+ Gute Fördermöglichkeiten bei der Altbausanierung

+ Unter günstigen Bedingungen wirtschaftlicher Betrieb möglich

+ Bei guter Planung und Ausführung hohe Effektivität

– Luft-Wärmepumpe kann Lärmbelästigung verursachen

– Abhängigkeit von Gaslieferanten

– Tarife können geändert werden

– Umweltbelastung durch Kohlendioxid und andere Stoffe

– Wärmepumpe in Kombination mit Photovoltaik und eventuell Solarthermie oder Scheitholzheizung in Kombination mit Solarthermie ist wirtschaftlicher

– Pellet-Hybrid-Wärmepumpe und Gas-Wärmepumpe für geringen Wärmebedarf zu aufwändig

– Keine Förderung im Neubau

– Lange Amortisationszeiten verlangen hohe Qualität der Anlage

– Sorgfältige Planung und Ausführung nötig

✔ Checkliste: Hybrid- und Gaswärmepumpen

Siehe Checklisten

☐ „Wärmepumpe" (Seite 121)

☐ „Brennwertkessel" (Seite 164)

☐ und eventuell „Holzheizung" (Seite 131)

Wege zum energieautarken Haus

Es gibt bereits etliche errichtete, mehr oder weniger energieautarke Häuser. Einige Beispiele und Wege zur Energieautarkie werden in diesem Kapitel vorgestellt. Und was nicht vergessen werden darf: Die Dachfläche zur Nutzung der Sonnenenergie ist begrenzt. Der Autarkiegrad kann aber umso höher werden, je kleiner der Bedarf an Strom und Wärme ist. Wir zeigen, wie das gut funktionieren kann.

Beispiele für energieautarke Häuser

Es gibt zwei Denkrichtungen und zwei unterschiedliche Wege zum energieautarken Haus. Beide nutzen zwar die aufs Gebäude fallende Sonnenenergie, aber mit unterschiedlicher Gewichtung. Sie finden im Folgenden die Beschreibung einiger Neubauten. Anhand der Beispielfamilien wird dargestellt, wie auf beiden Wegen bei Sanierung und Neubau ein hoher Autarkiegrad für Strom und Wärme erzielt werden kann und was das kostet und bringt.

Der erste Weg – ein Sonnenhaus

Heizung weitgehend direkt mit Sonnenwärme ohne die Umwandlung in Strom, so das Konzept des Sonnenhauses (www.sonnenhaus-institut.de). Eine große Solarkollektorfläche, möglichst Richtung Süden und wegen der tiefstehenden Wintersonne möglichst steil aufgestellt, beheizt einen großen Pufferspeicher. Aus dem Pufferspeicher werden Fußbodenheizung und Warmwasserversorgung bedient. So können hohe solare Deckungsgrade in Bezug auf Heizung und Warmwasserbereitung erzielt werden. Der insbesondere im Winter verbleibende Rest wird dann mit einem Holzofen zugeheizt. Die Wärmegewinnung erfolgt demnach kohlendioxidneutral zu 100 Prozent aus erneuerbaren Energien. Dieses ursprüngliche Konzept des Sonnenhaus-Institutes wurde vor Kurzem erweitert. Nun wird zusätzlich für die Stromversorgung eine Photovoltaik-Anlage genutzt.

„Das energieautarke Haus" gibt es „von der Stange" bei einem Haussystemanbieter. Für die Wärmeversorgung der 162 Quadratmeter Wohnfläche ist eine 48 Quadratmeter große dachintegrierte Solarkollektoranlage zuständig. Entkopplung von Wärmelieferung und Wärmeverbrauch geschieht durch einen neun Kubikmeter großen Schichtspeicher, der vom Keller bis ins Obergeschoss reicht. An einem Standort in Sachsen wird so ein solarer Deckungsgrad von über 65 Prozent erreicht. Die noch fehlende Wärme im Pufferspeicher liefert im kältesten Winter ein Scheitholzkaminofen mit Wassertasche. Zwei bis drei Raummeter Holz werden jährlich benötigt. Das Haus ist zwar gut wärmegedämmt, entspricht aber nicht den Vorgaben an ein Passivhaus. Insbesondere wurde keine Lüftungsanlage eingebaut. Dies auch unter dem Gesichtspunkt, möglichst wenig Strom zu benötigen. Konsequent wurde ebenso bei Haushaltsgeräten, Beleuchtung und Umwälzpumpen auf möglichst geringen Stromverbrauch geachtet, sodass eine vierköpfige Familie mit unter 2.000 Kilowattstunden jährlich auskommt. Nun ist es möglich, sich mit Hilfe einer Acht-Kilowatt-Peak-Photovoltaikanlage und einem 58-Kilowattstunden-Batteriespeicher vollständig abgekoppelt vom Stromnetz zu versorgen (es handelt sich um einen Bleispeicher – leider wurde nicht angegeben, ob sich die 58 Kilowattstunden auf eine effektive Kapazität beziehen oder ob diese lediglich 29 Kilowattstunden beträgt, was bei dem geringen Stromverbrauch auch ausreichen dürfte). Es ergibt sich so ein Autarkiegrad in Bezug auf Strom und Wärme von über 80 Prozent. Stromüberschüsse werden für das Laden von Elektroautos genutzt. Es gibt eine Kooperation mit dem örtlichen Energieversorger, der den großen Batteriespeicher und auch den Pufferspeicher nutzen darf, wenn es Überschüsse an erneuerbarem Strom im Netz gibt, beispielsweise weil der Wind stark bläst. Zunächst wird dann die Batterie geladen und wenn das nicht reicht über einen Heizstab der Pufferspeicher aufgeheizt. Das Haus ohne Keller und Grundstück wird schlüsselfertig für etwa 400.000 € angeboten (www.timoleukefeld.de/autarke-gebaeude).

Abbildung 75: Preisgekröntes Sonnenhaus Schön in der Oberpfalz.

Dieses preisgekrönte Haus in der Oberpfalz mit etwa 147 Quadratmetern Wohnfläche in den Wohnetagen ist ebenfalls ein Sonnenhaus (Abb. 75). Es wurde gut gedämmt in Holz-Lehmbauweise mit Wandflächenheizungen errichtet. Der Planer legte besonderen Wert auf eine hohe Ausbeute der Solarthermie im Winter. Die senkrecht an der Fassade hängenden 18 Quadratmeter Vakuumröhrenkollektoren sind gerade bei tiefstehender Wintersonne und tiefen Außentemperaturen effizient. Sie sind zwar teurer, es wird aber auch weniger Fläche benötigt. Röhrenkollektoren frieren dank der Vakuumdämmung nicht ein, sodass auf ein Frostschutzmittel im Solarkreislauf und einen Wärmetauscher zum Pufferspeicher verzichtet werden kann – dies effektive System nennt sich Aquasystem. Die hohe thermische Ausbeute auch im Winter erlaubt es, den Speicher kleiner zu wählen: ein 3.000-Liter-Solar-Schichtenspeicher reicht nun. Daneben steht ein Stückholzkessel, der sich mit etwa drei bis fünf Raummetern Holz pro Jahr begnügt.

Auf dem Dach findet die Photovoltaikanlage mit etwa 6,5 Kilowatt-Peak für die Hausstromversorgung Platz. Sie ist zwar mit einer Batterie von vermutlich vier Kilowattstunden effektiver Kapazität verbunden, kann aber im Winter den Haushaltsstromverbrauch nicht decken. Nach Aussage des Planers wird ein Autarkiegrad bei Strom und Wärme von etwa 85 Prozent erzielt mit Mehrkosten von etwa 37.000 €. Die Nutzung von Stromüberschüssen für das Laden von Elektroautos ist geplant (www.baubiolo gie-schön.de/klimaschutzpreis-2015/).

Der zweite Weg – das Effizienzhaus Plus

In Berlin wurde vom Bundesbauministerium als experimenteller, bewohnter Bau das „Effizienzhaus Plus mit Elektromobilität" errichtet. Das Energiekonzept beruht auf Strom, der durch große Photovoltaikanlagen von insgesamt 22 Kilowatt-Peak an der Südfassade und auf dem Dach erzeugt wird. Der Strom wird für den Haushaltsbedarf, das Laden der Elektroautos und eine Wärmepumpe benötigt und Überschüsse in einer 40-Kilowattstunden-Lithium-Ionen-Batterie zwischengespeichert. Die Wärme wird durch eine Luft/Wasser-Wärmepumpe an den Brauchwasserspeicher, die Fußbodenheizungen und ein Nachheizregister in der Lüftungsanlage mit Wärmerückgewinnung geliefert (Abb. 76).

Das Haus ist ein Plus-Energiehaus, solange die Jahresbilanz betrachtet wird, das heißt über das ganze Jahr gerechnet produziert die Solarstromanlage mehr, als für den Betrieb von Haushalt und Wärmepumpe benötigt wird, sodass etwas für die Elektromobilität übrigbleibt. Das haben auch die Auswertungen der Messreihen gezeigt (www.forschungsinitiative.de/effizienzhaus-plus/). Wie sieht es aber mit echter Autarkie aus? Das Haus benötigt unbedingt einen Stromanschluss und Austausch mit dem Netz. Im Winter produziert selbst diese große Photovoltaikanlage nicht genug fürs Heizen und den Haushalt – Strom aus dem Netz ist nötig. Im Sommer dagegen gibt es einen großen Überschuss, der nicht vollständig von den Elektroautos aufgenommen werden kann und so ins Netz eingespeist wird (siehe Seite 12). Gibt es viele dieser Haustypen, dann belasten sie das Stromnetz: Im Sommer liefern alle Photovoltaikanlagen Überschüsse und im Winter

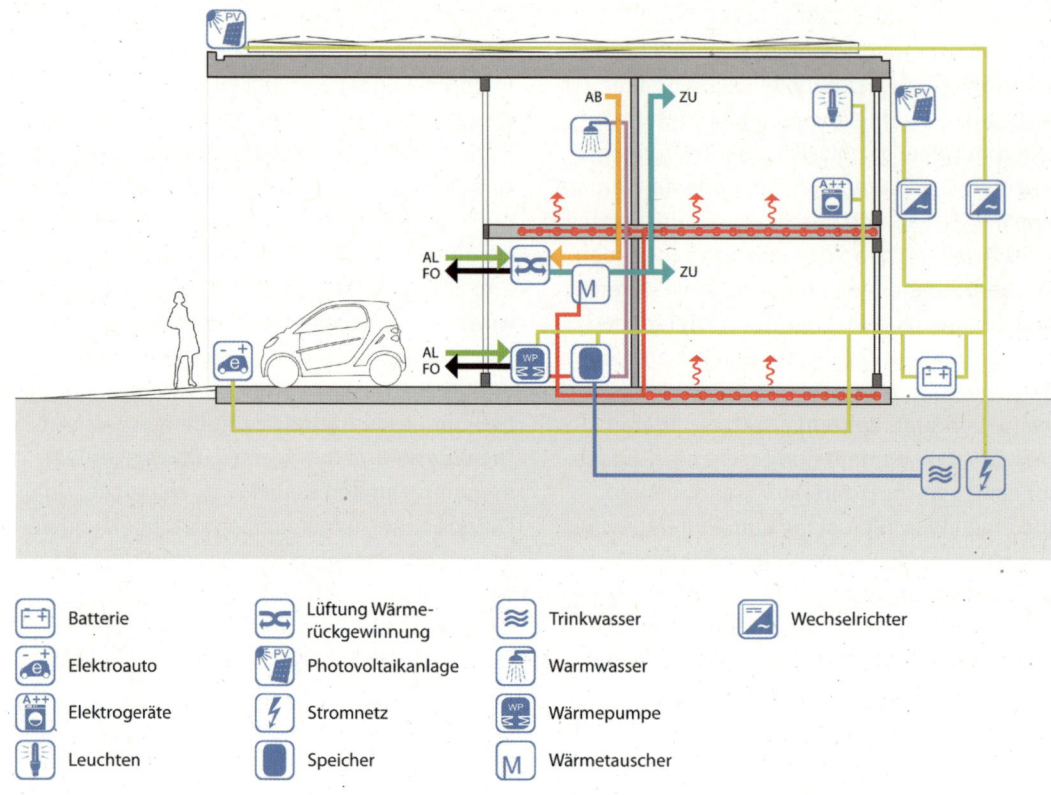

AB   ZU

AL
FO   ZU

AL
FO

Batterie	Lüftung Wärme-rückgewinnung	Trinkwasser	Wechselrichter
Elektroauto	Photovoltaikanlage	Warmwasser	
Elektrogeräte	Stromnetz	Wärmepumpe	
Leuchten	Speicher	Wärmetauscher	

Abbildung 76: Schematische Darstellung der Haustechnik im Effizienzhaus Plus Berlin.

gibt es Strommangel. Trotz des im Winter besonders reichlichen Windenergiestroms müssten dann Kohlekraftwerke anlaufen.

Das Effizienzhaus Plus in Berlin war der Ausgangspunkt für eine Reihe wissenschaftlich begleiteter Plus-Energiehäuser. Nun wird nach diesem Standard in Augsburg eine ganze Siedlung errichtet. Diese Häuser werden sehr gut wärmegedämmt und sie erhalten eine Lüftungsanlage mit Wärmerückgewinnung. Knapp zwölf Kilowatt-Peak Photovoltaik versorgen den Haushalt und eine Luft/Wasser-Wärme-

pumpe, die mit einem 1.500 Liter Pufferspeicher gekoppelt ist. Stromüberschüsse werden in einer Lithium-Ionen-Batterie oder durch die Wärmepumpe in Wärme umgewandelt in diesem Pufferspeicher zwischengespeichert. Der Anbieter spricht von einer Autarkie bezogen auf Strom und Wärme von etwa 70 Prozent. Im Winter benötigen auch diese Häuser verstärkt Strom aus dem Netz (www.iwr.de/druck ansicht.php?id=30248).

Bespielfamilien

Anhand der drei Beispielfamilien wird nun untersucht, wie diese zwei Wege zum energieautarken Haus führen können. Die Kriterien für ein Sonnenhaus (unter anderem mindestens 50 Prozent solarer Deckungsgrad) oder ein Effizienzhaus Plus (unter anderem eine größere Stromerzeugung als Stromverbrauch) werden bei den Beispielfamilien nicht immer eingehalten. Die wesentlichen Eigenschaften der Wege sind jedoch sichtbar: Schwerpunkt Sonnenwärme oder Sonnenstrom. Auf dem zweiten Weg wird darauf geachtet, den Stromverbrauch für die Wärmepumpe im Winter möglichst gering zu halten. Deswegen gibt es bei Familie Meier und Familie Schulte eine Erdwärmepumpe mit Unterstützung durch eine solarthermische Anlage.

Es geht um eine Kombination zur weitgehenden Deckung von Strom- und Wärmebedarf. Höhere Autarkie durch Vergrößerung der Photovoltaikanlage ist möglich, wäre jedoch weniger wirtschaftlich. Wenn unterschiedliche Energieträger eingesetzt werden – hier Strom und Wärme –, ist der Preis für erzeugte Energie kein sinnvoller Wert. Zum Vergleich der Wirtschaftlichkeit der Varianten dient dann die Amortisationszeit, das heißt, die Zeit, in der sich die jährlichen Einsparungen zur Investitionssumme angehäuft haben. Die Wirtschaftlichkeit einer Variante ist umso größer, je kleiner die Amortisationszeit ist. Sie ist allerdings abhängig von der Wahl des Energieträgers und Annahmen zur Energiepreisentwicklung. Da sich die Entwicklung der Ölpreise kaum voraussagen lässt, beziehen sich die Abschätzungen auf Erdgas genutzt in einem Brennwertgerät als Energieträger der Ausgangssituation. Für den Erdgas- und den Strompreis (Anfangspreis 6,5

beziehungsweise 28 Cent pro Kilowattstunde) wird eine Preissteigerungsrate von jeweils vier Prozent jährlich angesetzt. Die Varianten und die zugehörigen Annahmen entsprechen denjenigen aus den Kapiteln zwei und drei. Allerdings wird der Autarkiegrad des Systems aus Photovoltaik und Batteriespeicher bei den Varianten mit Wärmepumpe kleiner, da der Stromverbrauch der Wärmepumpe berücksichtigt werden muss. Sie finden eine Bandbreite von Ergebnissen zwischen einem günstigen und einem ungünstigen Fall. Der günstige Fall bezieht sich auf geringe Investitionskosten, hohen Solarertrag (950 Kilowattstunden pro Kilowatt-Peak), Preissteigerung bei Strom und Gas und geringe Holzkosten (60 € pro Raummeter). Beim ungünstigen Fall gilt das Gegenteil: hohe Investitionskosten, niedriger Solarertrag (850 Kilowattstunden pro Kilowatt-Peak), keine Energiepreissteigerungen und hohe Holzkosten (100 € pro Raummeter).

Tipp

Seit März 2016 ist es wieder möglich, über die KfW-Bank eine Förderung für Batteriespeicher zu erhalten (Näheres unter www.kfw.de, im Suchfeld „275" eingeben, siehe auch im Kapitel zwei im Abschnitt „Speicher"). Die Fördersätze wurden abgesenkt. Speicherförderung lohnt sich umso mehr, je größer der Speicher und die zugehörige Photovoltaikanlage ist.

Nur die Bundesförderung wird angerechnet. In vielen Bundesländern und Kommunen gibt es jedoch zusätzliche Fördermöglichkeiten. Wird bei den Beispielfamilien die Speicherförderung zusätzlich berücksichtigt, so verkürzen sich die Amortisationszeiten gegenüber den Tabellenwerten um höchstens ein Jahr und nur in ganz wenigen Fällen um zwei Jahre. Auf Seite 64 ist beschrieben, wie Sie die Amortisationszeiten bei abweichenden verbleibenden Kosten umrechnen können. Bei allen Beispielfamilien ist der Einbau eines neuen Heizgerätes erforderlich. Als Stand der Technik wird ein Brennwertgerät mit Kosten zwischen 6.000 und 8.000 € angenommen und zusätzlich die Amortisationszeit der Varianten gegenüber dem Einbau eines Brennwertgerätes angegeben. Die hohe Umweltentlastung durch die großen Photovoltaikanlagen beruht auf Verdrängung der umweltbelastenden Stromproduktion in Großkraftwerken.

Familie Meier

Familie Meier möchte bei Strom und Wärme möglichst unabhängig von Lieferanten werden. Es soll aber bezahlbar bleiben.

Variante 1: Meiers möchten den Weg „Sonnenhaus" gehen, Wärme möglichst ohne Umweg durch eine solarthermische Anlage beziehen und im Winter mit Holz zuheizen. Eine Heizungsunterstützungsanlage mit zwölf Quadratmeter Kollektorfläche auf dem Süddach und ein 1.000-Liter-Pufferspeicher werden installiert. Ein Holz-Vergaserkessel übernimmt die Beheizung des Speichers in sonnenarmen Zeiten. Fußbodenheizung und Warmwasserbereitung beziehen die Wärme bei Bedarf aus dem Speicher. Zur teilweisen Stromversorgung

des Haushalts bauen Meiers zusätzlich eine Photovoltaikanlage ein mit vier Kilowatt-Peak Leistung (Flächenbedarf etwa 27 Quadratmeter) und einem Lithium-Ionen-Batteriespeicher mit zwei Kilowattstunden effektiver Kapazität.

Variante 2: Meiers möchten weniger Holz verheizen und lassen eine größere solarthermische Anlage mit 39 Quadratmeter Kollektorfläche und 8.000 Liter Pufferspeicher einbauen. Die Photovoltaikanlage entspricht Variante 1. Das Dach ist nun mit insgesamt 66 Quadratmetern für beide Anlagen gut belegt.

Variante 3: Familie Meier bevorzugt den zweiten Weg, möchte jedoch die elektrische Versorgung mit einer Solarkollektoranlage unterstützen. Die Erdwärmepumpe wird mit einer Heizungsunterstützungsanlage von zwölf Quadratmeter Kollektorfläche und 1.000 Liter Speicher kombiniert, sodass sie eine gute Jahresarbeitszahl erreicht und in den Genuss der Innovationsförderung kommen kann. Haushalt und Wärmepumpe werden mit der Photovoltaikanlage aus Variante 1 versorgt.

Variante 4: Meiers möchten den Autarkiegrad verbessern und lassen eine größere Photovoltaikanlage mit acht Kilowatt-Peak Leistung (Flächenbedarf etwa 54 Quadratmeter) und einen Lithium-Ionen-Batteriespeicher mit vier Kilowattstunden effektiver Kapazität installieren. Das Dach ist wie bei Variante 2 mit insgesamt 66 Quadratmetern belegt.

Familie Meier	Photovoltaik und Solarthermie und Holzheizung		Photovoltaik und Solarthermie und Wärmepumpe	
	Scheitholz-Vergaserkessel, 4 kWp Photovoltaik, 2 kWh Speicher		Erdwärmepumpe, 12 Quadratmeter Kollektor	
	Variante 1 12 Quadratmeter Kollektor	Variante 2 39 Quadratmeter Kollektor	Variante 3 4 kWp PV, 2 kWh Speicher	Variante 4 8 kWp PV, 4 kWh Speicher
Autarkiegrad Strom und Wärme	24 %	46 %	80 %	85 %
Umweltentlastung jährlich	7,1 bis 8,3 Tonnen Kohlendioxid	7,1 bis 8,3 Tonnen Kohlendioxid	6,0 bis 7,2 Tonnen Kohlendioxid	8,7 bis 9,7 Tonnen Kohlendioxid
Investitionskosten	24.200 bis 31.600 €	36.200 bis 46.600 €	32.480 bis 41.290 €	42.680 bis 52.890 €
Förderung	6.000 €	circa 10.150 €	11.700 €	11.700 €
verbleibende Kosten	18.200 bis 25.600 €	26.050 bis 36.450 €	20.780 bis 29.590 €	30.980 bis 41.190 €
Mehrkosten gegenüber Brennwertkessel	12.200 bis 17.600 €	20.050 bis 28.450 €	14.780 bis 21.590 €	24.980 bis 33.190 €
Brennstoffmenge	gut 10 Raummeter	knapp 7 Raummeter		
Netzstrom für Wärmepumpe			2.090 kWh/a	1.310 kWh/a
Netzstrom für Haushalt	2.200 kWh/a	2.200 kWh/a	2.680 kWh/a	2.200 kWh/a
Gesamt-Netzstrom	2.400 kWh/a	2.400 kWh/a	4.770 kWh/a	3.510 kWh/a
Netzeinspeisung	2.000 bis 1.600 kWh/a	2.000 bis 1.600 kWh/a	1.140 bis 740 kWh/a	3.690 bis 2.890 kWh/a
Jahreskosten	1.010 bis 1.440 €/a	860 bis 1.170 €/a	1.620 bis 1.250 €/a	740 bis 680 €/a
Einsparung gegenüber Gasheizung	1.850 bis 480 €/a	2.000 bis 750 €/a	1.440 bis 800 €	2.120 bis 1.230 €/a
Amortisationszeit	10 bis 54 Jahre	13 bis 49 Jahre	14 bis 37 Jahre	15 bis 33 Jahre
Amortisationszeit der Mehrinvestition	7 bis 37 Jahre	10 bis 38 Jahre	10 bis 27 Jahre	12 bis 27 Jahre

Fazit: Unter günstigen Bedingungen ist die Wirtschaftlichkeit der Sonnenhaus-Varianten etwas größer; unter ungünstigen haben die Lösungen mit Wärmepumpe die Nase vorn. Die kleineren Anlagen haben eine etwas kürzere Amortisationszeit. Da Familie Meier ohnehin eine neue Heizung benötigt, ist für sie die Amortisationszeit der Mehrinvestition zutreffend. Diese liegt für alle Varianten unter günstigen Bedingungen weit unter der Lebensdauer der Anlagen. Die Varianten mit Holzheizung ergeben einen geringeren Autarkiegrad, weil Familie Meier das Holz vom Holzhandel bekommt. Die Wärmepumpe nutzt Umweltwärme vom eigenen Grundstück und ein hoher Autarkiegrad wird erreicht. Sie benötigt allerdings im Winter zusätzlichen Strom – ohne Netzanschluss wird's im Winter kalt. Dagegen kann der geringe Strombedarf für Holzheizung und Solaranlage beim Sonnenhaus durch die eigene Photovoltaikanlage geliefert werden. Trotz zusätzlichem Strombedarf durch die

Wärmepumpe steigt der Jahresstromverbrauch dank Photovoltaikanlage selbst bei der kleinen Anlage nach Variante drei nur wenig. Im Jahresverlauf ergibt sich bei allen Varianten im Sommer eine Einspeisung und im Winter Strombezug. Der Unterschied ist bei den Wärmepumpen allerdings größer.

Familie Meier hat nun die Entscheidung zwischen vier sinnvollen Lösungen. Am kostengünstigsten ist Variante 1. Variante 1 und 2 nut-

zen 100 Prozent erneuerbare Energie. Hohen Autarkiegrad und niedrige Kosten vereinigt Variante 3. Variante 4 ist zwar am teuersten, ergibt aber den höchsten Autarkiegrad und recht geringen Netzbezug.

Familie Schulte
Auch Familie Schulte möchte bei Strom und Wärme möglichst unabhängig von Lieferanten werden.

Familie Schulte	Photovoltaik und Solarthermie und Holzheizung		Photovoltaik und Solarthermie und Wärmepumpe	
	Scheitholz-Vergaserkessel, 3 kWp Photovoltaik, 1,5 kWh Speicher		Erdwärmepumpe, 12 Quadratmeter Kollektor	
	Variante 1 12 Quadratmeter Kollektor	Variante 2 39 Quadratmeter Kollektor	Variante 3 3 kWp PV, 1,5 kWh Speicher	Variante 4 6 kWp PV, 3 kWh Speicher
Autarkiegrad Strom und Wärme	31 %	53%	82 %	87 %
Umweltentlastung jährlich	5,3 bis 6,2 Tonnen Kohlendioxid	5,3 bis 6,2 Tonnen Kohlendioxid	4,6 bis 5,5 Tonnen Kohlendioxid	6,7 bis 7,4 Tonnen Kohlendioxid
Investitionskosten	21.650 bis 28.700 €	33.650 bis 43.700 €	27.740 bis 35.700 €	35.390 bis 44.400 €
Förderung	6.000 €	ca. 10.150 €	11.700 €	11.700 €
verbleibende Kosten	15.650 bis 22.700 €	23.500 bis33.550 €	16.040 bis 24.000 €	23.690 bis 32.700 €
Mehrkosten gegenüber Brennwertkessel	9.650 bis 14.700 €	17.500 bis 25.600 €	10.040 bis 16.000 €	17.690 bis 24.700 €
Brennstoffmenge	knapp 7 Raummeter	gut 4 Raummeter		
Netzstrom für Wärmepumpe			1.320 kWh/a	790 kWh/a
Netzstrom für Haushalt	1.650 kWh/a	1.650 kWh/a	1.950 kWh/a	1.620 kWh/a
Gesamt-Netzstrom	1.850 kWh/a	1.850 kWh/a	3.270 kWh/a	2.410 kWh/a
Netzeinspeisung	1.500 bis 1.200 kWh/a	1.500 bis 1.200 kWh/a	730 bis 430 kWh/a	2.720 bis 2.120 kWh/a
Jahreskosten	780 bis 1.070 €/a	680 bis 880 €/a	1.010 bis 890 €/a	circa 480 €/a
Einsparung gegenüber Gasheizung	1.370 bis 370 €/a	910 bis 550 €/a	1.160 bis 630 €/a	1.650 bis 950 €/a
Amortisationszeit	11 bis 61 Jahre	16 bis 60 Jahre	14 bis 38 Jahre	14 bis 35 Jahre
Amortisationszeit der Mehrinvestition	7 bis 40 Jahre	12 bis 46 Jahre	9 bis 25 Jahre	11 bis 26 Jahre

Variante 1: Diese Variante entspricht weitgehend derjenigen der Familie Meier. Nur die Photovoltaikanlage ist wegen des geringeren Strombedarfs kleiner ausgelegt: drei Kilowatt-Peak Leistung (Flächenbedarf etwa 20 Quadratmeter) und ein Lithium-Ionen-Batteriespeicher mit 1,5 Kilowattstunden effektiver Kapazität.

Varianten 2, 3, 4: Die Varianten entsprechen bis auf die kleinere Photovoltaikanlage denjenigen von Familie Meier.

Fazit: Die Einschätzung der Varianten ist für die Familien Schulte und Meier ähnlich. Die Investitionskosten sind für die Familie Schulte geringer, weil sie weniger Strom und Wärme benötigt und dadurch kleinere Anlagen ausreichen. Die Wirtschaftlichkeit der Wärmepumpen-Lösungen verbessert sich, diejenige der Sonnenhaus-Varianten wird schlechter. Auch bei den Varianten mit Wärmepumpe steigt der Jahresstromverbrauch dank Photovoltaikanlage nur wenig über den derzeitigen Strombedarf oder er liegt bei Variante 4 sogar darunter.

Familie Schulte hat nun die Entscheidung zwischen vier sinnvollen Lösungen. Ähnliche niedrige Kosten haben Variante 1 und 3. Variante 1 und 2 nutzen 100 Prozent erneuerbare Energie. Hohen Autarkiegrad und niedrige Kosten vereinigt Variante 3. Variante 4 ist zwar am teuersten, ergibt aber den höchsten Autarkiegrad und recht geringen Netzbezug. Variante 2 ist hier die ungünstigste Lösung mit ähnlichen Kosten wie Variante 4.

 **Familie Jansen:**
Wie sieht es nun im Passivhaus der Familie Jansen mit den Wegen zum Autarkhaus aus?

Variante 1: Jansens benötigen hauptsächlich Wärme für die Warmwasserbereitung. Als solarthermische Anlage wird eine kleine Brauchwassersolaranlage mit sechs Quadratmeter Kollektorfläche und einem 400-Liter-Pufferspeicher installiert. Ein Holz-Kaminofen übernimmt die Beheizung des Speichers in sonnenarmen Zeiten. Ein Nachheizregister im Zuluftkanal der Lüftungsanlage und die Warmwasserbereitung beziehen Wärme bei Bedarf aus dem Speicher. Die Photovoltaikanlage entspricht derjenigen von Familie Schulte.

Variante 2: Jansens möchten nur ein kleines Holzlager errichten und lassen eine größere solarthermische Anlage mit 12 Quadratmeter Kollektorfläche und 1.000-Liter-Pufferspeicher einbauen. Die Photovoltaikanlage entspricht Variante 1.

Variante 3: Beim geringen Wärmebedarf des Passivhauses lohnt sich der Einbau einer Erdwärmepumpe und einer Sonnenkollektoranlage nicht. Familie Jansen wählt ein Lüftungsanlagen-Zentralgerät mit eingebauter Luft/Wasser-Wärmepumpe für die Nachheizung der Zuluft und die Warmwasserbereitung. Haushalt und Wärmepumpe werden mit der Photovoltaikanlage aus Variante 1 versorgt.

Variante 4: Meiers möchten den Autarkiegrad verbessern und lassen eine größere Photovoltaikanlage wie in Variante 4 von Familie Schulte einbauen.

Familie Jansen	Photovoltaik und Solarthermie und Holzheizung		Photovoltaik und Wärmepumpe	
	Scheitholz-Kaminofen, 3 kWp Photovoltaik, 1,5 kWh Speicher		Wärmepumpe im Lüftungsgerät	
	Variante 1 6 Quadratmeter Kollektor	Variante 2 12 Quadratmeter Kollektor	Variante 3 3 kWp PV, 1,5 kWh Speicher	Variante 4 6 kWp PV, 3 kWh Speicher
Autarkiegrad Strom und Wärme	44 %	55 %	68 %	78 %
Umweltentlastung jährlich	3,1 bis 3,3 Tonnen Kohlendioxid	3,1 bis 3,3 Tonnen Kohlendioxid	2,6 bis 2,8 Tonnen Kohlendioxid	etwa 4,6 Tonnen Kohlendioxid
Investitionskosten	15.700 bis 20.700 €	19.650 bis 25.700 €	12.650 bis 15.700 €	20.300 bis 24.400 €
Förderung	0 €	0 €	0 €	0 €
verbleibende Kosten	15.700 bis 20.700 €	19.650 bis 25.700 €	12.650 bis 15.700 €	20.300 bis 24.400 €
Mehrkosten gegenüber Brennwertkessel	9.700 bis 12.700 €	13.650 bis 17.700 €	6.650 bis 7.700 €	14.300 bis 16.400 €
Brennstoffmenge	etwa 2 Raummeter	etwa 1,4 Raummeter		
Netzstrom für Wärmepumpe			770 kWh/a	320 kWh/a
Netzstrom für Haushalt	1.650 kWh/a	1.650 kWh/a	1.920 kWh/a	1.590 kWh/a
Gesamt-Netzstrom	1.670 kWh/a	1.670 kWh/a	2.690 kWh/a	1.910 kWh/a
Netzeinspeisung	1.500 bis 1.200 kWh/a	1.500 bis 1.200 kWh/a	350 bis 50 kWh/a	2.420 bis 1.820 kWh/a
Jahreskosten	330 bis 440 €/a	320 bis 410 €/a	820 bis 670 €/a	420 bis 80 €/a
Einsparung gegenüber Gasheizung	890 bis 380 €/a	910 bis 420 €/a	510 bis 230 €/a	780 bis 720 €/a
Amortisationszeit	18 bis 55 Jahre	22 bis 62 Jahre	25 bis 68 Jahre	26 bis 34 Jahre
Amortisationszeit der Mehrinvestition	11 bis 34 Jahre	15 bis 43 Jahre	13 bis 33 Jahre	18 bis 23 Jahre

Fazit: Unter günstigen Bedingungen ist die Wirtschaftlichkeit der Sonnenhaus-Varianten gleich oder etwas größer; unter ungünstigen haben die Lösungen mit Wärmepumpe die Nase vorn. Die kleineren Anlagen haben bei günstigen Bedingungen eine etwas kürzere Amortisationszeit. Unter ungünstigen Bedingungen ist jedoch Variante vier mit dem höchsten Autarkiegrad die wirtschaftlichste. Familie Jansen benötigt irgendeine Möglichkeit für Heizung und Brauchwassererwärmung. Inso-

fern ist auch für sie die Amortisationszeit der Mehrinvestition zutreffend. Diese ist für alle Varianten bei günstigen Bedingungen kürzer als die Lebensdauer der Anlagen. Die Varianten mit Holzheizung ergeben einen geringeren Autarkiegrad, wenn Familie Jansen das Holz vom Holzhandel bekommt. Das ändert sich allerdings, wenn es ihnen möglich ist, diese geringen Mengen auf dem eigenen Grundstück zu ernten. Der Autarkiegrad beträgt dann bei Variante 1 und 2 80 Prozent. Die Wärmepumpe nutzt die Umweltwärme vom eigenen Grundstück und ein hoher Autarkiegrad wird erreicht. Die Wärmepumpe benötigt allerdings im Winter zusätzlichen Strom – ohne Netzanschluss wird's im Winter kalt. Dagegen kann der geringe Strombedarf für die Solaranlage beim Sonnenhaus durch die eigene Photovoltaikanlage geliefert werden. Auch bei den Varianten mit Wärmepumpe sinkt der Jahresstromverbrauch dank Photovoltaikanlage unter den derzeitigen Strombedarf.

Familie Jansen hat nun die Entscheidung zwischen vier sinnvollen Lösungen. Am kostengünstigsten und wirtschaftlichsten ist Variante 1. Variante 1 und 2 nutzen 100 Prozent erneuerbare Energie. Variante 3 hat die geringsten Investitionskosten. Variante 4 ist zwar am teuersten, ergibt aber den höchsten Autarkiegrad, recht geringen Netzbezug und die beste Wirtschaftlichkeit unter ungünstigen Bedingungen.

Vorteile/Nachteile: Erster Weg – Sonnenhaus (Schwerpunkt Solarthermie)

+ Wärmelieferung unabhängig vom Netzstrom
+ Vorlauftemperatur des Heizungssystems muss nicht niedrig sein
+ Hoher Autarkiegrad möglich
+ 100 Prozent erneuerbare Wärmelieferung
+ Wärmelieferung unabhängig von Tages- und Jahreszeit
+ Besonders günstiges System bei hohem Wärmebedarf
+ Gute Fördermöglichkeiten
+ Thermische Speicherung ist kostengünstig
+ Geringer Exergiebedarf
+ Durch die Photovoltaikanlage wird wertvolle Energie (reine Exergie) gewonnen
+ Geringe Belastung des Stromnetzes
+ Unter günstigen Bedingungen wirtschaftlicher Betrieb möglich
+ Bei guter Planung und Ausführung hohe Effektivität

− Holzofen muss bedient werden
− Lagerplatz nötig, für gute Austrocknung des Holzes
− Im Winter kann die Solarkollektoranlage den Bedarf nicht vollständig decken
− Für Solarkollektoren geeignetes Dach nötig
− Bei niedrigem Wärmebedarf ist Wärmepumpe in Lüftungsanlage besser geeignet
− Mittlere bis hohe Kosten
− Schornstein notwendig
− Keine Kühlung durch die Anlage möglich
− Lange Amortisationszeiten verlangen hohe Qualität der Anlage
− Sorgfältige Planung und Ausführung nötig

Vorteile/Nachteile: Zweiter Weg – Effizienzhaus Plus (Schwerpunkt Wärmepumpe)

+ Mit zahlreichen Wärmequellen einsetzbar

+ Hoher Autarkiegrad möglich

+ Strom aus der Photovoltaikanlage verbessert die Wirtschaftlichkeit

+ Wärmelieferung unabhängig von Tages- und Jahreszeit

+ Günstiges System bei geringem Wärmebedarf

+ Gute Fördermöglichkeiten

+ Thermische Speicherung ist kostengünstig

+ Exergie wird aus der Umwelt zurückgewonnen

+ Durch die Photovoltaikanlage wird wertvolle Energie (reine Exergie) gewonnen

+ Bei mittlerem bis hohem Wärmebedarf und Kopplung mit solarthermischer Anlage wird bei großer Photovoltaikanlage Plusenergiehaus erreicht

+ Bei geringem Wärmebedarf und großer Photovoltaikanlage wird Plusenergiehaus auch ohne Kopplung mit Solarthermie erreicht

+ Erdwärmeanlagen können im Sommer kühlen

+ Unter günstigen Bedingungen wirtschaftlicher Betrieb möglich

+ Bei guter Planung und Ausführung hohe Effektivität

– Vorlauftemperatur des Heizungssystems muss niedrig sein

– Im Winter kann die Photovoltaikanlage den Bedarf nicht vollständig decken

– Wärmepumpensondertarif meistens nicht nutzbar

– Geeignetes Dach für Photovoltaikanlage und gegebenenfalls Solarkollektoranlage nötig

– Bei normalem bis hohem Wärmebedarf ist thermische Solaranlage mit Holzheizung besser geeignet

– Mittlere bis hohe Kosten

– Netzanschluss notwendig

– Wertvolle Energie (Exergie) wird entwertet

– Netzbelastung nimmt zu.

– Große Photovoltaikanlage nötig

– Luft/Wasser-Wärmepumpen können sehr laut sein.

– Lange Amortisationszeiten verlangen hohe Qualität der Anlage

– Sorgfältige Planung und Ausführung nötig

✔ Checkliste

☐ Hoher oder niedriger Wärmebedarf?
Beachten Sie bitte die Checklisten zu

☐ „Solarthermie" (siehe Seite 90),

☐ „Holzheizung" (siehe Seite 131),

☐ „Photovoltaik" (siehe Seite 35),

☐ „Speicher" (siehe Seite 56) und „Wärmepumpe" (siehe Seite 121).

Steine aus dem Weg räumen: Energiedienstleistung statt Energieeinsatz

Öl- oder Gas- oder Stromverbrauch ist nicht Ihr Ziel. Sie wünschen jedoch die dadurch möglichen Annehmlichkeiten: warme, gemütliche Wohnung, warmes Wasser, helle Räume, gute Musik etc. Das sind die **Energiedienstleistungen.** Als Erstes sollten Sie also fragen: „Was möchte ich?" Und dann: „Wie kann ich dieses Ziel mit möglichst wenig Aufwand erreichen?" Je nach Ihrer persönlichen Lebenseinstellung kann die Einschätzung des Aufwandes sehr unterschiedlich sein: Dem einen kommt es darauf an, möglichst viel Geld zu sparen, der anderen ist der Klimaschutz am wichtigsten oder eine möglichst unkomplizierte Bedienung oder möglichst wenig Platzbedarf oder ... Die energiesparsame Variante benötigt meistens eine Anfangsinvestition und/oder eine Verhaltensänderung.

Beispiel

Sie bereiten Ihren Kaffee mit der Kaffeemaschine und möchten auch noch in zwei Stunden ein warmes Getränk genießen. Dann ist die Energiedienstleistung „Warmer Kaffee während zwei Stunden".

Erste Möglichkeit: Sie lassen den Kaffee in der Kaffeemaschine stehen und nutzen die eingebaute Heizplatte. Diese benötigt zum Warmhalten Strom. Sie müssen sich um nichts kümmern. Nach zwei Stunden schmeckt der Kaffee jedoch etwas abgestanden.

Zweite Möglichkeit: Sie füllen den Kaffee sofort in eine Thermoskanne und schalten die Maschine ab. Resultat: Stromverbrauch null, Anschaffung einer soliden Thermoskanne, etwas Arbeit durch das Umschütten, besseres Kaffeearoma.

Stromanwendungen

Der Stromverbrauch wird in **Kilowattstunden** angegeben (siehe Seite 24). Diese Einheit ist das Produkt von zwei Faktoren: Dem **Kilowatt** für die **Leistung** und der **Stunde** für die **Zeit.** Ein Produkt ist groß, wenn einer der beiden Faktoren groß ist, und nur klein, wenn beide Faktoren klein sind. In der Abbildung sehen Sie vier Felder: Geringer Verbrauch, wenn Geräte kleiner Leistung nur selten betrieben werden (u. a. elektrische Brotschneidemaschine). Hoher Verbrauch bei Geräten mit geringer Leistung, die lange Zeit in Betrieb sind (u. a. Steckernetzteil) oder bei Geräten mit hoher Leistung, die nur kurz betrieben werden (u. a. Staubsauger). Und schließlich sehr hoher Ver-

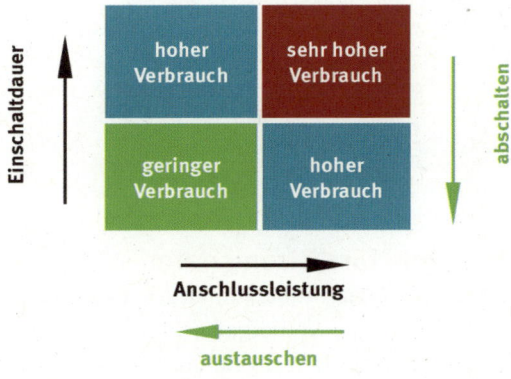

Abbildung 77: Einflussfaktoren auf den Stromverbrauch und das Prinzip des Stromsparens.

brauch, wenn Geräte mit hoher Leistung lang betrieben werden (u. a. elektrische Heizgeräte). Geräte mit geringem Verbrauch sind fürs Stromsparen nicht wichtig. Bei allen anderen gibt es zwei Möglichkeiten:

- die Einschaltdauer verringern, das heißt Abschalten durch Verhaltensänderung, oder
- die Leistung verringern, das heißt, das alte Gerät gegen ein neues austauschen.

Tipp

Hängt ein ganzer Gerätepark (etwa PC mit Drucker, Scanner etc. oder TV mit Receiver, Rekorder usw.) an einer Steckdosenleiste, lässt er sich mit einem Klick ausschalten. Es gibt Steckdosenleisten auch mit einem kabelverlängerten, bequemen Fußschalter. Andere Schaltboxen lassen sich mit niedrigem Stromverbrauch per Fernbedienung abschalten. Bei einer „Master-Slave"-Steckdose wird alles ein- oder ausgeschaltet, wenn das Führungsgerät bedient wird: Beispielsweise schalten Sie den Verstärker an und CD, Aktiv-Boxen, Fernsehgerät werden mit eingeschaltet.

Verbraucherzentralen oder Energieversorger verleihen Strommessgeräte Damit können Sie sogar den Stromverbrauch messen, wenn das Gerät scheinbar ausgeschaltet ist: Solange irgendwas leuchtet, brummt oder warm ist, wird Strom verbraucht.

Beispiele fürs Stromsparen

Umwälzpumpen: Große Stromfresser können im Heizungskeller verborgen sein: die Umwälzpumpen der Heizungsanlage. Über zehn Jahre alte Heizungspumpen sollten Sie gegen Hocheffizienzpumpen austauschen. Eine solche Pumpe läuft lange Zeit – viele Tausend

Stunden pro Jahr. Sie werden meistens so eingebaut, wie sie ausgeliefert werden und das heißt, sie stehen auf höchster Stufe. Die Leistung beträgt dann typischerweise über 50 Watt. Eine solche Pumpe kann durchaus 300 bis 500 Kilowattstunden jährlich benötigen, was beim heutigen Strompreis 80 bis 140 € pro Jahr entspricht. Als Sofortlösung können Sie den Wahlschalter an der Pumpe auf die kleinste Stufe stellen. Sie werden vermutlich keinen Unterschied an der Heizleistung feststellen. Über den Daumen reicht nämlich pro Heizkörper eine Pumpenleistung von einem Watt. Sie müssten demnach über 50 Heizkörper haben ...

Sollten Sie feststellen, dass es mit kleinster Pumpenleistung irgendwo in Ihrem Haus nicht ausreichend warm wird, so ist das ein Zeichen für ein schlecht abgeglichenes System (siehe Seite 188). Verringerung der Pumpenleistung bewirkt Stromeinsparung von etwa 50 Prozent. Weitaus mehr können Sie durch eine neue Hocheffizienzpumpe erreichen – typische Einsparung 80 bis 90 Prozent. Die Installationskosten einer neuen Pumpe von 250 bis 350 € erwirtschaften Sie demnach in zwei bis vier Jahren.

Waschmaschinen und Spülmaschinen: Sie benötigen den meisten Strom zum Aufheizen des Waschwassers. In Ihrem energieautarken Haus wird Warmwasser sehr effektiv durch Solarthermie oder Wärmepumpe bereitgestellt. Da liegt es nahe, dieses Warmwasser direkt in den Haushaltsgeräten zu nutzen. Bei einer Spülmaschine ist das fast immer unproblematisch: Der Zulaufschlauch wird vom Kaltwasser ab- und am Warmwasser angeschraubt. Unter der Spüle gibt es ohnehin Anschlüsse für Kalt-

und Warmwasser. Sie benötigen vermutlich jedoch ein zusätzliches Eckventil. Es ist nicht schädlich, dass nun alle Spülgänge mit warmem Wasser ablaufen; denn die Wärme wird im Geschirr zwischengespeichert. Schauen Sie in die Bedienungsanleitung, ob ein Warmwasseranschluss zulässig ist.

Schwieriger ist es bei einer Waschmaschine. Sie können einen 30-Grad-Waschgang nicht mit 60 Grad heißem Wasser ablaufen lassen. Ein Temperaturregler ist nötig. Außerdem ist es nicht sinnvoll, die Spülgänge mit warmem Wasser durchzuführen. Nach den Waschgängen muss auf Kaltwasser umgeschaltet werden. Mit etwas Mühe und einem Einhebelmischer (noch besser: thermostatische Mischbatterie) können Sie den Warmwasseranschluss ohne größere Umbaumaßnahmen herstellen: Zunächst stellen Sie den Mischer auf die gewünschte Waschtemperatur. Bei 30 Grad wäre dies die Mittelstellung. Dann starten Sie die Waschmaschine. Nach etwa 30 Minuten benötigt die Waschmaschine kein weiteres Warmwasser und Sie stellen für die anschließenden Spülgänge den Mischer auf „kalt". Im Handel gibt es Waschmaschinenvorschaltgeräte, die diese Arbeit automatisch erledigen, oder auch einige wenige Waschmaschinen mit Kalt- und Warmwasseranschluss. Falls der Warmwasseranschluss höchstens drei Liter Kaltwasser liefert, bevor das warme Wasser kommt, so können Sie durch den Warmwasseranschluss bei Spülmaschine und Waschmaschine den Stromverbrauch in etwa halbieren.

Beleuchtung: Lampenhersteller haben in den letzten Jahren gewaltige Fortschritte gemacht. Die LED-Technik ist heute ausgereift und preiswert zu bekommen. Beleuchtung zählt zwar nicht zu den größten Energieverbrauchern im Haushalt, hier ist aber mit wenig Aufwand viel zu erreichen. In der Tabelle 4 (Seite 186) sind für die Energiedienstleistung „Beleuchtung eines Raumes über 25 Jahre, jeweils drei Stunden täglich" drei Wege aufgezeigt. Eine **Halogenglühlampe** hat den geringsten Preis, jedoch auch die geringste Lebensdauer und die höchste Anschlussleistung. Sie müssen diese Lampe während der 25 Jahre zwölfeinhalb Mal austauschen. Alle Lampen zusammengenommen zuzüglich des Stromes bei heutigem Strompreis kostet die Energiedienstleitung fast 230 €. Bis vor Kurzem war eine **Energiesparlampe** die sparsamste Lösung. Ihre Lebensdauer beträgt bereits acht Jahre. Nun kostet die Energiedienstleistung nur noch knapp 80 €. Die Entwicklung ist aber dank Halbleitertechnik weitergegangen. Die **LED** (englisch Light Emittend Diode – Licht emittierende Diode, Leuchtdiode –, die Diode ist ein elektronisches Bauteil) hat dieselbe Lichtausbeute wie eine Halogen- oder Energiesparlampe bei wesentlich geringerem Stromverbrauch. Sie liefert je nach Wunsch unterschiedliche Lichtfarben, braucht keine Aufheizphase wie die Energiesparlampe und enthält auch kein giftiges Quecksilber. Ihre Lebensdauer ist so groß, dass während der 25 Jahre kein Lampenwechsel erfolgen muss – die Lichtquelle fürs Leben. Unter dem Strich ist eine einzelne LED zwar weitaus am teuersten, die durch sie gelieferte Energiedienstleistung kostet jedoch nur 50 €. Die Einsparung allein an Stromkosten bei heutigem Preis ist so hoch, dass eine LED sich in weniger als drei Jahren amortisiert.

Tabelle: Vergleich von Beleuchtungsmöglichkeiten

	28 W Halogen-glühlampe	8 W Energiespar-lampe	5 W LED
Lebensdauer der Lampe	2.000 Stunden	8.000 Stunden	25.000 Stunden
Nutzungszeit bei 1.000 Stunden Brenndauer	2 Jahre	8 Jahre	25 Jahre
Kaufpreis pro Stück	2,50 €	6,50 €	15,00 €
Anzahl der Leucht-mittel in 25 Jahren	12,5	3,1	1
Lampenkosten in 25 Jahren	31,25 €	20,31 €	15,00 €
Stromverbrauch pro Jahr	28 kWh	8 kWh	5 kWh
Stromkosten pro Jahr (bei 28 Ct/kWh)	7,84 €	2,24 €	1,40 €
Einsparung an Stromkosten pro Jahr		5,60 €	6,44 €
Kosten für Beleuch-tung über 25 Jahre	227 €	76 €	50 €

Tipp

Beim Kauf von Lampen kommt es nicht mehr auf die Wattzahl an, sondern auf Lumen – den Lichtstrom. Zum Vergleich: Eine alte Glühlampe mit 40 Watt liefert etwa 400 Lumen, demnach 10 Lumen pro Watt. Eine LED bringt mindestens 75 Lumen pro Watt. Für 400 Lumen reicht demnach eine LED mit 5,3 Watt.

Es gibt LED in Warmweiß, die eine gemütliche Beleuchtung ergeben, in Neutralweiß und in Tageslichtweiß eher für Arbeitsatmosphäre. Die Lichtfarbe wird in Kelvin (K) angegeben: 3.000 K entspricht Warmweiß, über 5.300 K Tageslichtweiß.

Kühl- und Gefriergeräte: Sie sind rund um die Uhr in Betrieb. Sie enthalten eine Wärmepumpe, die umso effektiver arbeitet, je geringer die Temperaturdifferenz zwischen innen und außen ist. Stellen Sie einen Kühlschrank

mit Drei-Sterne-Fach bei 25 Grad Celsius statt 20 Grad Celsius auf (zum Beispiel direkt neben dem Herd), so benötigt er etwa 18 Prozent mehr Strom. Stellen Sie am Regler die Innentemperatur auf 7 Grad Celsius statt auf 5 Grad Celsius, was für die Aufbewahrung von Lebensmitteln durchaus reicht, so verbraucht das Gerät etwa 15 Prozent weniger Strom.

Heutige Kühl- und Gefriergeräte sind wesentlich sparsamer. Das EU-Label erleichtert die Kaufentscheidung. Mit bunten Balken wird der Verbrauch symbolisiert. Aber Vorsicht! Die Einteilung der Label ist schon einige Jahre alt und in der Gerätetechnik hat sich viel getan. Ein Gerät der Klasse „A+" gehört zum Schlechtesten, was der Markt bietet. Gute Geräte haben „A+++". Nutzen Sie zum Vergleich der Geräte besser den auf dem Label angegebenen Wert für den Jahresenergieverbrauch.

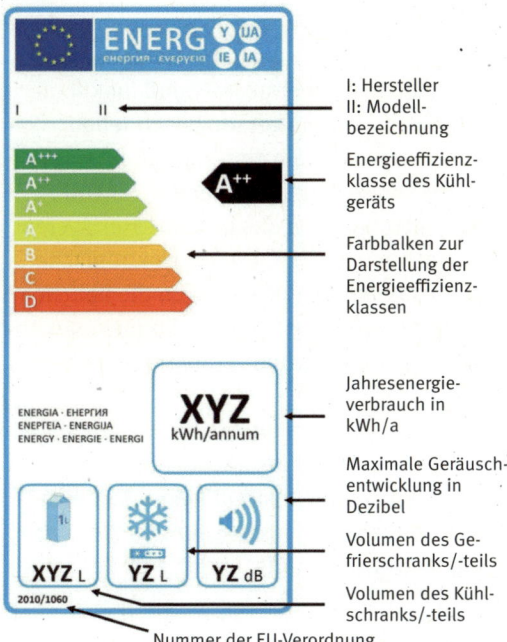

I: Hersteller
II: Modell-
bezeichnung

Energieeffizienz-
klasse des Kühl-
geräts

Farbbalken zur
Darstellung der
Energieeffizienz-
klassen

Jahresenergie-
verbrauch in
kWh/a

Maximale Geräusch-
entwicklung in
Dezibel

Volumen des Ge-
frierschranks/-teils

Volumen des Kühl-
schranks/-teils

Nummer der EU-Verordnung

Abbildung 78: Beispiel eines Energielabels der EU

Tipp

Im Internet finden Sie eine Liste von besonders
sparsamen Haushaltsgeräten:

https://broschueren.nordrheinwestfalendirekt.
de/broschuerenservice/energieagentur/beson
ders-sparsame-haushaltsgeraete-2015-16/2001

Informationen zum Kauf auch bei www.eco
topten.de/grosse-haushaltsgeraete

Hinweise zum EU-Label: www.verbraucher
zentrale.nrw/effizienzlabel-haushaltsgeraete

Wärmeanwendungen

Energiedienstleistungen bei Wärme sind „ein
warmer Raum" und „ausreichend warmes
Wasser". In einem schlecht gedämmten Altbau

Tipp

Eine Energieberatung zu Hause zeigt Ihnen, wo
es Wärmelücken gibt, wie diese zu schließen
sind, was es kostet und was es bringt. Es gibt
eine bundesgeförderte Vor-Ort Beratung (www.
bafa.de, weiter „Energie", weiter „Vor-Ort-Beratung". Über die linke Navigation können Sie die
Expertensuche und weiterführende Informationen erhalten. Auch die Verbraucherzentralen bieten eine Vor-Ort-Beratung an: www.verbraucher
zentrale.de/beratung, dann Ihr Bundesland.

erzielen Sie möglicherweise den „warmen
Raum" nur unzureichend. Hier hilft Wärmedämmung.

Mithilfe eines Thermostatventils bestimmen
Sie die Raumtemperatur. Jedes Grad Raumtemperatur mehr erfordert etwa fünf bis sechs Prozent mehr Heizenergieverbrauch. Nutzen Sie
diese Einzelraumregelung und passen Sie die
Temperatur der Räume an Ihre Bedürfnisse an.
So können Sie einzelne Räume oder die ganze
Wohnung bei Abwesenheit in der Temperatur
absenken. Sie sollte jedoch nicht unter 16 Grad
liegen, da es sonst Feuchtigkeits- und Schim-
melprobleme geben kann. Wird ein Raum nur
sehr selten genutzt, so können Sie dort die
Temperatur noch weiter absenken, müssen
jedoch dafür sorgen, dass keineswegs warme
Luft aus der übrigen Wohnung eindringt. Das
Thermostatventil ist ein Temperaturregler. Der
Zufluss zum Heizkörper wird so lange vom
Ausdehnungselement geöffnet, bis die gewünschte Temperatur erreicht ist. Es nützt also
überhaupt nichts, das Thermostatventil voll
aufzudrehen, um einen Raum schnell aufzu-
heizen. Auf Stufe „3" geht es genauso schnell.
Dann kann das Thermostatventil jedoch regeln
und den Zufluss zum Heizkörper absperren,

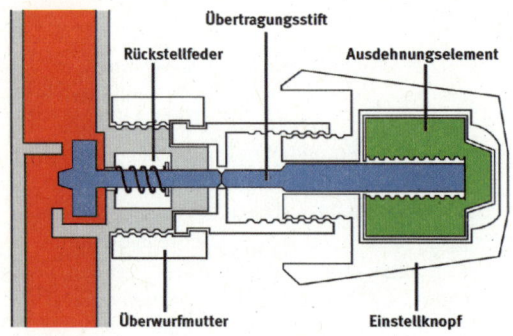

Abbildung 79: Schematische Darstellung eines Thermostatventils.

wenn 20 Grad Raumtemperatur überschritten werden oder zusätzliche Wärme durch Sonneneinstrahlung oder Personen und Geräte im Raum zur Verfügung ist. Steht das Thermostat-

ventil jedoch auf „5", so erfolgt die Abregelung erst oberhalb von 27 Grad. Die Einzelraumregelung durch ein Thermostatventil funktioniert allerdings nur so wie gerade beschrieben, wenn die Heizzentrale eine zur Außentemperatur passende Vorlauftemperatur zur Verfügung stellt und wenn das gesamte Heizsystem richtig abgeglichen ist. Es gibt elektronische Thermostatventile, die Sie gegen die üblichen Thermostatköpfe austauschen können, um Absenk- und Aufheizzeiten zu programmieren.

Möglicherweise erhalten Sie die Energiedienstleistung „warmer Raum" nicht in allen Räumen. Im Haus ohne **hydraulischen Abgleich** sucht sich das Heizungswasser den Weg des geringsten Widerstands, und das ist der am

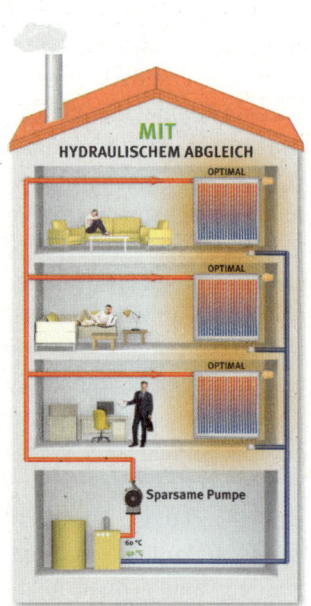

Abbildung 80: Prinzip des hydraulischen Abgleichs.

nächsten zum Heizkessel legende Heizkörper. Dieser wird eher zu warm und die weiter weg liegenden Heizkörper bleiben „lau". Beim hydraulisch abgeglichenen System werden alle Heizkörper gleichmäßig durchströmt und alle Räume erhalten die Energiedienstleistung. Für den hydraulischen Abgleich müssen voreinstellbare Thermostatventile eingebaut oder vorhandene Ventile mit einem voreinstellbaren Ventileinsatz nachgerüstet werden. Ein solcher Ventileinsatz enthält einen Zylinder mit unterschiedlich breiten Schlitzblenden. Wenn der Thermostatkopf abgenommen wird, kommt ein Zahlenkranz zum Vorschein, der mit einem Spezialschlüssel auf den richtigen Wert für den Durchfluss eingestellt wird. Der Heizungsbauer errechnet diesen Wert anhand des Wärmebedarfs des Raumes und der Daten des Heizkörpers. Es gibt mittlerweile Heizungspumpen, die den hydraulischen Abgleich unterstützen. Ein hydraulischer Abgleich muss nachgewiesen werden, wenn Sie Fördermittel für die Heizungsanlage bei KfW oder BAFA beantragen. Es gehört zur Pflicht des Heizungsbauers, einen hydraulischen Abgleich durchzuführen, wenn ein neuer Wärmeerzeuger eingebaut wird.

In den Häusern der Beispielfamilien (siehe Seite 14) werden Fußbodenheizungen eingebaut; denn solare Heizungsunterstützung und Wärmepumpe verlangen ein Heizsystem mit möglichst niedrigen Temperaturen. Im Verteilerschrank der Fußbodenheizung kann der hydraulische Abgleich der Heizschleifen erfolgen. Die Einstellung erfolgt anhand der direkt ablesbaren Durchflusswerte. Hydraulischer Abgleich kostet im Ein-/Zweifamilienhaus etwa 5 bis 10 Euro je Quadratmeter Wohnfläche und spart bei heutigen Gaskosten zwischen 33 Cent bis zu einem Euro pro Quadratmeter Wohnfläche ein. In den meisten Fällen amortisiert er sich in wenigen Jahren.

Wenn es im Heizungskeller so aussieht wie auf der Abbildung 82, braucht man sich nicht über hohe Heizkosten wundern. Es sollte kein blankes Metall zu sehen sein. Wird die Rohrleitung

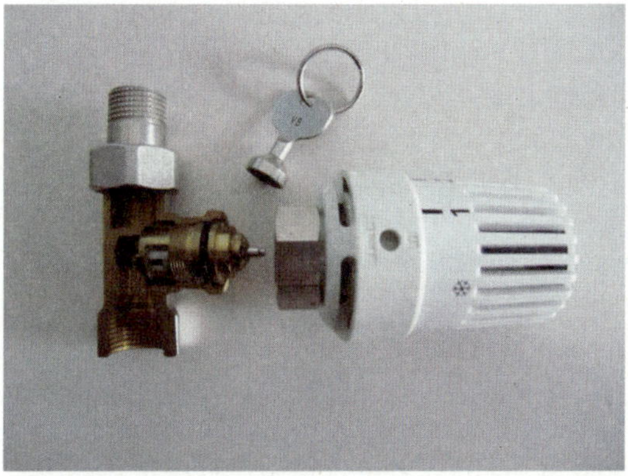

Abbildung 81: Voreinstellbares Thermostatventil, aufgeschnitten.

Abbildung 82: Ungedämmte Rohre am Warmwasserspeicher.

in ausreichender Stärke gedämmt, lassen sich pro Meter Rohr bis zu 14 Euro Heizkosten jährlich sparen. Die Kosten für diese Maßnahme liegen je nach Material und Dämmstärke zwischen 3 und 10 Euro pro Meter. Diese Kosten haben sich schon nach höchstens einem Jahr wieder eingespielt. Spätestens beim Einbau der neuen Heizungsanlage sollte dies nachgerüstet werden und auch alle Armaturen und Übergangsmuttern zum Speicher eingepackt sein.

Die Energiedienstleistung „warmes Wasser" kann mit geringerem Energieaufwand erfolgen, wenn die Wassermengen mit **Durchflussbegrenzern** verringert werden. Sie sind entweder direkt in den **Perlatoren** eingebaut oder sie werden zwischen Armatur und Duschschlauch geschraubt. Sie sind für wenige Euro erhältlich, mit wenigen Handgriffen installiert und verringern den Warmwasserbedarf um etwa ein Drittel ohne merkliche Komforteinbuße.

Tipp

Sie finden einige Tipps und Erläuterungen, um Wärmeenergie effektiver einzusetzen, unter www.verbraucherzentrale.nrw/besser-heizen

Seit Herbst 2015 gibt es für Heiz- und Warmwassergeräte ein EU-Label. Es ähnelt demjenigen für Haushaltsgroßgeräte – aber nur auf den ersten Blick – und es ist leider nicht annähernd so hilfreich. Es gibt einen ganzen Zoo von Labeln, je nachdem um welches Heiz- oder Warmwassergerät oder Kombigerät es sich handelt. Heizung und Warmwasserbereitung werden getrennt bewertet. Da Heizungsanlagen aus mehreren Komponenten zusammen-

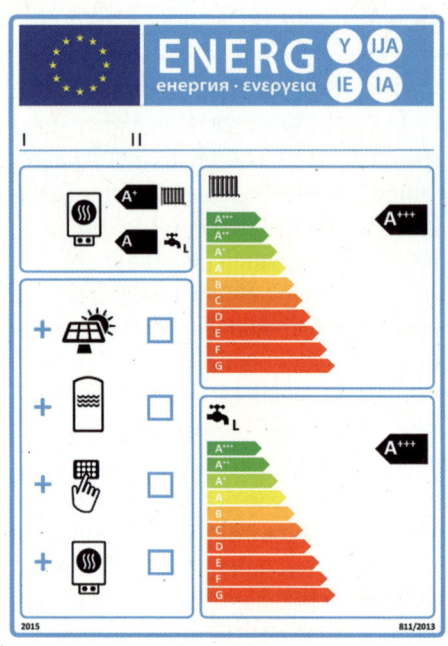

Abbildung 83: Beispiel eines Heizungslabels der EU.

gestellt werden können, gibt es außerdem ein Paketlabel für Verbundanlagen. Die Label für Heizkessel, Wärmepumpen, Blockheizkraftwerke mit oder ohne Warmwasserbereitung enthalten spezifische Angaben. Nur die Einteilung der Effizienzklassen ist einheitlich. Das nützt Ihnen allerdings wenig beim Vergleich verschiedener Technologien, denn die Kosten der Energieträger sind sehr unterschiedlich – eine „A+"-Wärmepumpe kann höhere Energiekosten verursachen als ein „A"-Brennwertkessel. Leider kann das Label auch nicht angeben, wie gut die jeweilige Heiztechnik zu Ihrem Haus passt, und erst recht nicht, wie sorgfältig Planung und Einbau sind. Fazit: Dies Label kann allenfalls eine grobe Orientierung liefern. Sie benötigen unbedingt eine zusätzliche Beratung (www.verbraucherzentrale.nrw/heizungslabel).

Beispielfamilien

Die Familien Meier, Schulte und Jansen möchten bei gleicher Energiedienstleistung weniger Energie einsetzen. Sie können dann entweder mit kleineren Anlagen einen ähnlichen Autarkiegrad erreichen wie in den oben besprochenen Varianten oder sie nutzen Ihre gesamte Dachfläche für Solarthermie und Photovoltaik und erzielen so das Maximum an Autarkie. Die Einsparung der Dacheindeckung durch ein solches Solardach wird bei der Wirtschaftlichkeitsberechnung nicht berücksichtigt. Für den Batteriespeicher wird eine wirtschaftlich vertretbare Größe genommen. Eine größere Batterie steigert den Autarkiegrad zwar ein wenig, bedeutet jedoch hohe Zusatzkosten, die sich bei heutigen Batteriepreisen nicht rechnen. Bei den großen Batteriespeichern der zweiten Möglichkeit wird die Speicherförderung (nur der Tilgungszuschuss, siehe Seite 49) mit berücksichtigt.

 Familie Meier:
Meiers haben sich überzeugen lassen, den Dachboden zum unbeheizten Dach zu dämmen. Auf die Holzbalkendecke kommt Dämmstoff, nachdem diese gegen Luftströmungen abgedichtet wurde. Meiers sparen dadurch etwa 2.910 Kilowattstunden jährlich an Heizwärme. Die Maßnahme kostet sie zwischen 1.180 € und 3.300 €.

Die Perlatoren an den Waschbecken werden gegen Spar-Perlatoren ausgetauscht und an der Dusche ein Durchflussbegrenzer eingebaut. Das kostet Meiers nur etwa 30 € bei einer jährlichen Wärmeeinsparung von 360 Kilowattstunden. Die Einsparung an Wasser- und Abwasserkosten wird hier nicht berücksichtigt.

Es gibt im Wohnzimmer und im Flur noch fünf alte 40-Watt-Glühlampen, die im Schnitt jeweils drei Stunden pro Tag leuchten. Gleich helle LED kosten 50 € und benötigen 180 Kilowattstunden Strom pro Jahr weniger. Bei der Wirtschaftlichkeitsrechnung wird nur die Stromeinsparung und nicht die geringeren Lampenkosten während der Lebensdauer der LED berücksichtigt.

Ein altes Kühlgerät wird gegen ein „A+++"-Gerät ausgetauscht. Meiers zahlen dafür 400 € und sparen 400 Kilowattstunden Strom jährlich.

Im Rahmen der Heizungserneuerung wird selbstverständlich eine neue Hocheffizienzpumpe eingebaut. Kosten 250 €, Einsparung 290 Kilowattstunden jährlich.

Meiers haben in Zukunft eine hocheffiziente Warmwasserbereitung. Da liegt es nahe, Spülmaschine und Waschmaschine ans Warmwasser anzuschließen. Für die Spülmaschine brauchen Meiers ein zusätzliches Eckventil zu 50 €. Die Spülmaschine benötigt dann 50 Kilowattstunden Strom weniger. Allerdings steigt dafür der Energiebedarf für die Warmwasserbereitung. Meiers möchten weiterhin komfortabel waschen und kaufen deswegen ein Waschmaschinen-Vorschaltgerät für 250 €. Resultat: 80 Kilowattstunden Stromeinsparung und Warmwassermehrverbrauch.

Das ganze Paket kostet Meiers 2.210 € bis 4.330 €. Der Warmwasserbedarf sinkt auf 1.470 Kilowattstunden, der Heizenergiebedarf auf 15.390 Kilowattstunden und der Strombedarf auf 3.000 Kilowattstunden jährlich.

Familie Meier Möglichkeit eins	Photovoltaik und Solarthermie und Holzheizung und Sparpaket		Photovoltaik und Solarthermie und Wärmepumpe und Sparpaket	
	Scheitholz-Vergaserkessel, 3 kWp Photovoltaik, 1,5 kWh Speicher		Erdwärmepumpe, 12 Quadratmeter Kollektor	
	Variante 1 12 Quadratmeter Kollektor	Variante 2 39 Quadratmeter Kollektor	Variante 3 3 kWp PV, 1,5 kWh Speicher	Variante 4 6 kWp PV, 3 kWh Speicher
Autarkiegrad Strom und Wärme	36 %	55 %	83 %	88 %
Umweltentlastung jährlich	6,5 bis 7,8 Tonnen Kohlendioxid	6,5 bis 7,8 Tonnen Kohlendioxid	5,6 bis 6,9 Tonnen Kohlendioxid	7,7 bis 8,8 Tonnen Kohlendioxid
Investitionskosten	23.860 bis 33.030 €	35.860 bis 48.030 €	31.050 bis 41.370 €	38.700 bis 50.070 €
Förderung	6.000 €	circa 10.150 €	11.700 €	11.700 €
verbleibende Kosten	17.860 bis 27.030 €	25.710 bis 37.880 €	19.350 bis 29.670 €	27.000 bis 38.370 €
Mehrkosten gegenüber Brennwertkessel	11.860 bis 19.030 €	19.710 bis 29.880 €	13.350 bis 21.670 €	21.000 bis 30.370 €
Brennstoffmenge	etwa 8,5 Raummeter	gut 5,5 Raummeter		
Netzstrom für Wärmepumpe			1.780 kWh/a	1.140 kWh/a
Netzstrom für Haushalt	1.650 kWh/a	1.650 kWh/a	2.040 kWh/a	1.650 kWh/a
Gesamt-Netzstrom	1.850 kWh/a	1.850 kWh/a	3.800 kWh/a	2.790 kWh/a
Netzeinspeisung	1.500 bis 1.200 kWh/a	1.500 bis 1.200 kWh/a	880 bis 580 kWh/a	2.710 bis 2.110 kWh/a
Jahreskosten	700 bis 1.030 €/a	670 bis 1.010 €/a	1.350 bis 830 €/a	660 bis 610 €/a
Einsparung gegenüber Gasheizung	870 bis 1.230 €/a	1.870 bis 750 €/a	1.440 bis 820 €	1.970 bis 1.160 €/a
Amortisationszeit	10 bis 50 Jahre	14 bis 51 Jahre	14 bis 36 Jahre	14 bis 33 Jahre
Amortisationszeit der Mehrinvestition	7 bis 35 Jahre	11 bis 40 Jahre	9 bis 26 Jahre	11 bis 26 Jahre

Möglichkeit eins, Varianten 1 bis 4: Wegen des geringeren Strombedarfs kann nun die Photovoltaikanlage auf drei beziehungsweise sechs Kilowatt-Peak und der Speicher auf 1,5 beziehungsweise 3 Kilowattstunden verkleinert werden. Alle anderen Daten entsprechen denjenigen des vorigen Abschnitts. Zu den Investitionskosten kommen allerdings diejenigen des Maßnahmenpakets hinzu.

Fazit: Dank des geringeren Energieverbrauchs steigt in allen Varianten der Autarkiegrad. Die kleineren Photovoltaikanlagen verdrängen weniger herkömmlichen Strom – die Umweltentlastung sinkt. Kosteneinsparung durch kleinere Anlagen und Mehrkosten durch Energiesparpaket halten sich in etwa die Waage, sodass die Investitionskosten im gleichen Rahmen bleiben. Brennstoffbedarf und zusätzlicher Wärmepumpenstrombedarf im Winter werden kleiner. Dadurch sinken die Jahreskosten.

Familie Meier, Möglichkeit zwei	Photovoltaik und Solarthermie und Holzheizung und Sparpaket		Photovoltaik und Solarthermie und Wärmepumpe und Sparpaket
	Scheitholz-Vergaser-kessel		
	Variante 1 12 Quadratmeter Kollektor 8,7 kWp Photo-voltaik, 6 kWh Speicher	Variante 2 39 Quadratmeter Kollektor 4,6 kWp Photo-voltaik, 4,5 kWh Speicher	Variante 3 Erd-Wärmepumpe, 12 Quadratmeter Kollektor 8,7 kWp PV, 6 kWh Speicher
Autarkiegrad Strom und Wärme	40 %	58 %	91 %
Umweltentlastung jährlich	9,8 bis 10,7 Tonnen Kohlendioxid	7,5 bis 8,6 Tonnen Kohlendioxid	9,5 bis 10,4 Tonnen Kohlendioxid
Investitionskosten	40.870 bis 52.860 €	43.240 bis 57.070 €	48.060 bis 61.200 €
Förderung	6.000 €	circa 10.150 €	11.700 €
Speicherförderung	1.600 €	1.250 €	1.600 €
verbleibende Kosten	33.270 bis 45.260 €	31.840 bis 45.670 €	34.760 bis 47.900 €
Mehrkosten gegen-über Brennwert-kessel	27.270 bis 37.260 €	25.840 bis 37.670 €	28.760 bis 39.900 €
Brennstoffmenge	etwa 8,5 Raummeter	gut 5,5 Raummeter	
Netzstrom für Wär-mepumpe			780 kWh/a
Netzstrom für Haushalt	600 kWh/a	900 kWh/a	1.200 kWh/a
Gesamt-Netzstrom	800 kWh/a	1.100 kWh/a	1.980 kWh/a
Netzeinspeisung	5.860 bis 5.000 kWh/a	2.270 bis 1.810 kWh/a	4.470 bis 3.600 kWh/a
Jahreskosten	– 270 bis 480 €/a	160 bis 660 €/a	70 bis 330 €/a
Einsparung gegen-über Gasheizung	2.460 bis 990 €/a	2.160 bis 890 €/a	2.370 bis 1.390 €
Amortisationszeit	14 bis 46 Jahre	15 bis 51 Jahre	15 bis 34 Jahre
Amortisationszeit der Mehrinvestition	11 bis 38 Jahre	12 bis 42 Jahre	12 bis 29 Jahre

Amortisationszeiten bleiben in etwa gleich und somit auch die wirtschaftliche Bewertung der Varianten.

Möglichkeit zwei, Variante 1: Meiers möchten einen möglichst hohen Autarkiegrad erreichen und dazu ihre gesamte Dachfläche von 70 Qua-dratmetern ausnutzen. Neben der solarthermi-schen Anlage mit 12 Quadratmetern hat noch eine 8,7-Kilowatt-Peak-Photovoltaikanlage Platz. Sie entscheiden sich für einen Lithium-Ionen-Batteriespeicher mit effektiver Kapazität von sechs Kilowattstunden und erreichen so einen elektrischen Autarkiegrad von 80 Pro-zent. Eine noch größere Batterie steigert den Autarkiegrad kaum und ist Meiers zu teuer.

Variante 2: Neben der 39 Quadratmeter gro-ßen Sonnenkollektoranlage ist noch Platz für 4,6 Kilowatt-Peak Photovoltaik. Ein günstiges Verhältnis zwischen Aufwand und Ertrag mit Autarkiegrad 70 Prozent erbringt ein Batterie-speicher von 4,5 Kilowattstunden effektiv.

Variante 3: Wie in Variante 1 ist eine Photo-voltaikanlage mit 8,7 Kilowatt-Peak möglich. Da auch der Strom für die Wärmepumpe berücksichtigt werden muss, ist mit einer wirtschaftlich sinnvollen Batteriegröße von 6 Kilowattstunden effektiv nur ein elektrischer Autarkiegrad von 60 Prozent zu erreichen.

Fazit: Wegen der großen Photovoltaikanlagen steigen in allen Varianten Autarkiegrad und Umweltentlastung. Die Investitionskosten sind erheblich höher. Da in den Sonnenhaus-Vari-anten kein Solarstrom für die Wärmebereitstel-lung genutzt wird, bleibt der Brennstoffbedarf wie bei Möglichkeit eins. Netzstrombedarf für die Wärmepumpe im Winter wird durch eigengenutzten Photovoltaikstrom kleiner. Jah-reskosten sinken in hohem Maße und werden sogar negativ, wenn Stromerlöse die Kosten übersteigen. Wegen hoher Investitionskosten verschlechtert sich trotzdem die Wirtschaft-lichkeit. Die günstigste Amortisationszeit bei günstigen Bedingungen hat die Sonnenhaus-Lösung Variante 1. Unter ungünstigen Bedin-gungen ist die Plusenergiehaus-Lösung Vari-ante 3 die wirtschaftlichste. Sie ist allerdings etwas teurer. Es verbleibt bei dieser Lösung ein Netzbezug von 1.980 Kilowattstunden jährlich bei einer Überschusseinspeisung ins Netz von 3.470 bis 3.600 Kilowattstunden. Schaffen sich Meiers ein Elektroauto an, so können sie mit dem eigenen Strom gut 23.000 Kilometer jährlich fahren.

Familie Schulte:
Schultes wollen den baulichen Wär-meschutz nicht weiter verbessern. Sie bauen jedoch wie Meiers Wassersparge-räte ein. Das kostet nur etwa 30 € bei einer jährlichen Wärmeeinsparung von 960 Kilowatt-stunden.

Es gibt in der Küche noch zwei Halogenglüh-lampen zu je 20 Watt, die im Schnitt jeweils drei Stunden pro Tag leuchten. Gleich helle LED kosten 20 € und benötigen 34 Kilowatt-stunden Strom pro Jahr weniger.

Familie Schulte hat einen älteren Wäschetrock-ner, der oft genutzt wird. Ein neuer Wärmepum-pentrockner kostet etwa 1.000 € und spart 520 Kilowattstunden Strom jährlich.

Im Rahmen der Heizungserneuerung erfolgt ein Pumpenaustausch zu Kosten von 250 €. Jähr-lich werden 290 Kilowattstunden eingespart.

Schultes versorgen Ihre Spülmaschine bereits mit Warmwasser. Das soll nun auch mit der Waschmaschine geschehen. Sie kaufen ein Waschmaschinen-Vorschaltgerät für 250 €. Schultes benötigen wegen der Kinder die Waschmaschine wesentlich häufiger als Meiers und können mit Warmwassermehrver-brauch circa 160 Kilowattstunden Stromein-sparung erzielen.

Das ganze Paket kostet Familie Schulte etwa 1.550 €. Der Warmwasserbedarf sinkt auf 3.060 Kilowattstunden und der Strombedarf auf 2.000 Kilowattstunden jährlich. Der Heiz-energiebedarf bleibt bei 11.300 Kilowattstun-den.

Familie Schulte Möglichkeit eins	Photovoltaik und Solarthermie und Holzheizung und Sparpaket		Photovoltaik und Solarthermie und Wärmepumpe und Sparpaket	
	Scheitholz-Vergaserkessel, 2 kWp Photovoltaik, 1 kWh Speicher		Erdwärmepumpe, 12 Quadratmeter Kollektor	
	Variante 1 12 Quadratmeter Kollektor	Variante 2 39 Quadratmeter Kollektor	Variante 3 2 kWp PV, 1 kWh Speicher	Variante 4 4 kWp PV, 2 kWh Speicher
Autarkiegrad Strom und Wärme	35 %	57 %	84 %	88 %
Umweltentlastung jährlich	4,7 bis 5,7 Tonnen Kohlendioxid	4,7 bis 5,7 Tonnen Kohlendioxid	4,0 bis 5,0 Tonnen Kohlendioxid	5,5 bis 6,3 Tonnen Kohlendioxid
Investitionskosten	20.650 bis 27.350 €	32.650 bis 42.350 €	26.550 bis 34.120 €	31.650 bis 39.920 €
Förderung	6.000 €	circa 10.150 €	11.700 €	11.700 €
verbleibende Kosten	14.650 bis 21.350 €	22.500 bis 32.200 €	14.850 bis 22.420 €	19.950 bis 28.220 €
Mehrkosten gegenüber Brennwertkessel	8.650 bis 13.350 €	16.500 bis 24.200 €	8.850 bis 14.420 €	13.950 bis 20.220 €
Brennstoffmenge	knapp 6,5 Raummeter	etwa 4 Raummeter		
Netzstrom für Wärmepumpe			1.390 kWh/a	920 kWh/a
Netzstrom für Haushalt	1.100 kWh/a	1.100 kWh/a	1.400 kWh/a	1.120 kWh/a
Gesamt-Netzstrom	1.300 kWh/a	1.300 kWh/a	2.790 kWh/a	2.040 kWh/a
Netzeinspeisung	1.000 bis 800 kWh/a	1.000 bis 800 kWh/a	510 bis 310 kWh/a	1.660 bis 1.260 kWh/a
Jahreskosten	730 bis 990 €/a	640 bis 830 €/a	1.080 bis 850 €/a	590 bis 530 €/a
Einsparung gegenüber Gasheizung	1.190 bis 290 €/a	1.270 bis 460 €/a	960 bis 520 €/a	1.340 bis 760 €/a
Amortisationszeit	12 bis 74 Jahre	18 bis 70 Jahre	16 bis 43 Jahre	15 bis 37 Jahre
Amortisationszeit der Mehrinvestition	7 bis 46 Jahre	13 bis 53 Jahre	9 bis 28 Jahre	10 bis 27 Jahre

Möglichkeit eins, Varianten 1 bis 4: Wegen des geringeren Strombedarfs kann nun die Photovoltaikanlage auf zwei beziehungsweise vier Kilowatt-Peak und der Speicher auf ein beziehungsweise zwei Kilowattstunden verkleinert werden. Alle anderen Daten entsprechen denjenigen des vorigen Abschnitts. Zu den Investitionskosten kommen allerdings diejenigen des Maßnahmenpakets hinzu. Nicht berücksichtigt werden die Einsparung an Kaltwasser- und Ab-

wasserkosten und die eingesparten Lampenaustauschkosten.

Fazit: Wegen der kleineren Photovoltaikanlagen sinkt auch bei Schultes die Umweltentlastung. Die Investitionskosten sinken durch das Energiedienstleistungspaket um etwa 1.000 € bis zu über 4.000 € bei höherer Autarkie und in etwa gleicher Wirtschaftlichkeit. Der Brennstoffbedarf wird etwas kleiner. Der Netzstrom-

Familie Schulte Möglichkeit zwei	Photovoltaik und Solarthermie und Holzheizung und Sparpaket		Photovoltaik und Solarthermie und Wärmepumpe und Sparpaket
	Scheitholz-Vergaser-kessel		
	Variante 1 12 Quadratmeter Kollektor 8,7 kWp Photo-voltaik, 3 kWh Speicher	Variante 2 39 Quadratmeter Kollektor 4,6 kWp Photo-voltaik, 2,8 kWh Speicher	Variante 3 Erdwärmepumpe, 12 Quadratmeter Kollektor 8,7 kWp Photovolta-ik, 3,7 kWh Speicher
Autarkiegrad Strom und Wärme	39 %	60 %	93 %
Umweltentlastung jährlich	8,6 bis 9,1 Tonnen Kohlendioxid	6,2 bis 7,0 Tonnen Kohlendioxid	8,5 bis 9,1 Tonnen Kohlendioxid
Investitionskosten	35.710 bis 44.080 €	40.030 bis 50.890 €	42.660 bis 52.250 €
Förderung	6.000 €	circa 10.150 €	11.700 €
Speicherförderung	750 €	750 €	940 €
verbleibende Kosten	28.960 bis 37.330 €	29.130 bis 39.990 €	30.020 bis 39.610 €
Mehrkosten gegen-über Brennwert-kessel	22.960 bis 29.330 €	23.130 bis 31.990 €	24.020 bis 31.610 €
Brennstoffmenge	knapp 6,5 Raummeter	etwa 4 Raummeter	
Netzstrom für Wär-mepumpe			340 kWh/a
Netzstrom für Haushalt	400 kWh/a	600 kWh/a	800 kWh/a
Gesamt-Netzstrom	600 kWh/a	800 kWh/a	1.140 kWh/a
Netzeinspeisung	6.670 bis 5.800 kWh/a	2.970 bis 2.510 kWh/a	5.230 bis 4.360 kWh/a
Jahreskosten	− 320 bis 240 €/a	100 bis 470 €/a	− 190 bis 0 €/a
Einsparung gegen-über Gasheizung	1.940 bis 840 €/a	1.610 bis 680 €/a	1.980 bis 1.200 €/a
Amortisationszeit	15 bis 44 Jahre	18 bis 60 Jahre	15 bis 33 Jahre
Amortisationszeit der Mehrinvestition	12 bis 35 Jahre	14 bis 47 Jahre	12 bis 26 Jahre

bedarf für die Wärmepumpe im Winter steigt etwas.

Möglichkeit zwei, Variante 1: Auch Familie Schulte möchte Ihre gesamte Dachfläche von 70 Quadratmetern ausnutzen. Neben die Kollektoren passt wie bei Meiers eine 8,7-Kilo-watt-Peak-Photovoltaikanlage. Wegen des ge-ringeren Stromverbrauchs erreichen Schultes eine Stromautarkie von 80 Prozent bereits mit einem Lithium-Ionen-Batteriespeicher von drei Kilowattstunden effektiv.

Variante 2: Neben der 39 Quadratmeter großen Sonnenkollektoranlage ist noch Platz für 4,6 Kilowatt-Peak Photovoltaik. Ein Autarkiegrad von 70 Prozent wird bei Schultes bereits mit einem Batteriespeicher von 2,8 Kilowattstunden effektiv erzielt.

Variante 3: Wie in Variante 1 ist der Einbau einer Photovoltaikanlage mit 8,7 Kilowatt-Peak möglich. Schultes erreichen mit einer wirtschaftlich sinnvollen Batteriegröße von 3,7 Kilowattstunden effektiv einen elektrischer Autarkiegrad von 60 Prozent.

Fazit: Wegen der großen Photovoltaikanlagen steigen in allen Varianten der Autarkiegrad und die Umweltentlastung. Auch Schultes müssen nun erheblich höhere Investitionskosten tragen. Da in den Sonnenhaus-Varianten kein Solarstrom für die Wärmebereitstellung genutzt wird, bleibt der Brennstoffbedarf wie bei Möglichkeit eins. Zusätzlicher Wärmepumpenstrombedarf im Winter wird durch eigengenutzten Photovoltaikstrom stark reduziert. Familie Schulte hat nun viel kleinere Jahreskosten. Sie können sogar negativ werden, wenn die Vergütung die Restkosten übersteigt. Wegen der hohen Investitionskosten verschlechtert sich trotzdem die Wirtschaftlichkeit insbesondere bei der Sonnenhaus-Variante 1. Die günstigste Amortisationszeit bei günstigen und ungünstigen Bedingungen hat bei Schultes die Plusenergiehaus-Lösung Variante 3. Sie ist nur wenig teurer. Es verbleibt bei dieser Lösung ein Netzbezug von 1.140 Kilowattstunden jährlich bei einer Überschusseinspeisung ins Netz von 5.230 bis 4.360 Kilowattstunden. Ein Elektroauto könnte mit dem eigenen Strom gut 29.000 Kilometer jährlich fahren.

Familie Jansen:
Jansens haben bemerkt, dass es bei Ihrer Passivhausplanung noch Möglichkeiten zur Verringerung des Strom- und Warmwasserbedarfs gibt. Am Heizwärmebedarf ist natürlich nichts mehr zu verbessern. Wasserspargeräte für nur etwa 30 € führen wie bei Schultes zu einer jährlichen Wärmeeinsparung von 960 Kilowattstunden.

Beleuchtung ist bereits mit LED geplant. Die PCs der Jansens ziehen jedoch noch Dauerstrom. Sie wollen schaltbare Steckdosenleisten für 10 € anschaffen und damit die Computeranlagen bei Nichtgebrauch komplett vom Netz nehmen. Der Stromverbrauch wird um 88 Kilowattstunden jährlich abnehmen.

Bei der Planung wurde bisher nicht an einen Warmwasseranschluss für Spülmaschine und Waschmaschine gedacht. Das zusätzliche Eckventil für die Spülmaschine und das Waschmaschinenvorschaltgerät für zusammen 300 € ergeben eine gesamte Stromeinsparung von 260 Kilowattstunden bei einem Warmwassermehrverbrauch von 206 Kilowattstunden pro Jahr. Jansens wollen in Zukunft die Spülmaschine besser beladen und sie nur noch zweimal statt wie bisher dreimal pro Woche nutzen. So erklärt sich der Unterschied zwischen Stromeinsparung und Mehrverbrauch an Warmwasser.

Das ganze Paket kostet Familie Jansen etwa 340 €. Der Warmwasserbedarf sinkt auf 3.170 Kilowattstunden und der Strombedarf auf 2.650 Kilowattstunden jährlich. Der Heizenergiebedarf bleibt bei 1.800 Kilowattstunden. Höhere Stromeinsparung ist kaum möglich, da Haustechnik und insbesondere Lüftungsanlage Strom benötigen.

Familie Jansen Möglichkeit eins	Photovoltaik und Solarthermie und Holzheizung und Sparpaket		Photovoltaik und Wärmepumpe und Sparpaket	
	Scheitholz-Kaminofen, 2,65 kWp Photovoltaik, 1,33 kWh Speicher		Wärmepumpe im Lüftungsgerät	
	Variante 1 6 Quadratmeter Kollektor	Variante 2 12 Quadratmeter Kollektor	Variante 3 2,65 kWp PV, 1,33 kWh Speicher	Variante 4 5,3 kWp PV, 2,65 kWh Speicher
Autarkiegrad Strom und Wärme	51 %	63 %	71 %	80 %
Umweltentlastung jährlich	2,9 bis 3,1 Tonnen Kohlendioxid	2,9 bis 3,1 Tonnen Kohlendioxid	2,5 bis 2,7 Tonnen Kohlendioxid	4,2 bis 4,3 Tonnen Kohlendioxid
Investitionskosten	15.100 bis 20.030 €	19.100 bis 25.030 €	12.100 bis 15.030 €	18.860 bis 22.710 €
Förderung	0 €	0 €	0 €	0 €
verbleibende Kosten	15.100 bis 20.030 €	19.100 bis 25.030 €	12.100 bis 15.030 €	18.860 bis 22.710 €
Mehrkosten gegenüber Brennwertkessel	9.100 bis 12.030 €	13.100 bis 17.030 €	6.100 bis 7.030 €	12.860 bis 14.710 €
Brennstoffmenge	etwa 1,7 Raummeter	etwa 1 Raummeter		
Netzstrom für Wärmepumpe			660 kWh/a	270 kWh/a
Netzstrom für Haushalt	1.460 kWh/a	1.460 kWh/a	1.700 kWh/a	1.380 kWh/a
Gesamt-Netzstrom	1.480 kWh/a	1.480 kWh/a	2.360 kWh/a	1.650 kWh/a
Netzeinspeisung	1.320 bis 1.060 kWh/a	1.320 bis 1.060 kWh/a	370 bis 100 kWh/a	2.180 bis 1.650 kWh/a
Jahreskosten	300 bis 400 €/a	280 bis 360 €/a	720 bis 580 €/a	180 bis 230 €/a
Einsparung gegenüber Gasheizung	840 bis 370 €/a	860 bis 410 €/a	520 bis 250 €/a	930 bis 520 €/a
Amortisationszeit	18 bis 54 Jahre	22 bis 61 Jahre	23 bis 60 Jahre	20 bis 44 Jahre
Amortisationszeit der Mehrinvestition	11 bis 33 Jahre	15 bis 41 Jahre	12 bis 28 Jahre	14 bis 28 Jahre

Möglichkeit eins, Varianten 1 bis 4: Wegen des geringeren Strombedarfs kann nun die Photovoltaikanlage auf 2,65 beziehungsweise 5,3 Kilowatt-Peak und der Speicher auf 1,33 beziehungsweise 2,65 Kilowattstunden verkleinert werden. Alle weiteren Anmerkungen wie bei Schultes.

Fazit: Wegen der kleineren Photovoltaikanlagen sinkt auch bei Jansens die Umweltentlastung. Die Investitionskosten sinken durch das Energiedienstleistungspaket um einige Hundert Euro bis zu über 1.500 € bei höherer Autarkie und verbesserter Wirtschaftlichkeit. Der Brennstoffbedarf wird noch kleiner, sodass die Möglichkeit realistischer wird, das Holz auf dem eigenen Grundstück zu ernten. Der Netzstrombedarf für die Wärmepumpe im Winter sinkt ebenfalls.

Familie Jansen Möglichkeit zwei	Photovoltaik und Solarthermie und Holzheizung und Sparpaket		Photovoltaik und Wärmepumpe und Sparpaket
	Scheitholz-Kaminofen		
	Variante 1 6 Quadratmeter Kollektor 9,6 kWp Photovoltaik, 3,7 kWh Speicher	Variante 2 12 Quadratmeter Kollektor 8,7 kWp Photovoltaik, 3,2 kWh Speicher	Variante 3 Wärmepumpe im Lüftungsgerät 9,6 kWp Photovoltaik, 4,1 kWh Speicher
Autarkiegrad Strom und Wärme	62 %	71 %	87 %
Umweltentlastung jährlich	6,7 bis 6,9 Tonnen Kohlendioxid	6,2 bis 6,4 Tonnen Kohlendioxid	6,7 bis 6,9 Tonnen Kohlendioxid
Investitionskosten	31.170 bis 37.980 €	32.800 bis 40.270 €	28.770 bis 33.780 €
Förderung	0 €	0 €	0 €
Speicherförderung	900 €	750 €	1.040 €
verbleibende Kosten	30.270 bis 37.080 €	32.050 bis 39.520 €	27.730 bis 32.740 €
Mehrkosten gegenüber Brennwertkessel	24.270 bis 29.080 €	26.050 bis 31.520 €	21.730 bis 24.740 €
Brennstoffmenge	etwa 1,7 Raummeter	etwa 1 Raummeter	
Netzstrom für Wärmepumpe			5 kWh/a
Netzstrom für Haushalt	530 kWh/a	800 kWh/a	1.060 kWh/a
Gesamt-Netzstrom	550 kWh/a	820 kWh/a	1.070 kWh/a
Netzeinspeisung	7.000 bis 6.040 kWh/a	6.400 bis 5.500 kWh/a	5.680 bis 4.720 kWh/a
Jahreskosten	– 920 bis – 460 €/a	– 690 bis – 330 €/a	– 480 bis – 230 €/a
Einsparung gegenüber Gasheizung	1.680 bis 970 €/a	1.550 bis 910 €/a	1.460 bis 890 €/a
Amortisationszeit	18 bis 38 Jahre	21 bis 43 Jahre	19 bis 37 Jahre
Amortisationszeit der Mehrinvestition	15 bis 30 Jahre	17 bis 35 Jahre	15 bis 28 Jahre

Möglichkeit zwei, Variante 1: Neben der sechs Quadratmeter großen Sonnenkollektoranlage kann auf dem Dach 9,6 Kilowatt-Peak Photovoltaik installiert werden. Wegen des geringeren Stromverbrauchs erreichen Jansens eine Stromautarkie von 80 Prozent bereits mit einem Lithium-Ionen-Batteriespeicher von 3,7 Kilowattstunden effektiv.

Variante 2: Neben der zwölf Quadratmeter großen Sonnenkollektoranlage ist noch Platz für 8,7 Kilowatt-Peak Photovoltaik. Ein Autarkiegrad von 70 Prozent wird bei Jansens bereits mit einem Batteriespeicher von 3,2 Kilowattstunden effektiv erzielt.

Variante 3: Familie Jansen möchte die Befreiung von der EEG-Abgabe nicht verlieren und plant deswegen eine Anlage unter zehn Kilowatt-Peak. Wie in Variante 1 wählen sie eine Photovoltaikanlage mit 9,6 Kilowatt-Peak und erreichen mit einer wirtschaftlich sinnvollen Batteriegröße von 4,1 Kilowattstunden effektiv einen elektrischer Autarkiegrad von 60 Prozent.

Fazit: Wegen der großen Photovoltaikanlagen steigen in allen Varianten der Autarkiegrad und die Umweltentlastung. Auch bei Jansens wird nun das Budget wesentlich höher belastet. Brennstoffbedarf bleibt wie bei Möglichkeit eins. Der im Winter benötigte Netzbezug für Wärmepumpenstrom ist vernachlässigbar. Familie Jansen hat nun viel kleinere Jahreskosten beziehungsweise die Einspeisevergütung ist so viel höher als die geringen Strom- und gegebenenfalls Holzkosten, dass in jedem Jahr ein Überschuss bleibt. Wegen der hohen Investitionskosten verschlechtert sich trotzdem die Wirtschaftlichkeit. Die kürzeste Amortisationszeit bei günstigen und ungünstigen Bedingungen hat auch bei Jansens die Plusenergiehaus-Lösung Variante 3. Sie hat außerdem die geringsten Investitionskosten und den höchsten Autarkiegrad. Es verbleibt bei dieser Lösung ein Netzbezug von 1.070 Kilowattstunden jährlich bei einer Überschusseinspeisung ins Netz von 5.680 bis 4.720 Kilowattstunden. Ein Elektroauto könnte bei Jansens mit dem eigenen Strom über 30.000 Kilometer jährlich fahren.

Tipp

Zur Regelung dieser komplexen Systeme siehe Kasten Seite 158.

Schlussbemerkung

Die Beispielfamilien haben durch geschickte Kombination von Einsparpaket und Nutzung der Kopplung von Techniken eine hohe Energieautarkie erzielt. Gänzlich abkoppeln vom Netz können sie sich noch nicht. Sie produzieren im Sommer einen Überschuss und benötigen im Winter eine geringe Strommenge aus dem Netz. Ein hoher Autarkiegrad ist jedoch mit erheblichen Investitionskosten verbunden. Unter günstigen Umständen erwirtschaften sich die Maßnahmen weit unterhalb ihrer Lebensdauer. Weitergehende Autarkie ist auf Quartiers- oder Siedlungsebene denkbar durch die Einbindung von größeren Stromspeichern und gegebenenfalls Klein-Blockheizkraftwerken.

Die Beispielfamilien beobachten die Entwicklung auf dem Batteriemarkt und denken daran, später möglicherweise eine Langzeitbatterie für die Speicherung des Sommerüberschusses in den Winter einzubauen.

Nun sind Sie gefragt:

- Haben Sie Ihre Möglichkeiten zur Verringerung des Strom- und Wärmebedarfs bereits ausgeschöpft?
- Eher ein Sonnenhaus oder ein Plusenergiehaus?
- Wie groß soll der Autarkiegrad werden?
- Welche Mittel können Sie einsetzen?

Viel Erfolg bei Ihrer Planung und Umsetzung und viel Freude beim Leben im energieautarken Haus!

Anhang

Tabelle: Bewertung der Heizenergie (siehe Seite 20)

Wohn-fläche (m²)	Bewertung	Personen, die aus der Heizungsanlage mit Warmwasser versorgt werden								
		0	1	2	3	4	5	6	7	8
80	gut	6400	7700	8500	9300	10100	10900	11700	12500	13300
	mittel	12000	15300	16100	16900	17700	18500	19300	20100	20900
	schlecht	20000	25800	26600	27400	28200	29000	29800	30600	31400
100	gut	8000	9300	10100	10900	11700	12500	13300	14100	14900
	mittel	15000	18300	19100	19900	20700	21500	22300	23100	23900
	schlecht	25000	30800	31600	32400	33200	34000	34800	35600	36400
120	gut	9600	10900	11700	12500	13300	14100	14900	15700	16500
	mittel	18000	21300	22100	22900	23700	24500	25300	26100	26900
	schlecht	30000	35800	36600	37400	38200	39000	39800	40600	41400
140	gut	11200	12500	13300	14100	14900	15700	16500	17300	18100
	mittel	21000	24300	25100	25900	26700	27500	28300	29100	29900
	schlecht	35000	40800	41600	42400	43200	44000	44800	45600	46400
160	gut	12800	14100	14900	15700	16500	17300	18100	18900	19700
	mittel	24000	27300	28100	28900	29700	30500	31300	32100	32900
	schlecht	40000	45800	46600	47400	48200	49000	49800	50600	51400
180	gut	14400	15700	16500	17300	18100	18900	19700	20500	21300
	mittel	27000	30300	31100	31900	32700	33500	34300	35100	35900
	schlecht	45000	50800	51600	52400	53200	54000	54800	55600	56400
200	gut	16000	17300	18100	18900	19700	20500	21300	22100	22900
	mittel	30000	33300	34100	34900	35700	36500	37300	38100	38900
	schlecht	50000	55800	56600	57400	58200	59000	59800	60600	61400
220	gut	17600	18900	19700	20500	21300	22100	22900	23700	24500
	mittel	33000	36300	37100	37900	38700	39500	40300	41100	41900
	schlecht	55000	60800	61600	62400	63200	64000	64800	65600	66400
240	gut	19200	20500	21300	22100	22900	23700	24500	25300	26100
	mittel	36000	39300	40100	40900	41700	42500	43300	44100	44900
	schlecht	60000	65800	66600	67400	68200	69000	69800	70600	71400
260	gut	20800	22100	22900	23700	24500	25300	26100	26900	27700
	mittel	39000	42300	43100	43900	44700	45500	46300	47100	47900
	schlecht	65000	70800	71600	72400	73200	74000	74800	75600	76400

Wichtige Adressen, Literatur

Institutionen

Bundesamt für Wirtschaft und Ausfuhrkontrolle
BAFA www.bafa.de
Telefon-Hotline Förderung erneuerbare Energien
Telefon   0 61 96/9 08-16 25
              0 61 96/9 08-0 (Zentrale)

Bundesverband Wärmepumpe e.V. – BWP
http://www.waermepumpe.de
Telefon 0 30/20 87 99-723

CO2online
www.co2online.de
keine telefonische Beratung

Deutsche Energie Agentur – dena
www.dena.de
Telefon 0 30/72 61 65-600

Deutsche Gesellschaft für Sonnenenergie e.V. – DGS
www.dgs.de
Telefon 09 11/37 65 16-30

Kreditanstalt für Wiederaufbau
KfW www.kfw.de
Infocenter Förderung Bereich Wohnwirtschaft
Telefon 0 800/5 39 90 02

KfW-Bankengruppe
Telefon 0 69/74 31-0

Passivhaus-Institut
www.passiv.de
Telefon 06 151/8 26 99-0

Sonnenhaus-Institut e.V.
www.sonnenhaus-institut.de
Telefon 09 91/2 90 98 44
Newsletter-Registrierung kostenlos

Fachverbände

Arbeitsgemeinschaft für sparsamen und umweltfreundlichen Energieverbrauch e.V. - ASUE
www.asue.de
Telefon 0 30/22 19 13 49-0
Registrierung für Newsletter kostenlos, besonders: Informationen zu allen Fragen des Gaseinsatzes (Gas-Wärmepumpe, BHKW etc.).

BHKW-Infozentrum GbR
www.bhkw-infozentrum.de
Anfragen: markus.gailfuss@bhkw-infozentrum.de
Newsletter-Registrierung kostenlos

Bund der Energieverbraucher e.V.
www.energieverbraucher.de
Telefon 0 22 24/92 27 0 (werktags 9–13 Uhr)

Bundesverband Solarwirtschaft e.V. – BSW
www.solarwirtschaft.de
Keine telefonische Beratung

Deutscher Energieholz- und Pellet-Verband e.V. – DEPV
www.depv.de
Telefon 0 30/6 88 15 99-66

Internationales Wirtschaftsforum Regenerative Energien – IWR

www.iwr.de

Telefon 02 51/2 39 46-0

Registrierung für wöchentlichen Energieletter kostenlos

Kleinwindkraft-Portal

www.klein-windkraftanlagen.com

Telelefon 0 22 24/98 66 399

Registrierung für Newsletter kostenlos, besonders: aktuelle Informationen Klein-Windkraft

Solarenergie-Förderverein Deutschland e.V. – SFV:

www.sfv.de/

Telefon 02 41/51 16 16 (werktags 8.30–12.30 Uhr)

Magazine/Newsletter

Photon

www.photon.de

Telefon 0 30/3 46 55 46-20

Newsletter-Registrierung kostenlos, besonders: aktuelle Infos zur Photovoltaik-/Speicherentwicklung

PV-Magazine

www.pv-magazine.de/

Newsletter-Registrierung kostenlos, besonders: aktuelle Infos zur Photovoltaik-/Speicherentwicklung

Sonne Wind & Wärme

www.sonnewindwaerme.de

Newsletter-Registrierung kostenlos, besonders: aktuelle Infos zu allen Bereichen der erneuerbaren Energien

Tipps zum Weiterlesen

Clever umbauen.

Verbraucherzentrale Nordrhein-Westfalen e.V. (Hrsg.), Düsseldorf 2014.

Gebäude modernisieren – Geld sparen.

Verbraucherzentrale Nordrhein-Westfalen e.V. (Hrsg.), 4. aktualisierte Auflage, Düsseldorf 2012

Photovoltaik.

Stiftung Warentest (Hrsg.), 2. aktualisierte Auflage, Berlin 2013.

Solarwärme.

Stiftung Warentest (Hrsg.), 2. aktualisierte Auflage, Berlin 2014.

Wärmedämmung.

Verbraucherzentrale Nordrhein-Westfalen e.V. (Hrsg.), 7. aktualisierte Auflage, Düsseldorf 2012

Adressen der Verbraucherzentralen

Verbraucherzentrale Baden-Württemberg e.V.
Telefon 07 11/ 66 91-10, Fax 07 11/66 91-50
www.vz-bawue.de

Verbraucherzentrale Bayern e.V.
Telefon 0 89/5 39 87-0, Fax 0 89/53 75 53
www.vz-bayern.de

Verbraucherzentrale Berlin e.V.
Telefon 0 30/2 14 85-0, Fax 0 30/2 11 72 01
www.vz-berlin.de

Verbraucherzentrale Brandenburg e.V.
Telefon 03 31/2 98 71-0, Fax 03 31/2 98 71-77
www.vzb.de

Verbraucherzentrale Bremen e.V.
Telefon 04 21/1 60 77-7, Fax 04 21/1 60 77 80
www.verbraucherzentrale-bremen.de

Verbraucherzentrale Hamburg e.V.
Telefon 0 40/2 48 32-0, Fax 0 40/2 48 32-290
www.vzhh.de

Verbraucherzentrale Hessen e.V.
Telefon 0 69/97 20 10-900, Fax 0 69/97 20 10-40
www.verbraucher.de

Verbraucherzentrale Mecklenburg-Vorpommern e.V.
Telefon 03 81/2 08 70-50, Fax 03 81/2 08 70-30
www.nvzmv.de

Verbraucherzentrale Niedersachsen e.V.
Telefon 05 11/9 11 96-0, Fax 05 11/9 11 96-10
www.vz-niedersachsen.de

Verbraucherzentrale Nordrhein-Westfalen e.V.
Telefon 02 11/38 09-0. Fax 02 11/38 09-216
www.verbraucherzentrale.nrw

Verbraucherzentrale Rheinland-Pfalz e.V.
Telefon 0 61 31/28 48-0, Fax 0 61 31/28 48-66
www.vz-rlp.de

Verbraucherzentrale des Saarlandes e.V.
Telefon 06 81/5 00 89-0, Fax 06 81/5 00 89-22
www.vz-saar.de

Verbraucherzentrale Sachsen e.V.
Telefon 03 41/69 62 90, Fax 03 41/6 89 28 26
www.vzs.de

Verbraucherzentrale Sachsen-Anhalt e.V.
Telefon 03 45/2 98 03-29, Fax 03 45/2 98 03-26
www.vzsa.de

Verbraucherzentrale Schleswig-Holstein e.V.
Telefon 04 31/5 90 99-0, Fax 04 31/5 90 99-77
www.vzsh.de

Verbraucherzentrale Thüringen e.V.
Telefon 03 61/5 55 14-0, Fax 03 61/5 55 14-40
www.vzth.de

Verbraucherzentrale Bundesverband e.V.
Telefon 0 30/2 58 00-0, Fax 0 30/2 58 00-518
www.vzbv.de

Stichwortverzeichnis

Bildnachweise

Bundesministerium für Verkehr und digitale Infrastruktur: Abb. 3
BSW Solar: Abb. 22, 23
depositphotos: Seite 73 (tchara)
EnergieAgentur.NRW: Abb. 12, 39, 40, 50, 72
Europäische Kommission: Abb. 83
Fotolia: Abb. 59, Seite 6 (KB3), Seite 22 (Federico Rostagno)
Fraunhofer IBP: Abb. 2, 76
Fraunhofer ISE: Abb. 51, 55
Grammer Solar GmbH: Abb. 42, 43
Dr. Hans Hartmann, Technologie- und Förderzentrum (TFZ) im Kompetenzzentrum für Nachwachsende Rohstoffe: Abb. 61
HEA: Abb. 52
Horst Lünser, Berlin: Abb. 28, 36, 37, 38, 41, 66, 67, 68, 73, 79
iStock. by Getty Images: Seite 170 (Delpixart)
my-PV GmbH: Abb. 45, 46
ÖkoFEN: Abb. 63
Hubertus Pieper: Abb. 35
Prof. Dr.-Ing. Volker Quaschning, HTW Berlin: Abb. 16, 24, 25
Prof. Dr.-Ing. Volker Quaschning, HTW Berlin / Horst Lünser, Berlin: Abb. 21
Stefan Schön: Abb. 75
Sonneninitiative e.V.: Abb. 15
Dr. Johannes Spruth / Stefanie Simon: Abb. 4, 5, 6, 7, 9, 10, 13, 18, 26, 27, 31, 32, 33, 34, 44, 47, 48, 49, 53, 54, 56, 57, 58, 77
Stefanie Simon / EuPD Research und E3/DC: Abb. 20
Solvis GmbH: Abb. 70
Sonnenhaus Institut e.V.: Abb. 64, 65
Johannes Spruth: 62, 81, 82
Sterner, Thema; FENES, OTH Regensburg, 2016: Abb. 19
Prof. Dr.-Ing. Jochen Twele, HTW Berlin: Abb. 17
Umweltbundesamt: Abb. 78
Vaillant GmbH: Abb. 74
Verbraucherzentrale NRW: Abb. 1, 8, 60
Verbraucherzentrale NRW / TEMA AG: Abb. 11, 14, 29, 30, 80
Viessmann Werke GmbH & Co. KG: Abb. 69
www.eTank.de Broschüre, Grafik: S. Kleptcha: Abb. 71

Impressum

Herausgeber

Verbraucherzentrale Nordrhein-Westfalen e. V.
Mintropstraße 27, 40215 Düsseldorf
Telefon 02 11/38 09555, Fax 02 11/38 092
ratgeber@vznrw.de
www.verbraucherzentrale.nrw

Mitherausgeber

Verbraucherzentrale Hamburg e.V.
Kirchenallee 22, 20099 Hamburg
Telefon 0 40 / 2 48 32-0, Fax 0 40 / 2 48 32-290
www.vzhh.de

Autor
Dr. Johannes Spruth, Unna

Fachliche Betreuung
Elisa Kügler
Dr. Reinhard Loch
Udo Peters

Koordination
Frank Wolsiffer

Lektorat
Heike Plank, Holtum

Korrektorat
Hartmut Schönfuß, Berlin

Bildredaktion
Aranka Schindler

Umschlaggestaltung
Ute Lübbeke, Köln, www.LNT-design.de

Gestaltungskonzept
Kommunikationsdesign Petra Soeltzer,
Düsseldorf

Layout und Produktion
Sibylle in der Schmitten, Düsseldorf,
www.two-up.de

Titelfoto
Artur Images, Werner Huthmacher

Druck
Stürtz, Würzburg
Gedruckt auf 100 % Recyclingpapier

Redaktionsschluss Mai 2016